耐磨材料理论与生产实践

侯利锋　吕仁杰　刘宝胜　卫英慧　编著

北　京
冶　金　工　业　出　版　社
2017

内 容 提 要

金属材料广泛应用于实际生产，而由金属磨损引起的能源和原材料消耗等所造成的经济损失也十分巨大。本书概述了金属的磨损基础、失效机理及耐磨性的评定，分别详述了耐磨铸铁、耐磨铸钢和耐磨复合材料的性能、分类、热处理工艺、应用等，介绍了典型矿用槽帮耐磨材料的设计与生产实践。

本书可作为高等院校材料科学与工程专业高年级本科生和硕士研究生的教材及参考书，也可供材料领域的科技工作者学习参考。

图书在版编目(CIP)数据

耐磨材料理论与生产实践/侯利锋等编著. —北京：冶金工业出版社，2017. 9

ISBN 978-7-5024-7586-4

Ⅰ. ①耐…　Ⅱ. ①侯…　Ⅲ. ①耐磨材料—高等学校—教材　Ⅳ. ①TB39

中国版本图书馆 CIP 数据核字（2017）第 209186 号

出 版 人　谭学余

地　　址　北京市东城区嵩祝院北巷 39 号　邮编　100009　电话　(010)64027926

网　　址　www. cnmip. com. cn　电子信箱　yjcbs@ cnmip. com. cn

责任编辑　曾　媛　美术编辑　彭子赫　版式设计　孙跃红

责任校对　石　静　责任印制　牛晓波

ISBN 978-7-5024-7586-4

冶金工业出版社出版发行；各地新华书店经销；固安华明印业有限公司印刷

2017 年 9 月第 1 版，2017 年 9 月第 1 次印刷

169mm×239mm；12 印张；235 千字；184 页

56. 00 元

冶金工业出版社　投稿电话　(010)64027932　投稿信箱　tougao@ cnmip. com. cn

冶金工业出版社营销中心　电话　(010)64044283　传真　(010)64027893

冶金书店　地址　北京市东四西大街 46 号(100010)　电话　(010)65289081(兼传真)

冶金工业出版社天猫旗舰店　yjgycbs. tmall. com

前　言

耐磨损金属材料在煤矿、冶金、电力、建筑、国防和交通等许多重要工业领域受到广泛关注，其所制造零件的工况特点主要表现为承受复杂应力以及强烈的摩擦和冲击，工作条件十分恶劣。随着人们节能节材意识的增强，了解金属的磨损机理，研究和开发新型耐磨材料已经引起众多学者和工程师的重视。如果能深入地认识和科学地运用摩擦磨损理论，研制和应用新型耐磨材料，就可以降低材料磨损造成的损失，进而提高工作效率，降低生产成本，取得更好的经济效益和社会效益。

本书共分为7章，主要介绍了金属的磨损理论，包括金属的磨损基础、磨损失效机理和耐磨性能评定；耐磨铸铁、铸钢和复合材料的特性、主要化学成分、制备工艺、组织和性能关系；并以矿用槽帮耐磨金属材料为例，介绍其服役条件，以及采用微合金化理论改善其性能的综合应用案例。

本书可作为高等院校材料科学与工程专业的学生教材及参考书，也可作为耐磨材料生产企业的工程技术人员的参考书。

本书由侯利锋主编，卫英慧主审，参加编写的人员有：刘宝胜、李永刚、贺秀丽、吕仁杰、赵会琴、吉鹏辉等。本书顺利完成还要感谢张勇、张可兴和褚文魁的帮助。此外，在本书编写过程中，太原理工大学、太原科技大学、太原工业学院和中条山有色金属集团公司也给予了帮助和支持，在此表示真挚的谢意！

在本书的编写过程中，我们参考了大量的文献资料，在此向这些文献资料的作者表示衷心的感谢。

由于作者的经验和水平所限，加之内容涉及面广，疏漏和不妥之处在所难免，诚请各位读者批评指正。

侯利锋

2017年6月

目　　录

1 金属的磨损基础

1.1 金属的表面

1.1.1 金属表面的几何形状

对于机械加工与塑性加工后的金属零件的表面由于受金属结晶、工具表面作用、金属加工变形的影响，具有如下特点：(1) 肉眼宏观观察：金属表面光滑；(2) 显微镜下观察：金属表面凸凹不平，像起伏的山峦。与理想光滑表面相比较，金属表面形状从宏观到微观存在的三种不同的情况：形状偏差、表面波纹度、表面粗糙度，如图 1-1 所示。以两波峰或波谷的距离（波距）λ 来区别。一般波距小于 1mm 的属于表面粗糙度范围；波距在 1～10mm 间属于波纹度范围；波距大于 10mm 的属于形状偏差。可采用表面光度仪及轮廓曲线测定仪进行测量。

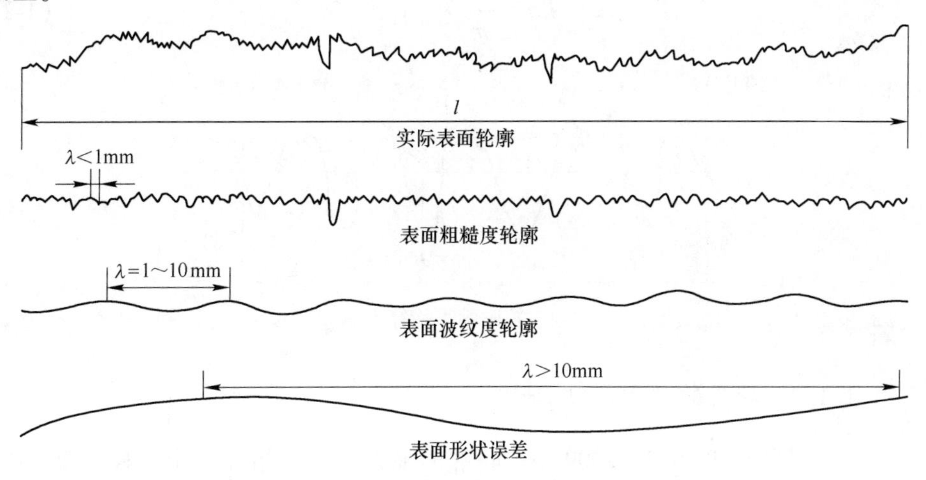

图 1-1　金属表面形状从宏观到微观的三种情况

(1) 形状偏差（宏观几何形状误差：$\lambda>10$mm）：肉眼可观察到的在金属表面明显的不平直的几何形状偏差。

描述形状偏差有两个指标：不直度和不平度。不直度：实际轮廓线与指定方向上理论直线的最大偏差；不平度：整个金属表面上各个方向上存在的最大不直度。

(2) 表面波纹度（中间几何形状误差：$1<\lambda<10$mm）：在金属表面重复出现的一种周期性的几何形状误差。

(3) 表面粗糙度（微观几何形状误差：$\lambda<1$mm）：表面粗糙度对工具与零件使用性能的影响表现为，接触表面越粗糙，则实际接触面积越小，单位实际接触面积压力越大，越容易磨损或破坏。但是，接触表面过于光滑，则接触表面可能达到了分子间作用力的距离，摩擦系数增大，也会增加磨损。

表面粗糙度主要有以下评定指标：轮廓平均算术高度 Ra、轮廓的最大高度 Rz。

1.1.1.1　轮廓平均算术高度 Ra

在基本长度 l 内，各点至轮廓中线 m 的距离 y_1、y_2……绝对值的总和的平均值，如图 1-2 所示。轮廓中线 m 是指通过表面微观几何形状轮廓做一条直线，该直线与两边轮廓线所包含的面积相等。在取样长度 l 内轮廓偏距绝对值的算术平均值：

$$Ra = \frac{1}{l}\int_0^l |y(x)| \mathrm{d}x \tag{1-1}$$

或近似为

$$Ra = \frac{1}{n}\sum_{i=1}^{n} |y_i| \tag{1-2}$$

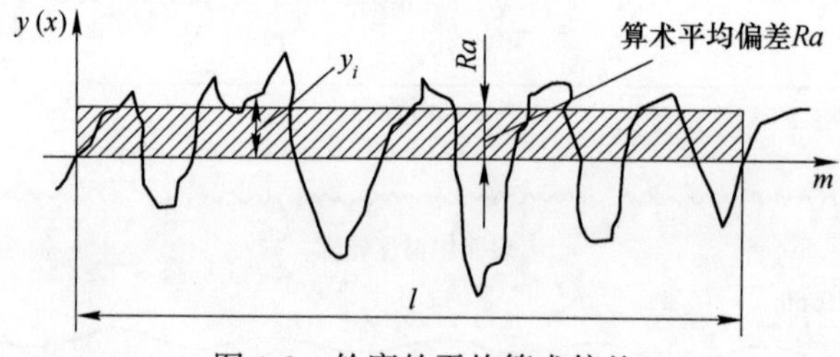

图 1-2　轮廓的平均算术偏差

1.1.1.2　轮廓的最大高度 Rz

在新标准 GB/T 3505—2009 中，轮廓的最大高度是指在一个取样长度 l 内，最大轮廓峰高和最大轮廓谷深之和，即 $Rz = y_{p_{\max}} + y_{v_{\max}}$，如图 1-3 所示。在旧标准 GB/T 1031—1995 中轮廓的最大高度符号是 Ry，应注意区分。

1.1.1.3　微观不平度十点高度 Rz

在旧标准中，在基本长度 l 内，以平行于轮廓中线 m 的任意一条线起，在被测轮廓的 5 个最大的轮廓峰高的平均值与 5 个最大的轮廓谷深的平均值之和，如

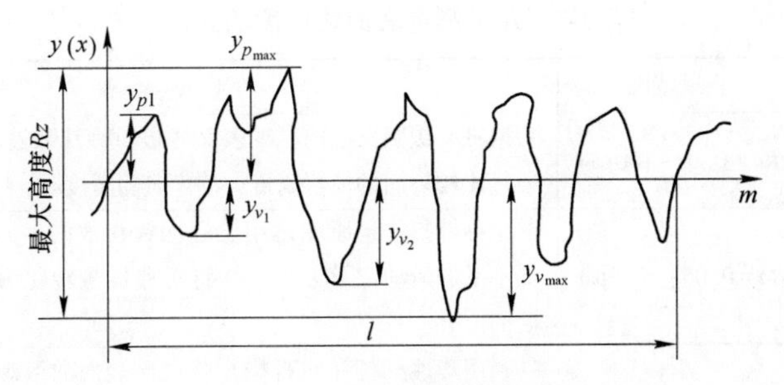

图 1-3　轮廓的最大高度

图 1-4 所示：

$$Rz = \frac{\sum_{i=1}^{5} y_{p_i} + \sum_{i=1}^{5} y_{v_i}}{5} \tag{1-3}$$

式中，y_{p_i}为第 i 个最大的轮廓峰高；y_{v_i}为第 i 个最大的轮廓谷深。

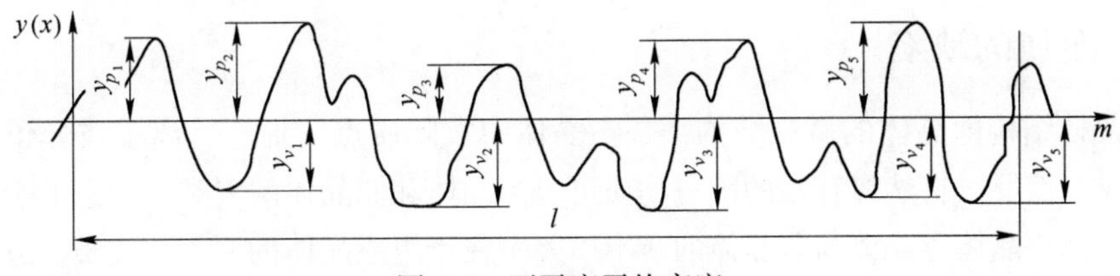

图 1-4　不平度平均高度

1.1.1.4　微观不平度最大高度 Ry

指的是出现频率较多的微观不平度的最大高度 Ry，但不是指偶然出现的特大高度 R_{max}，如图 1-5 所示。

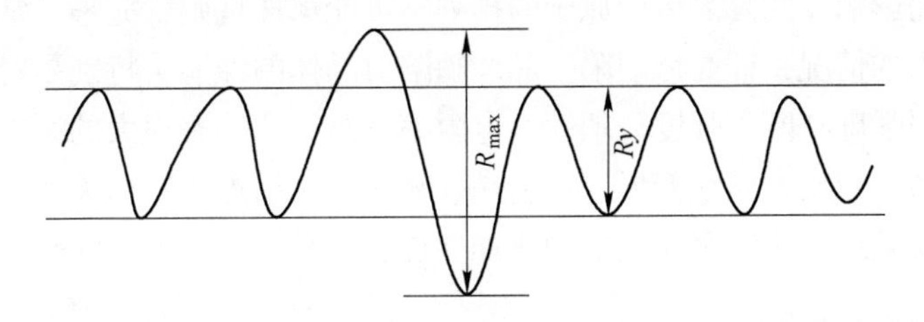

图 1-5　微观不平度的最大高度

1.1.2　表面粗糙度的测量方法

测量表面粗糙度的方法主要有比较法、感触法和印模法等，它们的测量范围和测量原理见表 1-1。

表 1-1　几种测量表面粗糙度的方法

测量方法	测量范围	测 量 原 理
比较法	$Ra=0.05\sim100\mu m$	用带有级别标志的标准表面样板，将其和被测表面紧靠一起，通过比较表面的峰谷高度，确定其粗糙度
感触法	$Ra=0.05\sim12.5\mu m$	也称针扫法，原理是用尖端探针在被测表面均匀滑行，将高低不平的运动记录下来，并将位移信号转化为电信号放大处理后测出 Ra
印模法	$Ra=0.1\sim100\mu m$	利用塑性材料（如石蜡）将被测表面的微观不平形貌印制下来，再采用一般方法测量粗糙度
光切法	$Ra=0.4\sim25\mu m$	它将一束平行光带以一定角度投射到被测表面上，光带与表面轮廓相交的曲线影像即反映了被测表面的微观几何形状，解决了工件表面微小峰谷深度的测量问题，避免了与被测表面的接触
光波干涉法	$Ra=0.12\sim0.2\mu m$	观测干涉带的形状和条数，可检定出被测表面的不平度和两平面间的不平行度

1.2　金属的缺陷

晶体结构即晶体的微观结构，是指晶体中实际质点（原子、离子或分子）的具体排列情况。自然界存在的固态物质可分为晶体和非晶体两大类，固态的金属与合金大都是晶体。晶体与非晶体的最本质差别在于组成晶体的原子、离子、分子等质点是规则排列的（长程有序），而非晶体中这些质点除与其最相近外，基本上无规则地堆积在一起（短程有序）。金属一般为多晶体，金属表面原子呈有规则的排列形成的几何图形称为晶体的空间点阵。空间点阵的形式（晶格）有三种形式：体心立方（bcc）、面心立方（fcc）、密排六方（hcp），如图 1-6 所示。

在实际晶体中，由于原子（或离子、分子）的热运动，以及晶体的形成条件、杂质等因素的影响，实际晶体中原子的排列不可能那样规则、完整，常常存在各种偏离理想结构的情况，即晶体缺陷。晶体缺陷对晶体的性能，特别是对结构敏感的性能，如屈服强度、断裂强度、塑性、电阻率、磁导率等有很大的影响。另外晶体缺陷还与扩散、相变、塑性变形、再结晶、氧化、烧结等有密切关系。存在于金属表面的晶体缺陷还会影响金属表面的物理性能、化学性能和力学性能。

1.2.1　金属的晶体缺陷

金属的晶体缺陷有以下三种：点缺陷、线缺陷和面缺陷。

1.2.1.1　点缺陷

由于晶体中出现填隙原子和杂质原子等，它们引起晶格周期性的破坏发生在

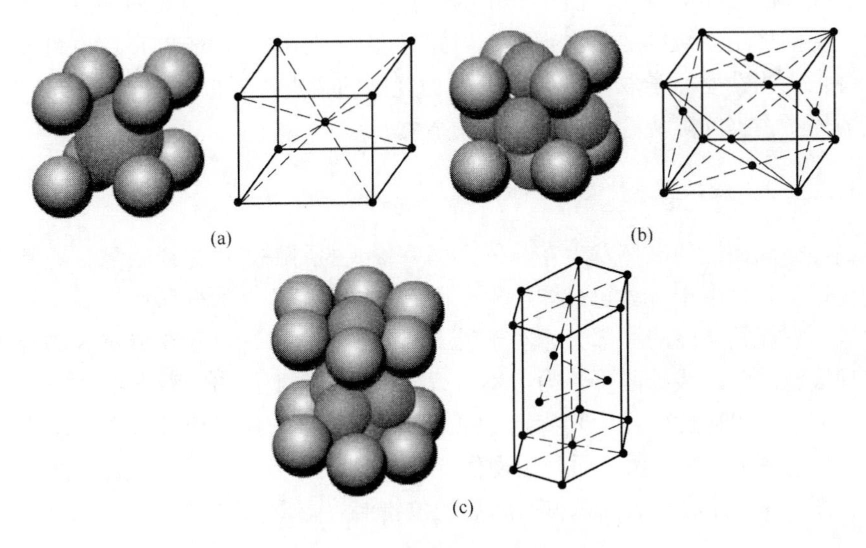

图 1-6 三种典型的晶体结构
（a）体心立方；（b）面心立方；（c）密排六方

一个或几个晶格常数的限度范围内，这类缺陷统称为点缺陷。这些空位和填隙原子是由热起伏原因所产生的，因此又称为热缺陷。典型的点缺陷如图 1-7 所示。

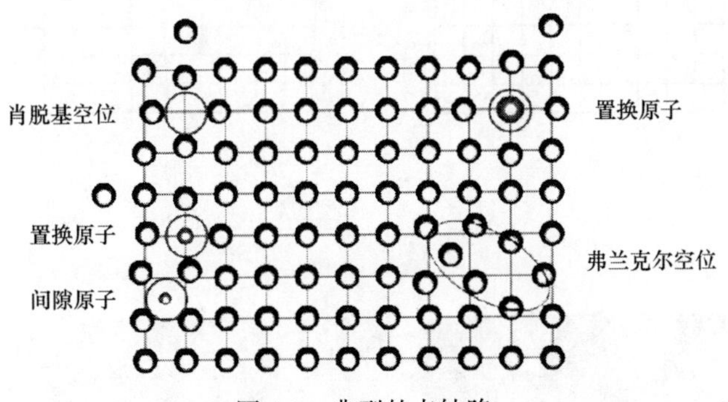

图 1-7 典型的点缺陷

（1）空位：金属中空间点阵的原子在平衡位置处振动，处于能量起伏状态，总有某些原子振动能力较大，瞬时偏离其平衡位置，在原来位置处留下空位置，称之为空位。空位分为两种：肖脱基空位和弗兰克尔空位，前者是原子迁移到晶体的表面上，后者是原子迁移到晶体点阵的间隙中。

（2）间隙原子：晶格点阵平衡位置上原子偏离平衡位置，跑到了点阵内的间隙位置，晶格内就在点阵间隙内多出了一个原子，称之为间隙原子。

（3）杂质原子：实际晶体中存在某些微量杂质。一方面是晶体生长过程中引入的；另一方面是有目的地向晶体中掺入的一些微量杂质。当晶体存在杂质原子时，晶体的内能会增加，由于少量的杂质可以分布在数量很大的格点或间隙位置上，使晶体组态熵的变化也很大。因此温度 T 下，杂质原子的存在也可能使自由能降低。当杂质原子取代基质原子占据规则的格点位置时，形成置换式杂质；若杂质原子占据间隙位置，形成间隙式杂质。

1.2.1.2 线缺陷

当晶格周期性的破坏发生在晶体内部一条线的周围则称为线缺陷，通常又称之为位错。它是由于应力超过弹性限度而使晶体发生范性形变所产生的，从晶体内部看，它就是晶体的一部分相对于另一部分发生滑移，以致在滑移区的分界线上出现线状缺陷。线缺陷可分为三类：刃型位错、螺型位错、混合型位错。

刃型位错也称棱位错，其特点是原子的滑移方向与位错线的方向相垂直。刃位错的示意图如 1-8 所示，而利用现代分析手段可以实际观察到金属晶体中的刃位错，图 1-9 为纯铝经表面机械研磨后的位错形貌[1]。

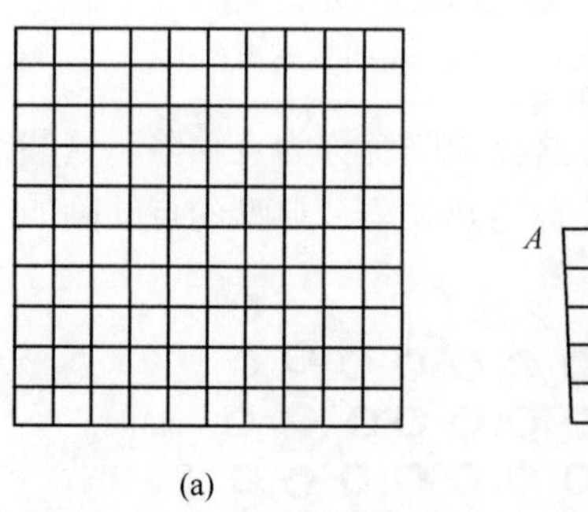

(a)

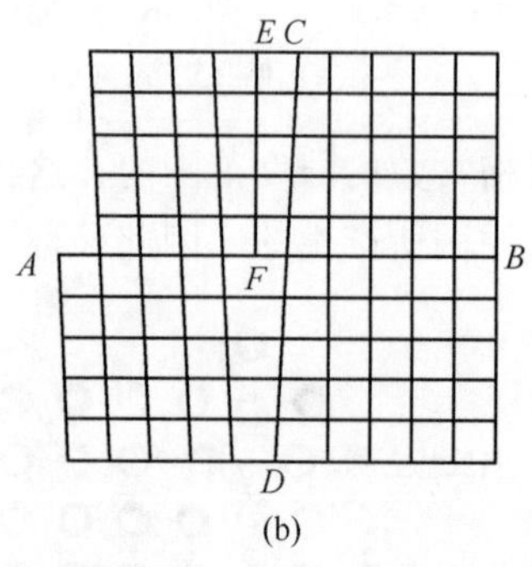

(b)

图 1-8 刃型位错

(a) 未滑动 (b) 刃位错

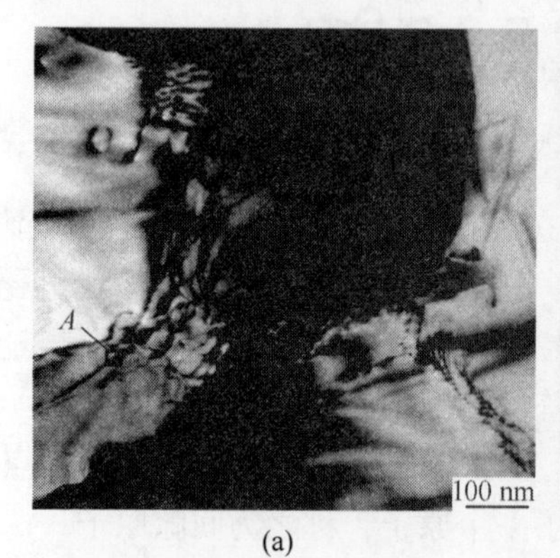

(a)

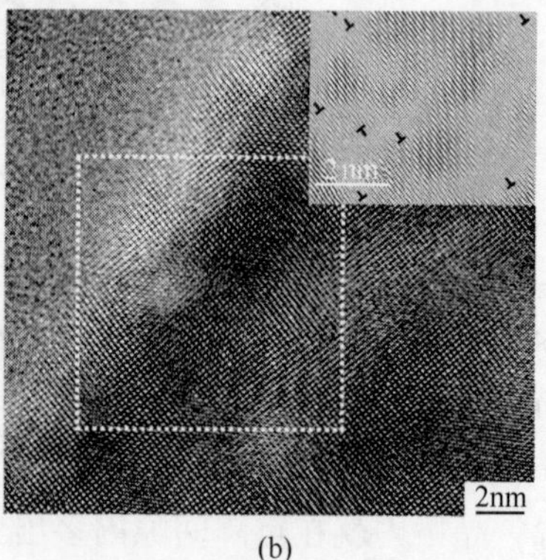

(b)

图 1-9 纯铝经表面机械研磨后的位错形貌

(a) 位错滑移、聚集、缠结等作用；(b) A 处的 HRTEM 图像螺型位错的特点是原子的滑移方向与位错线平行，且晶体内没有多余的半个晶面。垂直于位错线的各个晶面可以看成由一个晶面以螺旋阶梯的形式构成。当晶体中存在螺位错时，原来的一族平行晶面就变成为以位错线为轴的螺旋面，如图 1-10 所示。

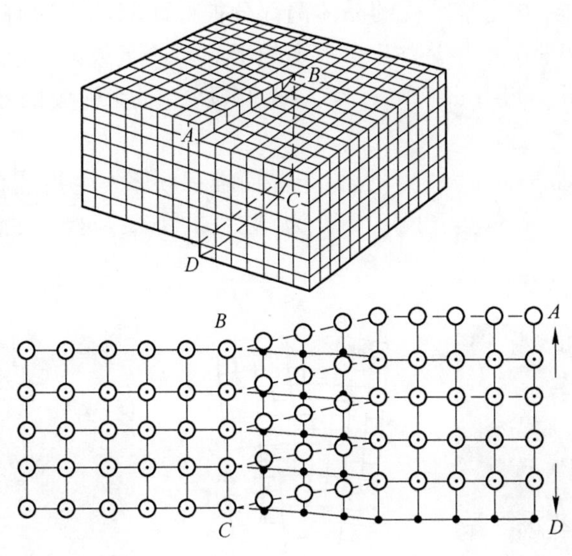

图 1-10 螺位错

位错线有以下特征：

（1）滑移区与未滑移区的分界线。

（2）位错线附近原子排列失去周期性。

（3）位错线附近原子受应力作用强，能量高，位错不是热运动的结果。

（4）位错线的几何形状可能很复杂，可能在体内形成闭合线，可能在晶体表面露头，不可能在体内中断。

刃型位错的特点是位错线垂直于滑移矢量 $\boldsymbol{b}$；螺型位错的特点是位错线平行于滑移矢量 $\boldsymbol{b}$。$\boldsymbol{b}$ 又称为伯格斯（Burgers）矢量，它的模等于滑移方向上的平衡原子间距，它的方向代表滑移方向。

除此之外，还存在位错线与滑移矢量既不平行又不垂直的混合型位错。混合位错的原子排列介于刃型位错和螺型位错之间，可以分解为刃型位错和螺型位错。

1.2.1.3 面缺陷

面缺陷是发生在晶格二维平面上的缺陷，其特征是在一个方向上的尺寸很小，而在另两个方向上的尺寸很大，也可以称为二维缺陷。晶体的面缺陷包括两类：晶体的外表面和晶体中的内界面，其中内界面又包括了晶界、亚晶界（小角晶界)、孪晶界、相界、堆垛层错等。这些界面通常只有几个原子层厚，而界面面积远远大于其厚度，因此称为面缺陷。金属的耐腐蚀性能、强度、塑性等都与晶体中的面缺陷密切相关。

小角晶界：具有完整结构的晶体两部分彼此之间的取向有着小角度 θ 的倾斜，在角 θ 里的部分是由少数几个多余的半晶面所组成的过渡区，这个区域称为小角晶界，图 1-11（a）所示为 Al-0.1Mg 冷轧后形成的小角度晶界及示意图[2]。

层错（stacking fault, SF）：是由于晶面堆积顺序发生错乱而引入的面缺陷，又称堆垛层错，图 1-11（b）所示为 AZ31B 镁合金经压缩变形后出现的层错[3]。

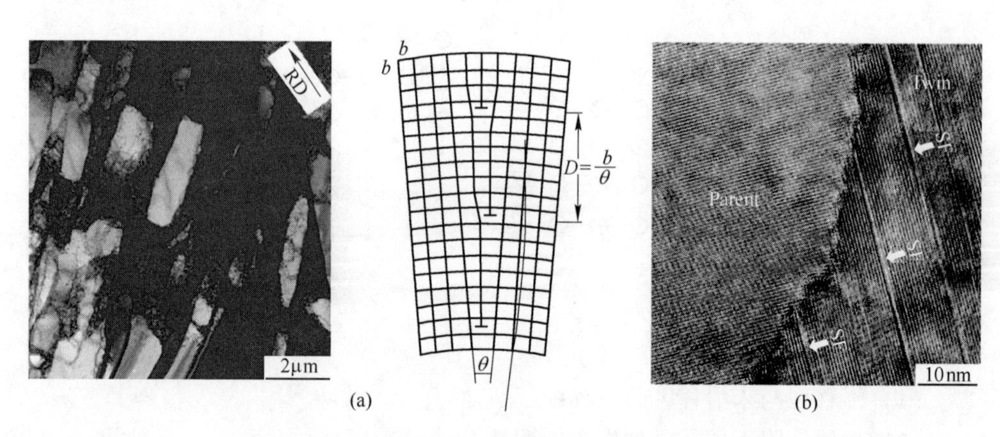

图 1-11　小角晶界的示意图及显微组织（a）和 AZ31B 镁合金压缩变形后的层错

1.2.2　晶体缺陷对材料性能的影响

1.2.2.1　点缺陷对材料性能的影响

晶体中点缺陷的不断无规则运动和空位及间隙原子不断产生与复合是晶体中许多物理过程如扩散、相变等过程的基础。空位是金属晶体结构中固有的点缺陷，空位会与原子交换位置造成原子的热激活运输，空位的迁移直接影响原子的热运输，从而影响材料的电、热、磁等工程性能。晶体中点缺陷的存在一方面造成点阵畸变，使晶体内能升高，增加了晶体热力学不稳定性，另一方面增大了原子排列的混乱程度，改变了周围原子的振动频率，使熵值增大使晶体稳定。矛盾因素使晶体点缺陷在一定温度下有一定平衡数目。在一般情形下，点缺陷主要影响晶体的物理性质，如比容、比热容、电阻率等：

（1）比容：为了在晶体内部产生一个空位，需将该处的原子移到晶体表面上的新原子位置，导致晶体体积增大。

（2）比热容：由于形成点缺陷需向晶体提供附加的能量（空位生成焓），因而引起附加比热容。

（3）电阻率：金属的电阻来源于离子对传导电子的散射。在完整晶体中，电子基本上是在均匀电场中运动，而在有缺陷的晶体中，在缺陷区点阵的周期性被破坏，电场急剧变化，因而对电子产生强烈散射，导致晶体的电阻率增大。

（4）密度的变化：对一般金属，辐照引起体积膨胀，但是效应不明显，一般变化很少超过0.1%~0.2%，这种现象可以用弗兰克尔缺陷来描述。

（5）电阻：增加电阻，晶体点阵的有序结构被破坏，使原子对自由电子的散射效果提升。一般可以通过电阻分析法来追踪缺陷浓度的变化。

（6）晶体结构：辐照很显著地破坏了合金的有序度，而且一些高温才稳定的相结构可以保持到室温。

（7）力学性能：辐照引起金属的强化和变脆（注：空位使晶格畸变类似置换原子引起的）。

此外，点缺陷还影响其他物理性质，如扩散系数、内耗、介电常数等，在碱金属的卤化物晶体中，由于杂质或过多的金属离子等点缺陷对可见光的选择性吸收，会使晶体呈现色彩，这种点缺陷称为色心。

1.2.2.2 线缺陷对材料性能的影响

位错是一种极重要的晶体缺陷，它对金属的塑性变形，强度与断裂有很重要的作用，塑性变形究其原因就是位错的运动，而强化金属材料的基本途径之一就是阻碍位错的运动，另外，位错对金属的扩散、相变等过程也有重要影响。所以深入了解位错的基本性质与行为，对建立金属强化机制将具有重要的理论和实际意义。金属材料的强度与位错在材料受到外力的情况下如何运动有很大的关系。如果位错运动受到的阻碍较大，则材料强度就会较高。实际材料在发生塑性变形时，位错的运动是比较复杂的，位错之间相互反应、位错受到阻碍不断塞积、材料中的溶质原子、第二相等都会阻碍位错运动，从而使材料出现加工硬化。因此，要想增加材料的强度就要通过诸如细化晶粒（晶粒越细小晶界就越多，晶界对位错的运动具有很强的阻碍作用）、有序化合金、第二相强化、固溶强化等手段使金属的强度增加。以上增加金属强度的根本原理就是想办法阻碍位错的运动。

位错密度取决于材料变形率的大小。在高形变率荷载下，位错密度持续增大，因为高应变率下材料的动态回复与位错攀移被限制，因而位错密度增大，材料强度增大，可以等同于降低材料温度。

对金属材料来说，位错密度对材料的韧性、强度等有影响。对于晶体来说，位错密度越大，材料强度越大。对于非晶刚好相反：位错密度正比于自由体积，位错密度越多，强度越低，塑性可能会好。在外力的作用下，金属材料的变形量增大，晶粒破碎和位错密度增加，导致金属的塑性变形抗力迅速增加，对材料的力学性能影响是硬度和强度显著升高；塑性和韧性下降，产生“加工硬化”现象。随着塑性变形程度的增加，晶体对滑移的阻力越来越大。从位错理论的角度看，其主要原因是位错运动越来越困难。滑移变形的过程就是位错运动的过程，如果位错不易运动，就是材料不易变形，也就是材料强度提高，即产生了硬化。加工硬化现象在生产工艺上有很现实的作用，如拉丝时已通过拉丝模的金属截面积变小，因而作用在这一较小截面积上的单位面积拉力比原来大，但是由于加工硬化，这一段金属可以不继续变形，反而引导拉丝模后面的金属变形，从而才能进行拉拔。

加工硬化对金属材料的使用也是有利的，例如构件在承受负荷时，尽管局部区域负荷超过了屈服强度，金属发生塑性变形，但通过加工硬化，这部分金属可以承受这一负荷而不发生破坏，并把部分负荷转嫁给周围受力较小的金属，从而保证构件的安全。

钢经形变处理后，形变奥氏体中的位错密度大为增加，可形变量越大，位错密度越高，金属的抗断强度也随之增高。随着形变程度增加不但位错密度增加而且位错排列方式也会发生变化，由于变形温度下，原子有一定的可动性，位错运动也较容易进行，因此在形变过程中及形变后停留时将出现多边化亚结构及位错胞状结构。当亚晶之间的取向差达到几度时，就可像晶界一样，起到阻碍裂纹扩展的作用，由 Hall-Petch 公式，晶粒越小则金属强度越大。

1.2.2.3　面缺陷对材料性能的影响

（1）面缺陷的晶界处点阵畸变大，存在晶界能，晶粒长大与晶界平直化使晶界的面积减小，晶界总能量降低，这两过程通过原子扩散进行，随温度升高与保温时间增长，有利于这两过程的进行。

（2）面缺陷原子排列不规则，常温下晶界对位错运动起阻碍作用，塑性变形抗力提高，晶界有较高的强度和硬度。晶粒越细，材料的强度越高，这就是细晶强化，而高温下刚好相反，高温下晶界有黏滞性，使相邻晶粒产生相对滑动。

（3）面缺陷处原子偏离平衡位置，具有较高的动能，晶界处也有较多缺陷，故晶界处原子的扩散速度比晶内快。

（4）固态相变中，晶界能量较高，且原子活动能力较大，新相易于在晶界处优先形核，原始晶粒越细，晶界越多，新相形核率越大。

（5）由于成分偏析和内吸附现象，晶界富集杂质原子情况下，晶界熔点低，加热过程中，温度过高引起晶界熔化与氧化，导致过热现象。

(6) 晶界处能量较高，原子处于不稳定状态，及晶界富集杂质原子的缘故，晶界腐蚀速度较快。

1.2.2.4 缺陷对半导体性能的影响

硅、锗等第4族元素的共价晶体绝对零度时为绝缘体，温度高导电率增加但比金属的小得多，称这种晶体为半导体。晶体呈现半导体性能的根本原因是填满电子的最高能带与导带之间的禁带宽度很窄，温度升高部分电子可以从满带跃迁到导带成为传导电子。晶体的半导体性能决定于禁带宽度以及参与导电的载流子(电子或空穴) 数目和它的迁移率。缺陷影响禁带宽度和载流子数目及迁移率，因而对晶体的半导体性能有严重影响。

A 缺陷对半导体晶体能阶的影响

硅和锗本征半导体的晶体结构为金刚石型。每个原子与四个近邻原子共价结合。杂质原子的引入或空位的形成都改变了参与结合的共价电子数目，影响晶体的能阶分布。

有时为了改善本征半导体的性能有意掺入一些Ⅲ、Ⅴ族元素形成掺杂半导体；而其他点缺陷如空位或除Ⅲ、Ⅴ族以外的别的杂质原子原则上也会形成附加能阶。位错对半导体性能影响很大，但目前只对金刚石结构的硅、锗中的位错了解得较多一点。

B 缺陷对载流子数目的影响

点缺陷使能带的禁带区出现附加能阶，位错本身又会起悬浮键作用，它起着施主或受主的作用，另外位错俘获电子使载流子数目减少，所以半导体中实际载流子数目减少。

由于晶体缺陷对半导体材料的影响，故可以在半导体材料中有以下应用：

(1) 过量的Zn原子可以溶解在ZnO晶体中，进入晶格的间隙位置，形成间隙型离子缺陷，同时它把两个电子松弛地束缚在其周围，对外不表现出带电性。但这两个电子是亚稳定的，很容易被激发到导带中去，成为准自由电子，使材料具有半导性。

(2) Fe_3O_4晶体中，全部的Fe^{2+}离子和1/2量的Fe^{3+}离子统计地分布在由氧离子密堆所构成的八面体间隙中。因为在Fe^{2+}—Fe^{3+}—Fe^{2+}—Fe^{3+}—……之间可以迁移，Fe_3O_4是一种本征半导体。

(3) 常温下硅的导电性能主要由杂质决定。在硅中掺入ⅤA族元素杂质(如P、As、Sb等) 后，这些ⅤA族杂质替代了一部分硅原子的位置，但由于它们的最外层有5个价电子，其中4个与周围硅原子形成共价键，多余的一个价电子便成了可以导电的自由电子。这样一个ⅤA族杂质原子可以向半导体硅提供一个自由电子而本身成为带正电的离子，通常把这种杂质称为施主杂质。当硅中掺有施主杂质时，主要靠施主提供的电子导电，这种依靠电子导电的半导体被成为 n 型半导体。

(4) 在 $BaTiO_3$ 陶瓷中，人们常常加入三价或五价杂质来取代 Ba^{2+} 离子或 Ti^{4+} 离子来形成 n 型半导瓷[4]。例如，从离子半径角度来考虑，一般使用的五价杂质元素的离子半径是与 Ti^{4+} 离子半径（0.064nm）相近的，如 Nb^{5+} = 0.069nm，Sb^{5+} = 0.062nm[5]，它们容易替代 Ti^{4+} 离子；或者使用三价元素，如 La^{3+} = 0.122nm、Ce^{3+} = 0.118nm、Nd^{3+} = 0.115nm[6]，它们接近于 Ba^{2+} 离子的半径(0.143nm)，因而易于替代 Ba^{2+} 离子。由此可知，不管使用三价元素还是五价元素掺杂，结果大都形成高价离子取代，即形成 n 型半导体。

1.2.2.5 位错对铁磁性的影响

只有过渡族元素的一部分或其部分化合物是铁磁性材料。物质的铁磁性要经过外磁场的磁化作用表现出来。能量极小原理要求磁性物质是由磁矩取向各异的磁畴构成。一般说来加工硬化降低磁场 H 的磁化作用，磁畴不可逆移动开始的磁场 H_0（起始点的磁场强度）升高，而加工则使物质的饱和磁化强度降低。

综上所述，缺陷对材料的物理性能影响很大，可以极大的影响材料的导热、电阻、光学和机械性能，极大地影响材料的各种性能指标，比如强度、塑性等。化学性能影响主要集中在材料表面性能上，比如杂质原子的缺陷会在大气环境下形成原电池模型，极大地加速材料的腐蚀，另外表面能量也会受到缺陷的极大影响，表面化学活性，化学能等等。其实正是有了缺陷金属材料才能有着我们需要的良好的使用性能，比如人工在半导体材料中进行掺杂，形成空穴，可以极大地提高半导体材料的性能。总之，缺陷对材料性能影响非常大，但是如果合理地利用缺陷，可以提高材料某一方面的性能。

1.3 金属的表面能和表面张力

1.3.1 常用术语

表面能：由于处于表面的分子处于受分子间作用力不平衡状态，而具有被拽入物质内部进行运动的趋势，因此具有额外的势能；同理，如果将物质内部的分子移动到物质表面，必须克服内部分子引力的作用而做功，使分子势能增加。液体表层与内部分子或原子受力示意图如图 1-12 所示。表面能就是指液体或固体表面的全部分子所具有的额外势能总和。

液体或固体内部的每一个分子或者原子的四周都均匀地受到其他分子或原子对它的作用力，这个力通常是平衡的，然而处于表面的分子或原子外侧没有其他

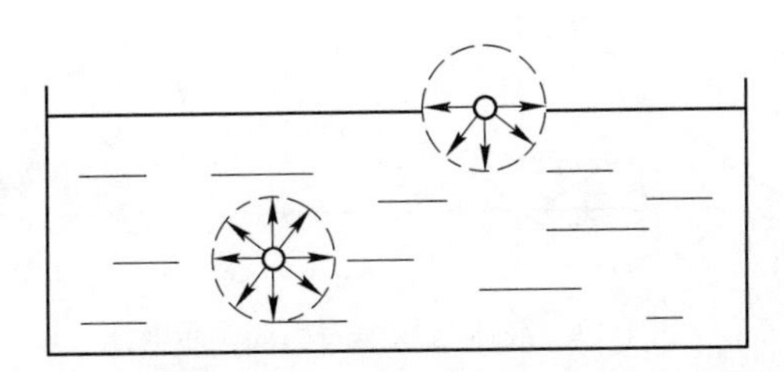

图 1-12 液体表层与内部分子或原子受力示意图

分子或原子的作用，因此受到的力是不平衡的，都受到指向内部拉力的作用。因此，如果把分子或原子从内部移动到表面，必须克服这个力做功。于是，位于表面上的每一个分子或原子比内部的分子或原子具有更大的势能，液体或固体表面的全部分子或原子所具有的额外势能的总和叫做表面吉布斯自由能，简称表面自由能或表面能。表面能是内能的一种表现形式。实际上就是液体或固体表面与空气间的界面能，只是因为空气分子的引力对其影响不大，可以近似认为两者的数值相等罢了。界面能广泛存在于固—气、固—液、液—液等界面。

表面张力：液态或固态的表面分子在指向内部引力的作用下，具有从表面进入内部的趋势，尽量缩小其表面积，这种使表面自动收缩的力称为表面张力。几种熔化金属的表面张力见表 1-2。

表 1-2 各种熔化金属的表面张力

金 属	Sb	Pb	Su	Zn	Al	Ca	Fe	Ni
测试温度/℃	635	350	700	700	700	1120	1570	1550
表面张力/mN·m^{-1}	383	442	538	750	900	1270	1835	1925

表面张力系数：沿着液体表面作用在单位长度上的表面张力，称为表面张力系数，就以它表示物质的表面张力，单位为 N/m。

表面能与表面张力的关系：通常把表面张力理解为恒温恒压时将表面扩大 1cm^{2}时所做的功（或单位面积表面能）。

润湿：润湿是液体与固体表面接触时发生的一种界面现象，从热力学角度来看，凡是液固两相接触后，体系的自由能降低时称为润湿。自由能降低的越多，润湿程度就越大。

固体的表面能可通过与液体接触时的形状改变推断出来，如图 1-13 所示，当固体、液体和气体三者间的界面张力平衡时，根据杨氏（Yang）方程具有如下关系：

$$\sigma_{sg} = \sigma_{sl} + \sigma_{lg}\cos\theta \tag{1-4}$$

$$\theta = \arccos[(\sigma_{sg} - \sigma_{sl})/\sigma_{lg}] \tag{1-5}$$

式中，θ 为液—固界面与液体表面切线的夹角；σ_{sg}、σ_{sl}、σ_{lg}分别为固—气、固—液、液—气间的界面张力。

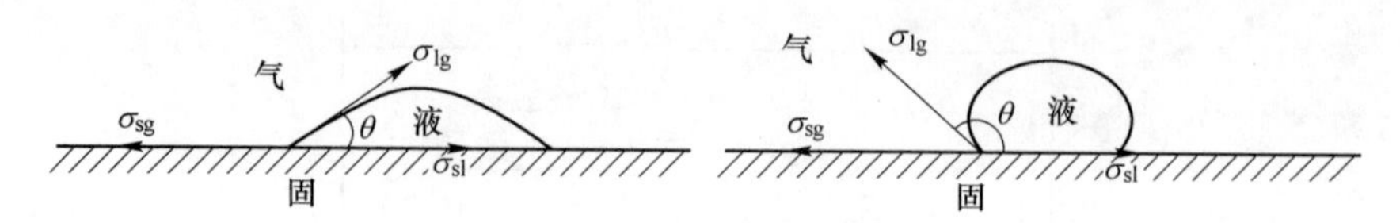

图 1-13　液体与固体表面润湿示意图

水能够在玻璃表面散开，呈现凸透镜的形状，而水在石蜡表面时力图以球形的形状存在，但是由于重力的作用呈扁球形。因此玻璃和石英是亲水物质，水能很好地浸润它们，石蜡是疏水物质，水对它的浸润性能较差。这种结果是由于它们之间的作用力不同而引起的，石英和玻璃是由离子键和极性键组成的物质，因此它们和极性的水分子的吸引力大于水分子之间的相互吸引力，因此水与玻璃和石英的浸润性能较好，而石蜡是由非极性键构成的物质，它和极性水分子的吸引力小于水分子间的相互吸引力，因此水对它的浸润性能较差。液体在物质表面的浸润也叫做润湿，常用接触角 θ 来衡量。$\theta<90°$时，能产生润湿，$\theta>90°$时，不能产生润湿，$\theta=0$，表示完全润湿，此时 $\sigma_{sg}=\sigma_{sl}+\sigma_{lg}$。

1.3.2　液体/固体的界面润湿

黏着功可以表征液体对固态的润湿情况。内聚功可以用来表示相同液体间的吸引强度。设有一横截面为 $1m^2$的液柱 A，如图 1-14 所示，假定不改变截面积而将其拉成两段，则这时所消耗的功称为该液体的内聚功。因为拉开后产生了两个面积为 $1m^2$的截面，由于每个截面产生时所需要的功为 σ，则产生这两个截面所需要的功为 $2\sigma_{sl}$，所以内聚功为 $W_c=2\sigma$。

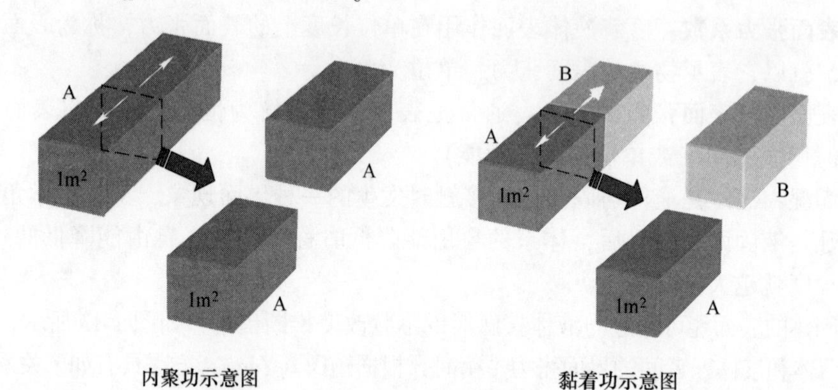

图 1-14　内聚功和黏着功示意图

倘若液柱一端为液体 B，另一端为不相溶的液体或者固态 A，则拉开之后原来的截面 AB 不再存在，而出现了两个新的表面 A 和 B。这时所消耗的功叫做黏着功或叫做润湿功。显然有 $W_v=\sigma_A+\sigma_B-\sigma_{AB}$，式中，$\sigma_A$为一种金属的表面能；$\sigma_B$为另一种金属的表面能；$\sigma_{AB}$为两种金属黏着后所形成界面的界面能。

根据以上分析，我们可以衡量两种金属产生黏着的难易程度。接触表面能σ_A、σ_B越大，产生黏着所需的黏着功越大。然而，如果两金属表面黏着后的界面能σ_{AB}很高，则意味着所需黏着功很小。

从力学角度看，表面能大表示金属本身原子之间有较强的结合力，硬度H较大，黏着难以发生。为此，通常采用W/H来衡量黏着的难易程度，W/H值与黏着系数成正比。如金属铟W/H值最大，是金属中黏着性最强的。

只有黏着功大于内聚功时，液体才能对固态浸润。将两者之差定义为液体在固体表面的展开系数S，则有$S=W_v-W_c=\sigma_B-\sigma_A-\sigma_{AB}$，当$S>0$时发生浸润现象，固体与液体表面能差越大或者液—固界面能越小，利于浸润。

吸附作用和浸润有较大的区别。液体金属的表面活性物质，即使金属表面张力降低的溶质，具有正吸附的作用，正吸附就是指溶质在表面的浓度大于溶质在内部的浓度；液体金属的表面非活性溶质，即使液体金属表面张力增加的溶质，有负吸附的作用，负吸附是指溶质在表面的浓度小于溶质在内部的浓度。加入溶质改变金属的表面张力的原因主要在于改变了溶液表面层质点的力场不对称程度，为了降低表面能，表面活性物质总是自发地跑向表层，引起正吸附，反之则会引起负吸附。可用吉布斯公式（1-6）来计算判断一种溶质是否对液体金属具有活性或非活性程度：

$$\Gamma=-\frac{c}{RT}\frac{d\sigma}{dc} \tag{1-6}$$

式中，Γ为单位面积液面上较内部多吸附或少吸附的溶质；c为溶质浓度；T为绝对温度；R为气体常数。$d\sigma/dc>0$时，表面张力降低，为正吸附；反之为负吸附。例如在Al中加入千分之几的Li、Bi、Mg等微量元素后会使金属的表面张力降低。在Al-Si合金中加入Na可使液态金属的表面张力下降，因此Na对Al-Si合金是表面活性物质，能吸附在Si的表面，阻止Si的长大，对初生Si有细化作用。

1.4 金属的表面膜

由于固体金属的表面具有一定的表面张力，而且在加工成形过程中会形成多种缺陷，使表面原子或分子处于不饱和或不稳定状态，会在空气中气体原子作用下发生反应或作用，同时，表面的润滑油的极性基团会产生吸附，因此，会在金属表面产生多种膜。根据膜的结构性质不同，可分为两种：吸附膜和反应膜。吸附膜又分为化学吸附膜和物理吸附膜，反应膜又分为化学反应膜和氧化膜。

1.4.1 吸附膜

物理吸附膜：气体或液体与固体表面接触时，由于分子或原子相互吸引的作用力而产生的吸附称之为物理吸附。在固体表面上，由于物理吸附作用形成的膜就是物理吸附膜。物理吸附膜可分为非极性分子物理吸附膜和极性分子物理吸附膜。其特点是一般在常温、低速、轻载条件下形成，其吸附和解吸完全可逆。

化学吸附膜：由于极性分子的有价电子与固体表面的电子发生交换而产生的化学结合力，使极性分子定向排列，这种吸附为化学吸附在固体。表面上，由于化学吸附作用而形成的吸附膜为化学吸附膜。其特点是一般在中等温度、中等速度、中等载荷条件下形成，比物理吸附膜稳定的多，其吸附和解吸是不可逆的，要在高温条件下才能解吸。

物理吸附与化学吸附的区别如下：

（1）吸附力：化学吸附是分子间价键力的作用，而物理吸附则是分子间范德华力作用。

（2）吸附层：化学吸附是单分子层，而物理吸附为多分子层。

（3）吸附的选择性：化学吸附只能吸附那些容易和它产生化学作用的物质，有选择性，而物理吸附是由分子间力所引起的物理现象，无选择性。

（4）吸附活化能和吸附速度：化学吸附有吸附活化能；物理吸附不发生化学反应，虽然也需要活化能，但是和化学吸附相比，其活化能是很小的，由于活化能的差别，所以化学吸附速度要小于物理吸附的速度。

（5）吸附热：所有吸附过程都是放热，化学吸附的吸附热比物理吸附的吸附热大得多。

（6）吸附可逆性：物理吸附是可逆的吸附，化学吸附是不可逆的吸附。

1.4.2 反应膜

1.4.2.1 化学反应膜

由于润滑剂中的硫、磷、氯等元素与金属表面进行化学反应，二者之间的价电子相互交换，而形成一种新的化合物膜层叫做化学反应膜，这种化学反应膜具有高的熔点及低的剪切强度，这种反应是不可逆的。化学反应膜一般是在重载、高温、高速的条件下形成。

1.4.2.2 氧化膜

除金外氧对所有的金属都能形成化学吸附反应。因此，在金属加工过程中，一旦露出新金属，就很快氧化，形成氧化膜。氧化膜的厚度决定金属离子或氧互扩散的速度。金属表面的氧化膜可分为三类：（1）不稳定氧化物，如铂的氧化物；（2）挥发性氧化物，如钼的氧化物；（3）稳定氧化物，可能形成一层或多层氧化物。

A 铁在不同温度下的表层氧化物

一般来说，Fe_3O_4（磁铁矿）和 FeO（方铁矿）可减少磨损，Fe_2O_3（赤铁矿）由于其磨粒作用，会增大磨损。铁表面的氧化物越薄，其强度越高，可防止表面发生黏着，而氧化物越厚，易脱落，造成磨粒磨损。铁在不同的温度下发生氧化时，氧化膜的构成也不相同，其分界大约在 570℃[7,8]。如图 1-15 所示，当温度低于 570℃时，铁表面的氧化膜分为三层：$FeO/Fe_3O_4/Fe_2O_3$；当温度高于 570℃时，铁表面的氧化膜仅有两层：Fe_3O_4/Fe_2O_3。

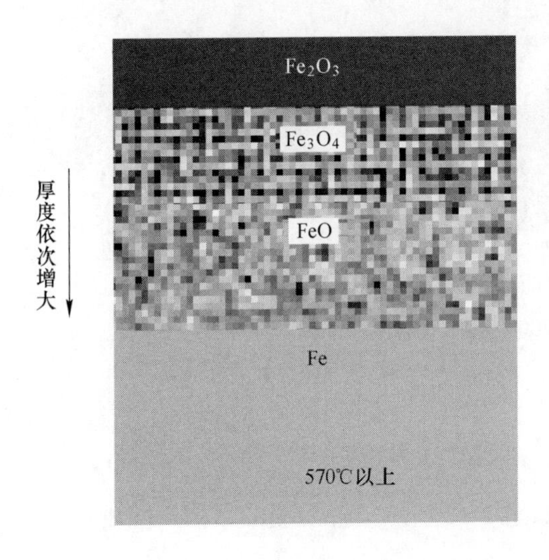

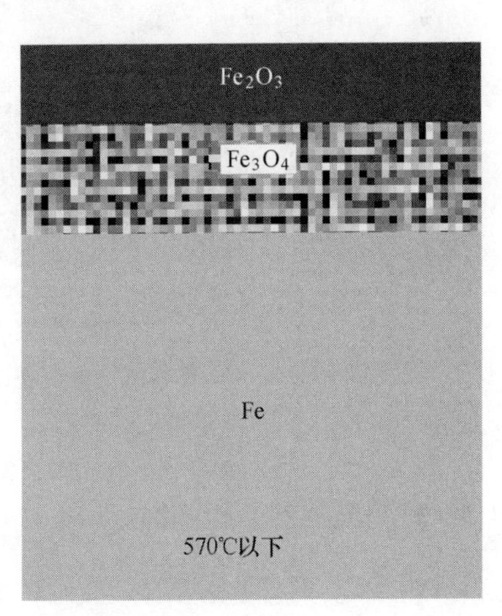

图 1-15 铁在不同温度下的氧化膜成分组成

B Cu 表层的氧化物

根据文献资料，纯铜在高温氧化条件下的表面膜组成为 $CuO/Cu_2O/Cu$。其中，Cu_2O 靠近基体，而 CuO 则在最表层。试验表明：在氧化过程中，Cu_2O 的厚度增加较快，而 CuO 膜层的厚度增加较慢，如图 1-16 所示。在实际生产过程中，铜坯在加热过程中形成的氧化铜性脆、易脱落，在热轧过程中起着磨料的作用，增大摩擦磨损，损伤制品表面。在热轧过程中形成的 Cu_2O 由于结构致密，与基体结合牢固，在高温下呈现软化状态，从而起到一定的防止金属黏着、降低摩擦与磨损作用[9~11]。

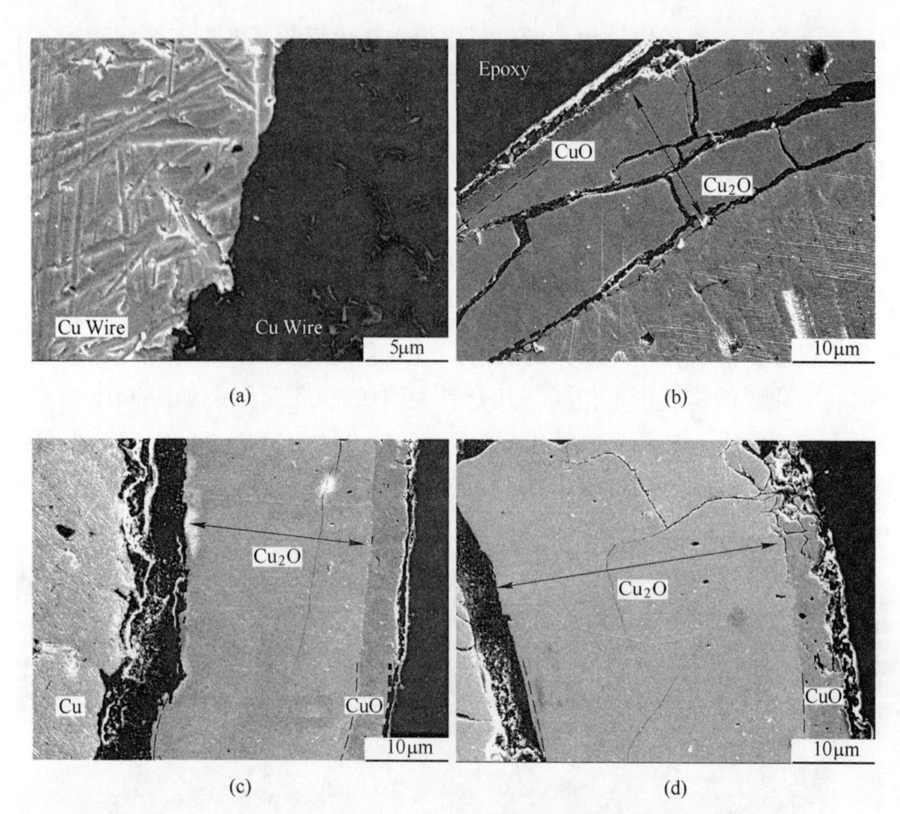

(a)　(b)　(c)　(d)

图 1-16　铜线在 700℃氧化后的截面形貌

（a）0h；（b）1h；（c）2h；（d）3h

1.4.3　金属表层的一般结构

一般来说，金属表层的一般结构如图 1-17 所示。外层膜的结构、性质、破

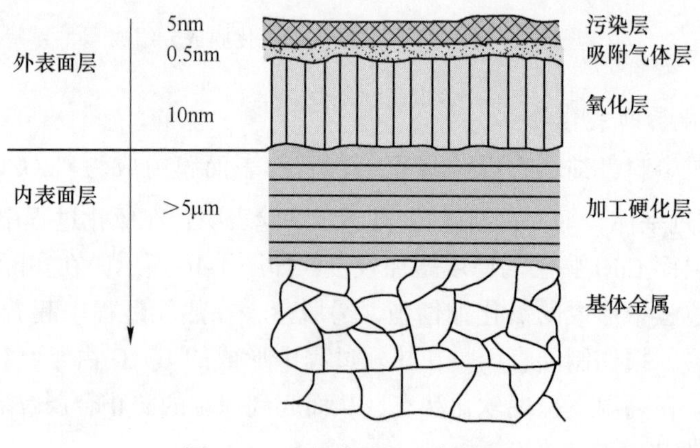

图 1-17　金属表层的一般结构

裂与再生对材料成形过程的摩擦有重要影响：由于膜的存在可以使金属摩擦表面不易发生黏着，摩擦系数降低，减少磨损。

1.5　摩擦与磨损

摩擦力的定义是：两个相互接触的物体在外力的作用下发生相对运动或者相对运动趋势时，在接触面之间产生切向的运动阻力，这一阻力又称为摩擦力。磨损的定义是：零件工作表面的物质，由于表面相对运动而不断损失的现象。

据估计消耗在摩擦过程中的能量约占世界工业能耗的30%。在机器工作过程中，磨损会造成零件的表面形状和尺寸缓慢而连续损坏，使得机器的工作性能与可靠性逐渐降低，甚至可能导致零件的突然破坏。人类很早就开始对摩擦现象进行研究，取得了大量的成果，特别是近几十年来已在一些机器或零件的设计中考虑了磨损寿命问题。在零件的结构设计、材料选用、加工制造、表面强化处理、润滑剂的选用、操作与维修等方面采取措施，可以有效地解决零件的摩擦磨损问题，提高机器的工作效率，减少能量损失，降低材料消耗，保证机器工作的可靠性。

1.5.1　摩擦的分类及评价方法

在机器工作时，零件之间不但相互接触，而且接触的表面之间还存在着相对运动。从摩擦学的角度看，这种存在相互运动的接触面可以看作为摩擦副。有四种摩擦分类方式：按摩擦副的运动状态分类、按摩擦副的运动形式分类、按摩擦副表面的润滑状态分类、按摩擦副所处的工况条件分类。这里主要以根据摩擦副之间的状态不同分类，摩擦可以分为干摩擦、边界摩擦、流体摩擦和混合摩擦，如图1-18所示。

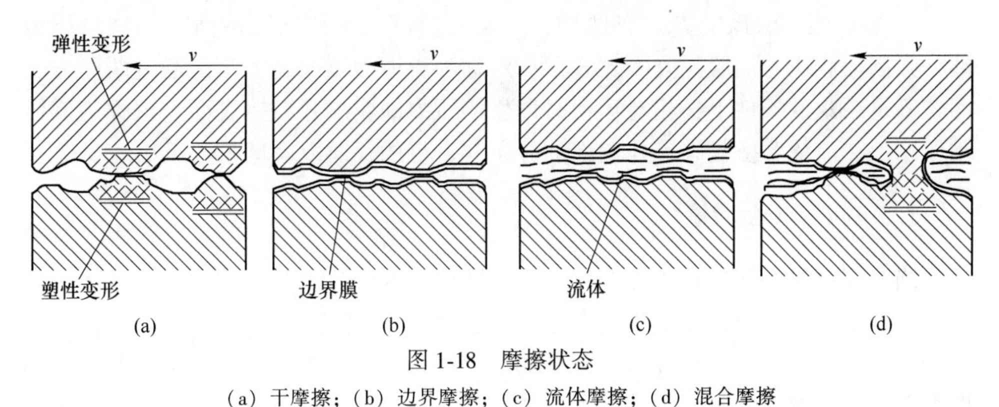

图1-18　摩擦状态

（a）干摩擦；（b）边界摩擦；（c）流体摩擦；（d）混合摩擦

1.5.1.1　干摩擦

当摩擦副表面间不加任何润滑剂时，将出现固体表面直接接触的摩擦（图1-18（a）），工程上称为干摩擦。此时，两摩擦表面间的相对运动将消耗大量的能量并造成严重的表面磨损。这种摩擦状态是失效，在机器工作时是不允许出现的。由于任何零件的表面都会因为氧化而形成氧化膜或被润滑油所湿润，所以在工程实际中，并不存在真正的干摩擦。

1.5.1.2 边界摩擦

当摩擦副表面间有润滑油存在时，由于润滑油与金属表面间的物理吸附作用和化学吸附作用，润滑油会在金属表面上形成极薄的边界膜。边界膜的厚度非常小，通常只有几个分子到十几个分子厚，不足以将微观不平的两金属表面分隔开，所以相互运动时，金属表面的微凸出部分将发生接触，这种状态称为边界摩擦（图 1-18（b））。当摩擦副表面覆盖一层边界膜后，虽然表面磨损不能消除，但可以起着减小摩擦与减轻磨损的作用。与干摩擦状态相比，边界摩擦状态时的摩擦系数要小的多。

在机器工作时，零件的工作温度、速度和载荷大小等因素都会对边界膜产生影响，甚至造成边界膜破裂。因此，在边界摩擦状态下，保持边界膜不破裂十分重要。在工程中，经常通过合理地设计摩擦副的形状，选择合适的摩擦副材料与润滑剂，降低表面粗糙度，在润滑剂中加入适当的油性添加剂和极压添加剂等措施来提高边界膜的强度。

1.5.1.3 流体摩擦

当摩擦副表面间形成的油膜厚度达到足以将两个表面的微凸出部分完全分开时，摩擦副之间的摩擦就转变为油膜之间的摩擦，这称为流体摩擦（图 1-18（c））。形成流体摩擦的方式有两种：一是通过液压系统向摩擦面之间供给压力油，强制形成压力油膜隔开摩擦表面，这称为流体静压摩擦；二是通过两摩擦表面在满足一定的条件下，相对运动时产生的压力油膜隔开摩擦表面，这称为流体动压摩擦。流体摩擦是在流体内部的分子间进行的，所以摩擦系数极小。

1.5.1.4 混合摩擦

当摩擦副表面间处在边界摩擦与流体摩擦的混合状态时，称为混合摩擦。在一般机器中，摩擦表面多处于混合摩擦状态（图 1-18（d））。混合摩擦时，表面间的微凸出部分仍有直接接触，磨损仍然存在。但是，由于混合摩擦时的流体膜厚度要比边界摩擦时的厚，减小了微凸出部分的接触数量，同时增加了流体膜承载的比例，所以混合摩擦状态时的摩擦系数要比边界摩擦时小得多。

1.5.2 磨损的过程

摩擦副表面间的摩擦造成表面材料逐渐地损失的现象称为磨损。零件表面磨损后不但会影响其正常工作，如齿轮和滚动轴承的工作噪声增大，而承载能力降低，同时还会影响机器的工作性能，如工作精度、效率和可靠性降低，噪声与能耗增大，甚至造成机器报废。通常，零件的磨损是很难避免的。但是，只要在设计时注意考虑避免或减轻磨损，在制造时注意保证加工质量，而在使用时注意操作与维护，就可以在规定的年限内，使零件的磨损量控制在允许的范围内，就属于正常磨损。另一方面，工程上也有不少利用磨损的场合，如研磨、跑合过程就是有用的磨损。

工程实践表明，机械零件的正常磨损过程大致分为三个阶段：初期磨损阶段、稳定磨损阶段和剧烈磨损阶段，如图 1-19 所示。

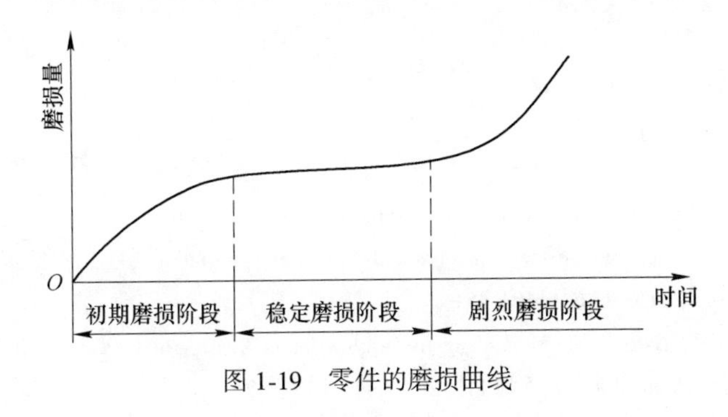

图 1-19　零件的磨损曲线

（1）初期磨损阶段：由图 1-19 可见，机械零件在初期磨损阶段的特点是在较短的工作时间内，表面发生了较大的磨损量。这是由于零件刚开始工作时，表面微凸出部分的曲率半径小，实际接触面积小，造成较大的接触压强，同时曲率半径小也不利于润滑油膜的形成与稳定。所以，在开始工作的较短时间内磨损量较大。

（2）稳定磨损阶段：经过初期磨损阶段后，零件表面磨损的很缓慢。这是由于经过初期磨损阶段后，表面微凸出部分的曲率半径增大，高度降低，接触面积增大，使得接触压强减小，同时还有利于润滑油膜的形成与稳定。稳定磨损阶段决定了零件的工作寿命。因此，延长稳定磨损阶段对零件工作是十分有利的。工程实践表明，利用初期磨损阶段可以改善表面性能，提高零件的工作寿命。

（3）剧烈磨损阶段：零件在经过长时间的工作之后，即稳定磨损阶段之后，由于各种因素的影响，磨损速度急剧加快，磨损量明显增大。此时，零件的表面温度迅速升高，工作噪声与振动增大，导致零件不能正常工作而失效。在实际中，这三个磨损阶段并没有明显的界限。

在机械工程中，零件磨损是一个普遍的现象。尽管，人们已对磨损开展了广泛的科学研究，但是从工程设计的角度看，关于零件的耐磨性或磨损强度的理论仍然不十分成熟。因此，本书仅从磨损机理的角度对磨损的分类作一介绍。

1.5.3　磨损的评价方法

对磨损的常用评价方法有磨损量、耐磨性、磨损率：

（1）磨损量：由于磨损引起的材料损失量称为磨损量，它可通过测量长度、体积或质量的变化而得到，并相应地称它们为线磨损量、体积磨损量和质量磨损量。

（2）磨损率：以单位时间内单位载荷下材料的磨损量表示。

（3）耐磨性：又称耐磨耗性。指材料抵抗磨损的性能，它以规定摩擦条件下的磨损率或磨损度的倒数来表示，即耐磨性 = $\mathrm{d}t/\mathrm{d}V$ 或 $\mathrm{d}L/\mathrm{d}V$。材料的耐磨损性能，用磨耗量或耐磨指数表示。

参考文献

[1] Liu Yong, Jin Bin, Lu Jian. Mechanical properties and thermal stability of nanocrystallized pure aluminum produced by surface mechanical attrition treatment [J]. Materials Science & Engineering A, 2015, 636: 446~451.

[2] Humphreys F J, Bate P S. Measuring the alignment of low-angle boundaries formed during deformation [J]. Acta Materialia, 2006, 54 (3): 817~829.

[3] Zhang X Y, Li B, Liu Q. Non-equilibrium basal stacking faults in hexagonal close-packed metals [J]. Acta Materialia, 2015, 90: 140~150.

[4] Manuel Gaudon. Out-of-centre distortions around an octahedrally coordinated Ti^{4+} in $BaTiO_3$ [J]. Polyhedron, 2015, 89: 6~10.

[5] Brzozowski E, Castro M S. Influence of Nb^{5+} and Sb^{3+} dopants on the defect profile, PTCR effect and GBBL characteristics of $BaTiO_3$ ceramics [J]. Journal of the European Ceramic Society, 2004, 24 (8): 2499~2507.

[6] Darwish A G A, Badr Y, Shaarawy M E, et al. Influence of the Nd^{3+} ions content on the FTIR and the visible up-conversion luminescence properties of nano-structure $BaTiO_3$, prepared by sol-gel technique [J]. Journal of Alloys and Compounds, 2010, 489 (2): 451~455.

[7] Jonsson T, Pujilaksono B, Hallström S. An ESEM in situ investigation of the influence of H_2O on iron oxidation at 500℃ [J]. Corrosion Science, 2009, 51 (9): 1914~1924.

[8] Campo L D, Pérez-Sáez R B, Tello M J. Iron oxidation kinetics study by using infrared spectral emissivity measurements below 570℃ [J]. Corrosion Science, 2008, 50 (1): 194~199.

[9] http://3y.uu456.com/bp_1qizk2spon92i2p9mdgh_1.html

[10] Goldstein E A, Gür T M, Mitchell R E. Modeling defect transport during Cu oxidation [J]. Corrosion Science, 2015, 99: 53~65.

[11] 卢雪琼，王军，王亚平，等．铜及其合金高温氧化的影响因素研究 [J]. 材料导报，2012, 11 (26): 371~374.

2 金属磨损失效机理

2.1 概述

任何一台机器在运转时，机件之间总要发生相对运动。当两个相互接触的机件表面做相对运动（如滑动、滚动，或滚动+滑动）时就会产生摩擦，有摩擦就必有磨损，这是必然的结果。

磨损是降低机器和工具效率、精确度甚至使其报废的重要原因，也是造成金属材料损耗和能源消耗的重要原因。据不完全统计，摩擦磨损能源消耗占整机高达 1/3~1/2；大约 80%的机件失效是磨损引起的。因此，研究磨损规律，提高耐磨性，对节约能源、减少材料消耗和延长机件寿命具有重要意义。

关于磨损问题的最大挑战是相关工件的磨损类型的划分。一般而言，有 3 个途径可以从金属工件表面去除材料，即熔融、化学溶解和表面原子物理分离。其中，最后一种方法既可以通过大应变一次实现，也可以通过小循环应变实现。另外，机械和化学腐蚀过程可以单独作用，也可以协同发生，在腐蚀介质中的磨损就是一个共同作用的例证[1,2]。

由于磨损现象包含着许多复杂的过程，而且实际的摩擦副之间的磨损不仅仅是一种磨损机理在起作用，往往是多种磨损机理的综合作用，因此，对磨损的分类方法存在许多不同的观点。其中 Burwell[3] 和 Robinowiez[4] 的分类方法是最常使用的，他们都把磨损形式概括为 4 类：

（1） 黏着磨损；

（2） 磨粒磨损；

（3） 表面疲劳磨损；

（4） 冲蚀磨损。

另外还有几种机理复合作用而引起的微动磨损等次要的形式。本章主要介绍几种主要磨损形式的机理、相关理论和影响因素等。

2.2 黏着磨损

当摩擦表面相对运动时，由于黏着作用使两表面材料由一个表面转移到另一个表面而引起的机械磨损现象，统称为黏着磨损。黏着磨损又称为咬合磨损，是在滑动摩擦副相对滑动速度较小时发生的，是一种因缺乏润滑油，摩擦副表面无氧化膜，且单位法向载荷很大，以至接触应力超过实际接触点处的屈服强度而产生的磨损。

2.2.1　黏着磨损形式

黏着磨损的形式取决于黏着的强度和表面下材料的强度等条件。如果黏着强度比摩擦副两基体金属的强度都弱，剪切将发生在界面上，这时磨损极微。如果黏着强度大于基体金属的强度，则剪切将发生在离开界面的金属表层内，金属将从一个表面转移到另一个表面上。按金属转移程度的不同，黏着磨损有下列几种形式：

轻微磨损：当黏着强度比摩擦副的两基体金属强度都弱，剪切将发生在黏着的界面上；这时表面材料的转移极微，磨损很少，但摩擦系数将增大。金属表面上有氧化膜时，常发生这类黏着磨损。

涂抹（Smearing）：当黏着强度大于摩擦副中较软一种金属的强度时，剪切将发生在离黏着面不远的较软金属的浅层内，使软金属涂抹在硬金属表面上。这种磨损程度较前一种磨损略大。

擦伤（Scoring）：当黏着强度比两种基体金属强度均大时，剪切主要将发生在较软一种金属的亚表层内，有时也发生在硬金属的亚表层内。转移到硬表面上的黏着物又刮削软金属表面，使软金属表面发生划痕，故称为擦伤。

咬合（Scuffing）：当黏着强度比两基体金属的强度大得多时，剪切将在摩擦副金属的较深处发生，这时表面将沿着滑动方向呈现明显的撕脱，出现较严重的磨损。如滑动继续进行，黏着范围将很快增大，摩擦所产生的热量使材料表面温度剧增，极易出现局部熔焊，使摩擦副咬死，不能相对滑动。这是一种破坏性很大的磨损形式，应力求避免发生。

划伤：当黏着强度比两基体金属强度都高，切应力高于黏着结合强度，剪切破坏发生在摩擦副一方或双方金属较深处，表面呈现宽而深的划痕。

2.2.2　黏着磨损机理

形成黏着磨损的主要原因是黏着现象，但对黏着现象的解释却有许多不同的学说。如 Holm 等人[5]认为黏着是相互接触的滑动表面由于摩擦作用，一侧表面原子被对方表面的原子捕捉的现象。Bowden 等人[6]认为是表面局部高压力引起塑性变形和瞬时高温，使接触的峰顶材料熔化而发生焊合的现象。赫罗绍夫等人[7]则认为黏着是冷焊作用，不一定能达到熔化温度。还有其他一些学说，都不尽相同。但是对“发生黏着现象必须有一定压力、温度等条件才有可能”这一点，多数学者的观点是比较一致的。

下面主要根据 Archard[8]提出的模型来分析黏着磨损机理。

假定表面接触是许多相似的微凸体接触所组成，图 2-1 所示为两微凸体接触并相互滑动的过程。若微凸体相互黏着的面积为半径 a 的圆（图 2-1（b）），则实际接触面积应为：

$$\delta A = \pi a^2 = \frac{\delta W}{\sigma_s} \tag{2-1}$$

式中，δW 为一个微凸体所受的最大载荷；σ_s 为较软一种金属的抗压屈服极限。

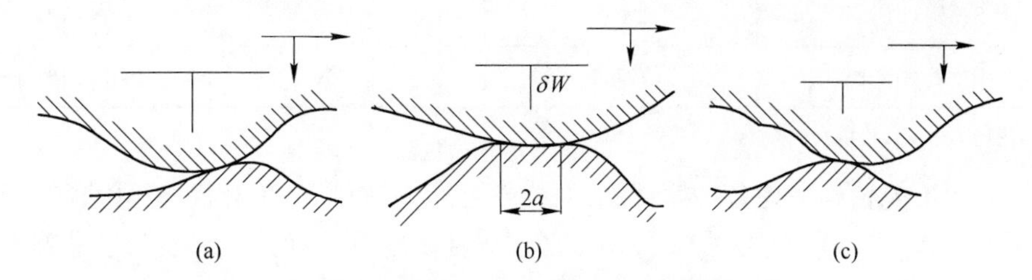

图 2-1 黏着磨损接触表面微观示意图

如果微凸体接触结果产生一磨屑，其体积为 δV，则此体积尺寸将与接触的尺寸成比例。Archard 假设磨去的体积为半球形，即

$$\delta V = \frac{2}{3}\pi a^3 \tag{2-2}$$

在滑动过程中，表面每个微凸体上滑过的距离 δL 应与接触点尺寸成正比。假定 $\delta L = 2a$，则由式（2-1）可得单位滑动距离的磨损体积为：

$$\frac{\delta V}{\delta L} = \frac{2}{3}\frac{\pi a^3}{2a} = \frac{1}{3}\pi a^2 = \frac{1}{3}\delta A = \frac{1}{3}\frac{\delta W}{\sigma_s} \tag{2-3}$$

总的接触面积应与总的载荷相应。考虑在全部相接触的微凸体中只有 K_1，部分产生磨屑，即取概率常数为 K_1，则单位滑动距离的总磨损体积 Q，即磨损率为：

$$Q = \frac{V}{L} = \sum \frac{\delta V}{\delta L} = \frac{1}{3}K_1 \sum \delta A = \frac{1}{3}K_1 A \tag{2-4}$$

即

$$Q = \frac{1}{3}K_1 \frac{W}{\sigma_s} \tag{2-5}$$

如果 σ_s 用硬度 H 表示，则上式可写成通式：

$$Q = \frac{V}{L} = K\frac{W}{H} \tag{2-6}$$

式中，H 为硬度；W 为载荷；K 为黏着磨损系数。根据 Archard 等人[8]的实验，K 值约在 $1\times10^{-7} \sim 10^{-2}$范围内变化。对于处在空气中的多数金属材料副，当表面洁净时，K 值约为 $1\times10^{-4} \sim 10^{-3}$；当表面略有润滑时，$K$ 值约为 $1\times10^{-5} \sim 10^{-4}$；当表面润滑较好时，$K$ 值约为 $1\times10^{-7} \sim 10^{-6}$。表 2-1 列出了几种材料在干摩擦条件下的摩擦磨损系数[8]。

表 2-1　几种材料在干摩擦条件下的摩擦磨损系数

摩擦副材料	较软材料硬度 HV	摩擦系数 μ	黏着磨损系数 K
低碳钢对低碳钢	1823	0.62	700×10^{-3}
黄铜对工具钢	931	0.24	60×10^{-4}
PTFE 对工具钢	49	0.18	2.4×10^{-5}
不锈钢对工具钢	2450	0.53	1.7×10^{-5}
碳化钨对碳化钨	12740	0.35	0.1×10^{-5}

注：表中 PTFE 是聚四氟乙烯。

由于不能精确考虑各种摩擦副的材料特性、表面膜、润滑状态等因素对磨损的影响，式（2-5）和式（2-6）尚不能用于精确定量计算，但它表明了黏着磨损的三条基本定律：

（1）磨损的体积与滑动距离成正比；

（2）磨损的体积与载荷成正比；

（3）磨损的体积与较软一种材料的屈服极限（或硬度）成反比。

上述第一条和第三条定律，已为许多实验所证实。当载荷在一定范围时，第二条定律也是正确的，然而当载荷增大到某一临界值时，磨损率将急剧增大。图 2-2 所示为钢的磨损系数与平均压力的关系，纵坐标为磨损系数，横坐标为平均压力，即载荷除以名义接触面积。从图中可以看出，当平均压力小于 σ_s 时，磨损系数 K 为常数，即磨损与载荷成正比；当平均压力超过 σ_s 时，K 值急剧增大，即磨损急剧增大。对于其他金属也可得到相似的结果，但 K 值开始增大时的平均压力常低于 σ_s。

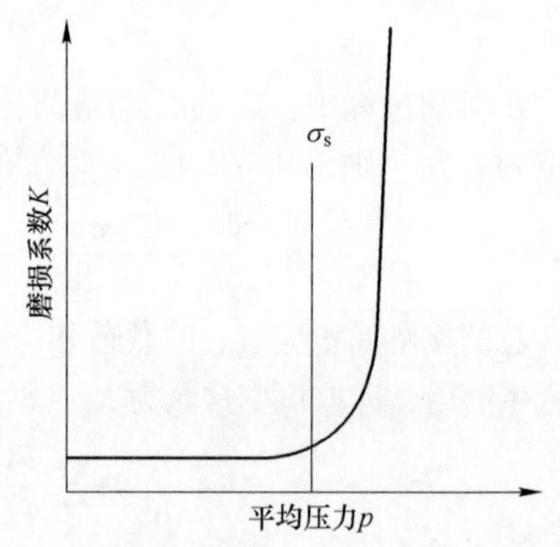

图 2-2　钢的磨损系数与平均压力的关系

上述现象按黏着磨损机理可作如下解释：在法向载荷作用下，当平均压力小于 σ_s 时，只有个别的微凸体相互作用，并发生塑性变形，这时实际接触面积与载荷成正比，即载荷增大时，实际接触面积增大，而接触点的压强并不增大；当平均压力大于 σ_s 时，整个面积发生塑性变形，这时实际接触面积不再随着载荷的增加而增大。因而磨损急剧增大。实验证明，在这样大的重载情况下，摩擦表面将发生大面积的焊合或咬死现象。

现把式（2-6）等号两边各除以名义接触面积 A_G，并考虑磨损深度 $h=V/A_G$，

平均压力 $p=W/A_G$，则可得

$$\frac{h}{L}=\frac{Kp}{H} \tag{2-7}$$

如滑动距离 L 用滑动速度 v 与时间 t 的乘积来表示，则

$$\frac{h}{vt}=\frac{Kp}{H}\text{ 或 }t=h\left(\frac{H}{K}\right)\frac{1}{pv} \tag{2-8}$$

上式表明，当材料和工况（H/K）以及允许的磨损深度（h）一定时，摩擦副的寿命（t）与 pv 值成反比。

另外，还可以考虑一下磨损系数 K 的物理意义。由式（2-6）知，磨损系数可以用下式表示：

$$K=\frac{VH}{LW} \tag{2-9}$$

如图 2-3 所示，一压头以载荷 W 作用于硬度为 H 的平面时，平面发生完全塑性变形。然后压头沿着垂直纸面方向滑动距离 L。如发生塑性变形的面积为 A_p，则在滑动过程中总的塑性变形体积将为 A_pL，用 V_p 表示，则 $V_p=A_pL$。塑性变形面积 A_p 与实际接触面积 A 成正比，而 $A=W/\sigma_s$，故

$$V_p \propto \frac{W}{H}L \tag{2-10}$$

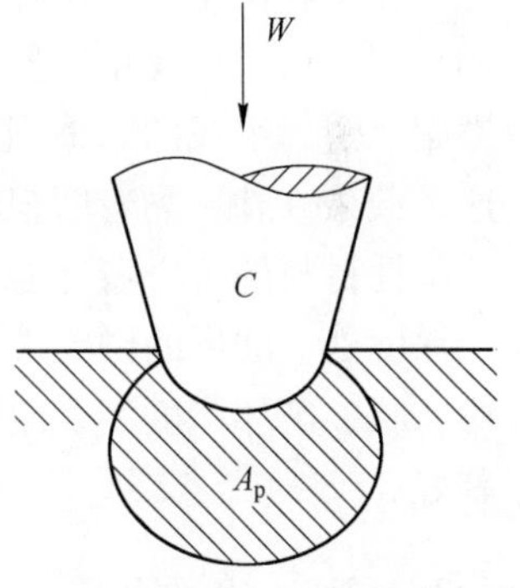

图 2-3 压头作用下的塑形变形

把此式带入前式，可将磨损系数表达为

$$K=\frac{VH}{LW}\propto\frac{V}{V_p} \tag{2-11}$$

即磨损系数 K 可理解为表示磨损体积 V 和材料塑性变形体积 V_p 之比的一个无量纲量，并与此比值成正比。K 值很小意味着磨损体积只占接触微凸体下塑性变形体积的很小一部分。

很早人们就发现了摩擦副中材料可以从一个表面转移到另一个表面的现象。如在青铜轴承和钢轴的摩擦副中，常常在轴表面会形成一层青铜膜。齿轮齿面的胶合也是人们所熟知的现象。对于这种金属转移现象的解释，除上述黏着机理外，还有许多学说。如有的认为转移首先是由于材料疲劳使其粒子从固体表面剥离下来，然后再黏附到摩擦副的表面上。还有人认为在温度和应力双重场的耦合作用下，原子从一种材料扩散到另一种材料中。这种扩散作用会使摩擦副元件的重量增加或减小。如青铜对钢在有润滑油的情况下作相对滑动时，铜原子会扩散并富集在钢表面上。研究指出，扩散过程具有周期性，当铜层较厚时，会发生逆向的扩散。

2.2.3　黏着磨损的影响因素

由上述黏着机理可知，磨损率与摩擦副材料的性质、载荷的大小和工作环境条件等因素有密切关系。

2.2.3.1　摩擦副材料特性的影响

两个金属表面发生黏着，首先和它们形成固溶体的特性有关。由互溶性大的材料组成的摩擦副，黏着倾向大，结合点比较牢固；反之则黏着倾向小，结合点易于被切开。一般来说，同一金属或晶格类型、晶格间距、电化学性质相近的金属，互溶性大，容易发生黏着。不同金属或晶格等不相近的金属，互溶性小，故黏着倾向较小。有些金属摩擦副虽然互溶，但它们之间可能形成金属化合物，则不易发生黏着。

多相金属由于组织不连续，故比单相金属的黏着倾向小。如铸铁、碳钢都是多相组织材料，故比单相奥氏体和不锈钢的抗黏着性能好。金属与非金属组成的摩擦副比金属组成的摩擦副黏着倾向小。如聚四氟乙烯与金属组成的摩擦副，除高速重载条件外，黏着磨损均较小，摩擦系数也很低。

脆性材料的抗黏着性能比塑性材料好，塑性材料的黏着破坏多发生在离表面一定深度处，磨屑的颗粒大，因而表面变得粗糙；而脆性材料的黏着磨损产物多呈粉末状，破坏深度浅。故铸铁组成的摩擦副，其抗黏效果要比退火钢组成的摩擦副好。

2.2.3.2　压力的影响

一般而言，当压力增大到某一数值时黏着磨损会急剧增大。如图 2-2 所示，当压力超过 σ_s 时，磨损率急剧增大，由缓慢的磨损转变为剧烈的磨损，严重时可能发生咬死现象。所以发生这种转变，除前面所述的机理外，还由于分子间的相互作用，以及向接触的微凸体下的塑性区相互作用面引起的，这些因素是受表面温度和沿深度的温度梯度影响。

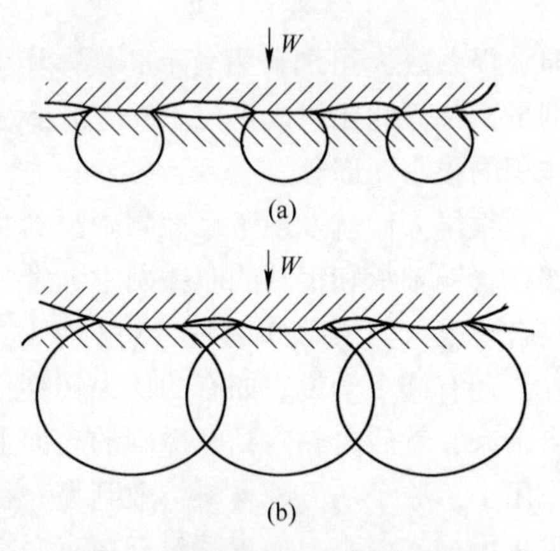

图 2-4　接触点塑性区的分布模型
(a) 轻载荷接触时微凸体下的塑性区相互独立；
(b) 重载荷接触时微凸体下的塑性区相互作用

如图 2-4 所示，是接触点受轻载和重载时的塑性变形区分布模型。可见轻载时接触的微凸体下的塑性区没有重叠，相互独立；而重载时接触的微凸体下的塑性变形区形成明显的重叠区域，塑性变形区相互作用。如表层完全呈塑性，则将发生剧烈磨损。

如图2-5所示，是黄铜与工具钢对磨时，磨损率与压力之间的关系曲线。可见当载荷很小时，磨损率也很小；当载荷增大到某一临界值时，磨损率突然增大，由缓慢磨损转变为剧烈磨损。从同时测得的接触电阻的变化情况，可以认为这一转变是由于轻载时表面膜未破裂，故接触电阻大，黏着磨损小；随着载荷增大，表面膜被压溃，两表面的金属峰顶直接接触，故电阻下降，黏着磨损剧增。

对于各种材料，根据不同情况，都存在一个临界压力值。设计时选择的许用压力必须低于这一临界值，才能有效减小黏着磨损。

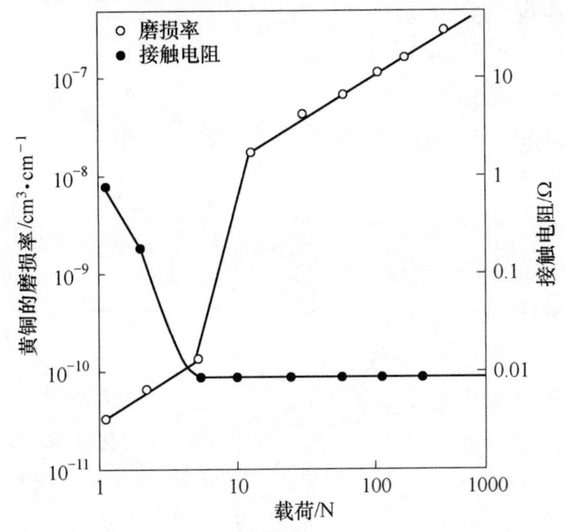

图2-5 黄铜与工具钢对磨时，磨损率与压力的关系

2.2.3.3 滑动速度的影响

在法向力一定时，黏着磨损随着滑动速度增加而增加，但达到某一极大值后又随着滑动速度增加而减少。这可能是由于滑动速度增加，黏着磨损量因温度升高材料剪切强度下降，以及塑性变形不能充分进行延缓黏着点长大两个因素同时作用所致。

2.2.3.4 温度的影响

磨损过程产生的热量，使表面温度升高。摩擦表面温度对磨损的影响主要有3个方面：(1) 使摩擦材料性质发生变化；(2) 表面膜的形成；(3) 使润滑剂的性质发生变化。

一般地说，金属硬度随表面工作温度而变，温度越高，硬度越低，按前述黏着机理因而磨损越大。当其他条件相同时，温度越高，磨损越大，这种效应已被Hordon[9]所证实。为应对高温的影响，在高温下工作的摩擦材料应具有高的热态硬度。通常用于高温的材料有，工具钢和以钴、铬、钼等为基本成分的合金。当温度高于850℃时，须采用陶瓷材料。

在大气中，多数材料都覆盖一层氧化膜，其形态和厚度与温度有关。由于大多数物理化学过程都明显受温度的影响，甚至微小的温度变化也会对扩散过程发生影响（因扩散系数与温度成指数关系），所以温度会导致各种氧化膜和其他化合物的形成。从而改变表面间相互作用性质。

图2-6为钢在不同速度和温度下磨损率变化情况。在正常温度情况下，当速度达到0.9m/s时，磨损率会显著下降。这种转变可以用摩擦热引起表面膜的形成来解释。为证明这一点，试验用600A电流通过试件使接触面加热到相同温度，在低速对磨时，磨损率仍很低，而且表面是光洁的。如把液氮引入试件内腔，蒸发时氮通过试件界面逸出使表面冷却，则在同样速度对磨时，磨损率明显提高，而且试件表面发生明显的脱落现象。

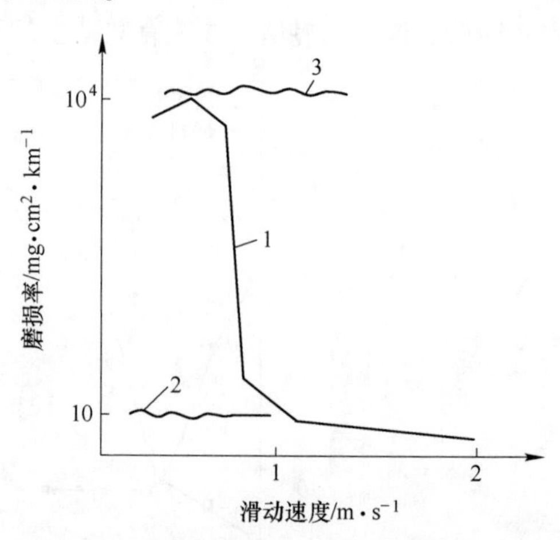

图2-6 低碳钢对磨时的磨损率

1—正常温度情况；2—用电源加热；
3—用液态氮冷却（-187℃）

当摩擦表面有润滑油时，温度升高会使润滑油变质，首先油膜汽化，然后开始热降解。这种氧化和热降解作用引起润滑油性质的变化是不可逆过程。这时油膜发生离析，分子链位向消失，使润滑油丧失其润滑作用。润滑油的分子链位向消失，温度与润滑剂的成分和被润滑的金属都有关系，脂肪酸膜在金属表面时的位向消失温度高于其体积状态时的位向消失温度。这是由于酸与金属发生反应形成了化合物的原因。位向消失温度约等于化学物（皂）的熔化温度，通常润滑油大概在100~120℃时开始位向消失。因此在较高温度时，通常可以采用添加剂的方法保持润滑剂的良好性能，如添加含硫、氯、磷等的添加剂。它们与金属的化合物能在250℃仍起保护作用。硫化物膜在温度高达650℃时仍有效。

2.2.3.5 其他因素

摩擦副表面粗糙度、摩擦表面温度以及润滑状态等，也对黏着磨损有较大影响。降低表面粗糙度，将增加抗黏着磨损能力；但粗糙度过低，反因润滑剂难于存储在摩擦面而促进黏着。这里所说的温度是环境温度或者是摩擦副体积的平均温度，它不同于摩擦副表面平均温度，更不同于摩擦副接触区的温度。在接触区，因摩擦热的影响，其温度很高，甚至可能使材料达到熔化状态。不管是何种概念的温度，提高温度都促进黏着磨损的产生。良好的润滑状态能显著降低黏着磨损磨损量。

2.3 磨粒磨损

根据 ASTM G40[10]标准定义，磨粒磨损是指由于硬质颗粒或表面硬质凸起的存在造成材料从其表面分离出来的现象。磨粒磨损是最常见的一种磨损形式。工业中因磨粒磨损造成的经济损失约占整个磨损损失的一半。

2.3.1 磨粒磨损形式

磨粒磨损的分类方法有很多种，较典型的分类是根据接触类型和接触环境分类。接触类型可以分为二体磨粒磨损（two-body）和三体磨粒磨损（three-body）。如图 2-7 所示，图 2-7（a）和图 2-7（b）是二体磨损，它们是由磨粒在另一个表面上滑动导致的，用锉刀或砂纸打磨较软的金属就属于这类磨损形式。另外，矿用刮板机、槽板、犁铧、挖掘机铲斗等的磨损也都属于此类磨损。而图 2-7（c）和图 2-7（d）是三体磨损，它们是两摩擦表面间有松散的磨粒时的磨损。这样的磨粒通常有几种来源，其中最主要的有外来的杂质或加入的磨料，还有就是摩擦表面本身产生的磨料。三体磨损大部分属于碾碎式磨粒磨损，如矿用球磨机衬板与耐磨钢球之间的磨损、研磨机表面的磨损等，都属于这一类磨损范畴。根据接触环境可以分为自由磨粒磨损（图 2-7（a）和图 2-7（c））和限制磨粒磨损（图 2-7（b）和图 2-7（d））。

根据摩擦表面所受应力和冲击大小不同，磨粒磨损可以分 3 种基本形式：低应力磨粒磨损、高应力磨粒磨损和凿削磨粒磨损。

低应力磨粒磨损，又可以称作擦伤式磨粒磨损，这种磨损的特征就是应力较低。磨料与表面接触的最大压应力不超过磨料的压碎强度，因而磨料仅仅擦伤摩擦表面，材料表面仅仅能观察到细微的切削痕迹，而磨料保持相对完整。前文所述的矿用刮板机、槽板、犁铧、挖掘机铲斗等的磨损属于此类磨损。又如用砂纸打磨木头也属于此类磨损。

高应力磨粒磨损，也可以称为碾碎式磨粒磨损，这类磨损的特征就是应力较高。磨料与表面接触的最大压应力大于磨料的压碎强度，因而磨料夹在两摩擦表面之间，被不断地碾压破碎。被碾碎的磨料挤压金属表面，使韧性材料产生塑性变形或疲劳，脆性材料发生碎裂或剥落。如前文提到的球磨机衬板的表面磨损多属于此类磨损。

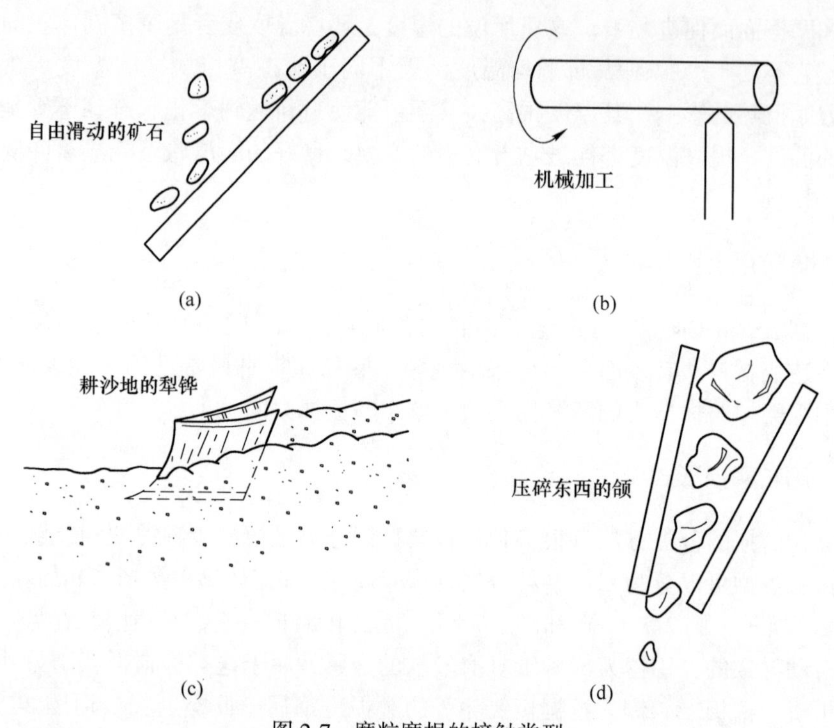

图 2-7　磨粒磨损的接触类型

（a）开放式二体；（b）闭合式二体；（c）开放式三体；（d）闭合式三体

凿削式磨粒磨损，这种磨损的特征是磨粒对材料发生碰撞，使磨粒切入摩擦表面并从表面凿削下较大颗粒金属，导致摩擦表面出现较深的沟槽的现象，例如在破碎机粉碎石头时，就会出现此类磨损现象。又如挖掘机铲斗的表面损坏多属于此类磨损。

2.3.2　磨粒磨损机理

在磨粒磨损过程中，为了解释清楚材料是通过怎样的方式从表面移除掉的，研究者总结出了几种磨粒磨损的机理。这些机理主要包括断裂、疲劳和熔融。由于磨粒磨损是一个非常复杂的过程，到目前为止，还不能通过一种机理来完全解释清楚所有的磨损过程的材料损失。

根据磨粒和材料的性能，可以将磨损机理简单地分为以下 3 种[11~13]：犁削、切割和破碎，如图 2-8 所示。

犁削是指被磨损工件表面的材料移位到一边，材料的变形导致犁沟的形成，而材料并没有从工件表面脱离。变形移位的材料形成脊状凸起连接在犁沟的边缘，而变形移位形成的脊状凸起可能在下一次的磨粒磨损时发生掉落。

切割是指材料以碎片为主首先从工件表面分离，而有很少或者没有材料移位

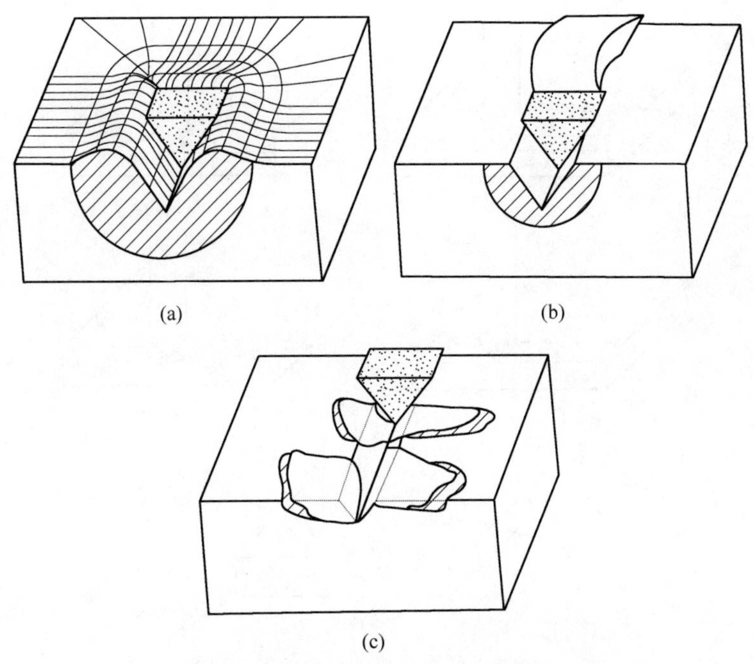

图 2-8 材料表面和磨粒接触使材料磨损的微观机理[11]
(a) 犁削；(b) 切割；(c) 破碎

到沟壑的边缘。这一机制和传统的机械加工完全类似。

破碎是指通过切割过程使材料从表面分离，而且呈锯齿状的磨粒使磨损表面原位断裂。这些裂纹将会围绕磨损的沟壑自由地扩展，进一步导致材料呈碎片状脱离。

图 2-9 说明了当一个磨粒的尖端部位在材料表面接触，来回移动时可能出现的一些现象，主要包括犁削、楔形物形成、切割、微疲劳和微裂。

犁削是使材料从犁沟转移到两边的过程。这一过程是在较小载荷下进行的，而且没有造成真正的材料损失。通过冷加工的方式，使材料的近表面损坏，这种损坏是以建立材料位错的形式进行的。如果在冷加工表面再进行新的磨损，那么可能通过微疲劳造成材料的损失。

当接触界面的剪切强度和材料自身的剪切强度之比达到足够高（0.5~1.0）的水平时，在磨粒的前端可能会形成楔形物。在这种情况下，从犁沟中的犁削出来的材料比堆积在犁沟两边的材料多。这种楔形物的形成还是相对比较轻微的磨粒磨损形式。

对于脆性材料而言，更为严重的磨粒磨损形式是切割。在切割的过程中，磨粒的尖端在材料表面剔起碎片，就像是机械加工一样。这将导致材料损失，但是相对犁沟的大小，材料的损失还是小得多。对尖角形的磨粒而言，存在一个由犁

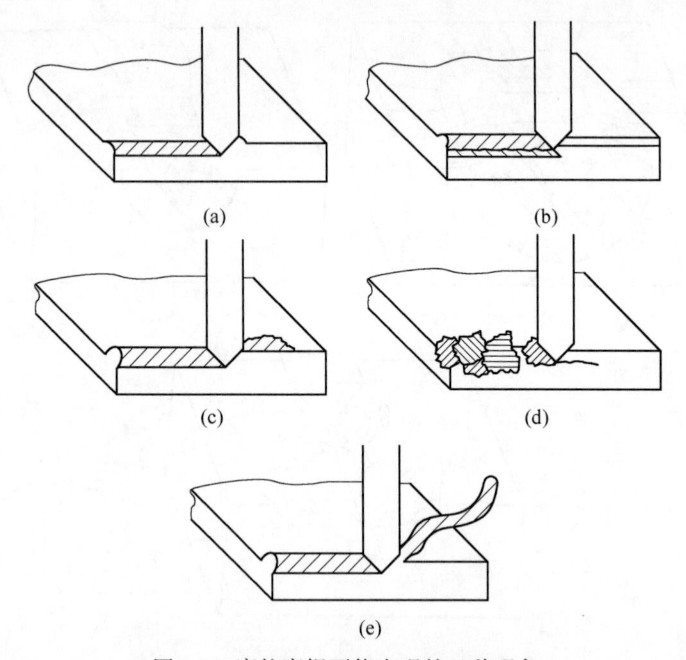

图 2-9　磨粒磨损可能出现的 5 种现象

（a）犁削；（b）疲劳；（c）楔入；（d）开裂；（e）切割

削向切削转变的临界角。临界角决定于被磨损的材料。例如，Cu 的临界角是 45°，而 Al 的是 85°[14，15]。

针对不同磨损机理，可以建立不同模型来说明。下面主要就犁削过程来分析其磨粒磨损机理。

设一个简化的模型。如图 2-10 所示，摩擦副的一个表面是平滑的软材料，另一个是粗糙的硬表面材料，其微凸体的尖端部位呈圆锥体形，圆锥的半角为 θ。在载荷 W_i 作用下，硬微凸体的峰顶穿入软材料表面的深度为 h。当相对滑动时，此载荷只由前面半边支撑。因此

$$W_i = \frac{1}{2}\pi r^2 \sigma_s = \frac{1}{2}\pi h^2 \tan^2\theta\sigma_s \tag{2-12}$$

滑过 δL 距离时，被切去的材料体积为：

$$\delta V = rh\delta L = \delta L h^2 \tan\theta \tag{2-13}$$

由以上两式可得：

$$\frac{\delta V}{\delta L} = \frac{\delta L h^2 \tan\theta}{\delta L} = \frac{2W_i \mathrm{ctan}\theta}{\pi\sigma_s} \tag{2-14}$$

假定载荷是稳定的，引入概率常数 K_1，可得单位滑动距离的总磨损体积为：

$$Q = \frac{V}{L} = \sum \frac{\delta V}{\delta L} = K_1 \frac{2\mathrm{ctan}\theta}{\pi} \frac{W_i}{\sigma_s} \tag{2-15}$$

式中，ctanθ 为所有微凸体半锥角余切值的平均值，这对一定加工表面是个常数，再把抗压屈服极限 σ_s 用硬度 H 表示，则上式可写成通式：

$$Q = \frac{V'}{L} = K_A \frac{W_i}{H} \tag{2-16}$$

磨损系数 K_A 是几何因素（$2\text{ctan}\theta/\pi$）与概率常数 K_1 的乘积。可见，磨粒磨损几何因素是微凸体形状的函数，ctanθ 可以理解为粗糙表面或磨粒表面的平均坡度。实验分析表明，对于各种表面情况，（$2\text{ctan}\theta/\pi$）值的变化范围并不太大，其值约为 10^{-1} 数量级；微凸体产生犁削作用的概率 K_1 值，也大约是 10^{-1} 数量级。显然，式（2-16）是按照非常简单的模型导出的，没有考虑微凸体和力的分布情况以及磨屑如何分离出来的方式。实际上，当硬颗粒在软表面上划过时，软材料将在滑动的前方发生隆起面堆积，弹性模量在一定情况下将起到重要作用。故式（2-16）值近似适合于二体磨粒磨损。对于具有松散磨粒的三体磨损，则由于同时有三个物体参与工作，而且在这种情况下，有许多磨粒将在两摩擦表面之间产生滚动，因此磨损系数 K_A 将明显减小。

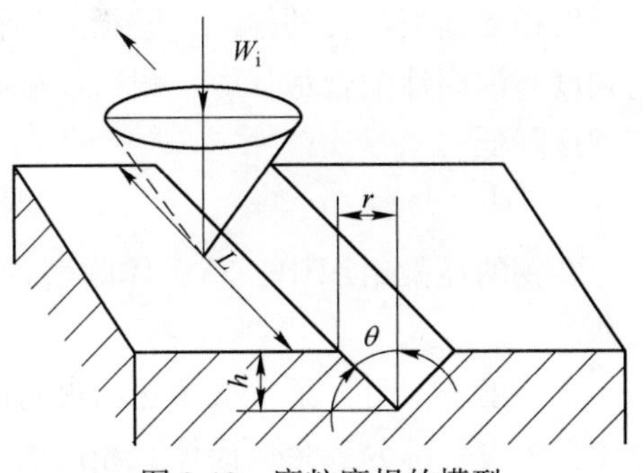

图 2-10 磨粒磨损的模型

在磨粒磨损过程中，硬的微凸体或磨粒将变钝，这使磨损率减小；然而脆性磨粒脆裂后，又会使磨粒的边缘尖锐化，这使磨损率增大。

2.3.3 磨粒磨损的影响因素

影响材料磨粒磨损的因素非常多，总结起来主要有两方面，一方面是材料本身的因素，另一方面是环境因素。

2.3.3.1 材料性能对磨粒磨损的影响

材料性能的变化既与磨粒磨损有一定的关联，又对磨粒磨损有一定的影响。材料的性能主要包括硬度、弹性模量、屈服强度、熔点、晶体结构、显微组织和化学成分等。

A 硬度

已有实验数据表明，材料磨粒磨损的抗力与 H/E 成正比，H 为材料的硬度，E 为弹性模量。接触面积增加，单位法向力反而下降，致堆沟槽两侧的材料也少，故磨损量也减少。然而，E 对组织不敏感，因此，机件抵抗磨粒磨损的能力主要与材料硬度成正比。所以在一般情况下，材料的硬度越高，其抗磨粒磨损的能力也就越好。

在硬度相同的情况下，钢中的含碳量越高，碳化物形成元素越多，耐磨性就越好。

B 断裂韧性

磨损受断裂过程的控制，磨损开始阶段耐磨性随着断裂韧度的提高而增加，当硬度与耐磨性配合最佳时，耐磨性最高。其后，随着断裂韧性的增加，耐磨性与硬度降低。

C 显微组织

在钢的显微组织中，马氏体耐磨性最好，铁素体基体因硬度太低，耐磨性最差。

在硬度相同时，下贝氏体比回火马氏体具有更高的耐磨性。主要是因为贝氏体中保留着一部分残余奥氏体，经过加工硬化后残余奥氏体转变成马氏体，基体硬度较完全贝氏体组织高。

经过热处理的钢，由于非平衡组织的存在，导致多种微观缺陷，再加上原有的冶金缺陷，加速了切削过程，所以磨损量增加。

D 碳化物

在软的基体中，碳化物数量增加，弥散度增加，耐磨性会增加；在硬的基体中，碳化物反而损害材料的耐磨性，因为此时碳化物如同内缺口一样，极易使裂纹扩展，致使材料表面通过切削过程而被除去，如马氏体上分布的 M_3C 型碳化物。

E 加工硬化

低应力擦伤性磨损时，加工硬化对材料的耐磨性没有影响，这是由于磨粒或硬的凸起部分切削金属时，局部区域急剧加工硬化。但在高应力碾碎性磨粒磨损时，加工硬化能显著提高耐磨性。

2.3.3.2 环境因素对磨粒磨损的影响

除了材料性能对磨粒磨损的影响外，环境因素对磨粒磨损也有明显影响。摩擦损失率并不是材料本身的特性。影响摩擦损失的环境因素包括但不限于以下因素：磨料及其特征、温度、接触速度、磨料在材料表面的单元载荷、湿度、腐蚀状况等。

A 磨料

在前面假定的简化模型中，磨料的差异包括在常数 K 中，而且几乎被忽略了。然而，磨料的变化会使磨损率发生改变。另外，对于相同的磨料，特别是尖角型磨料，存在一个临界角，即磨料在材料表面滑动时的角度。临界角可以使磨损的方式从犁削型转变为切削型。除此之外，磨料的其他特征也有重要的影响，例如磨料的硬度、韧性和尺寸等。

磨料硬度对材料的磨损率有重要影响。如图 2-11 所示，当磨料硬度超过材料硬度时，摩擦磨损将会减小[16,17]，这是因为当磨料硬度超过材料硬度时，磨料能够穿透材料的表面并且切割材料，同时还不会造成切屑破坏或尖角圆化。

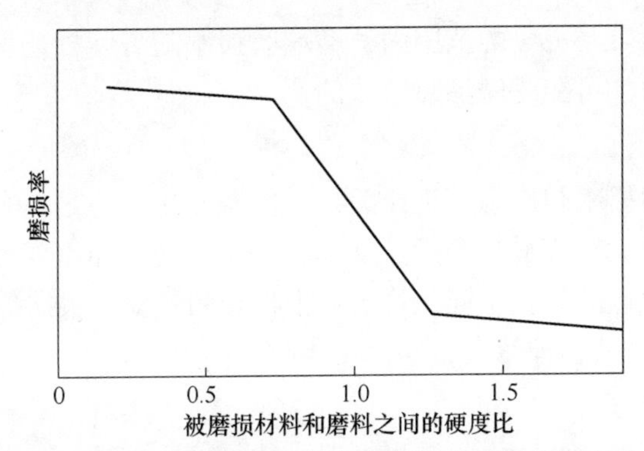

图 2-11 相对材料硬度而言磨粒硬度对磨粒磨损的影响

磨料形状也很重要，因为它影响着材料表面的沟槽形状，同时还影响接触载荷以及从弹性接触向塑性接触转变。实验表明，尖角型磨料比圆角型磨料的磨损更少。

磨料韧性也是一个重要影响因素，材料磨损会随着磨料韧性的提高而增加。实验表明，一般金属的磨损率随磨粒的平均尺寸增大而增加，但是磨粒的尺寸达到一个临界值时，磨损率不再增加。磨粒的临界尺寸随金属性能的不同而不同。图 2-12 给出了几种钢的相对磨损率与磨粒尺寸的关系。

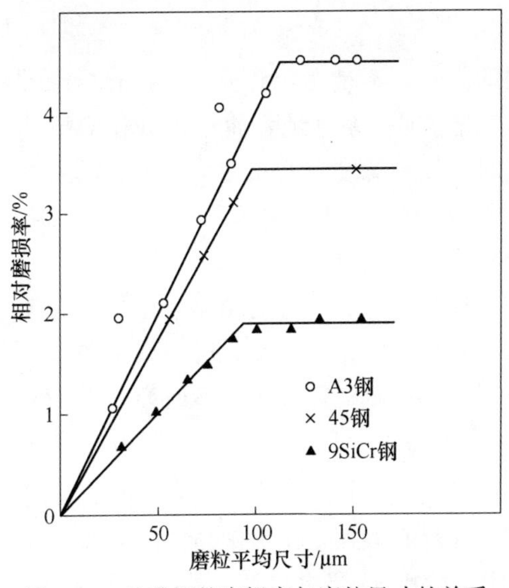

图 2-12 几种钢的磨损率与磨粒尺寸的关系

B　温度

因为材料的硬度和屈服强度随服役温度的升高而降低，因此温度升高，磨粒磨损呈现增强的趋势。但是对于铝和铜[18]，当温度从室温升高到400℃时，磨粒磨损率变化很小的，几乎可以忽略。

C　接触速度

摩擦速度在0~2.5m/s的范围内，磨粒磨损率随着摩擦速度的增大而出现轻微增加。磨损的增加可能是摩擦热造成的。

D　载荷

磨粒磨损的磨损率与压力成正比关系。但需要注意的是，有一个拐点，如图2-13所示。当压力大于临界压力后，磨损率随压力的增加而变得平缓了许多。对于不同的材料，拐点的位置不同，这与磨损机理的转变有关。

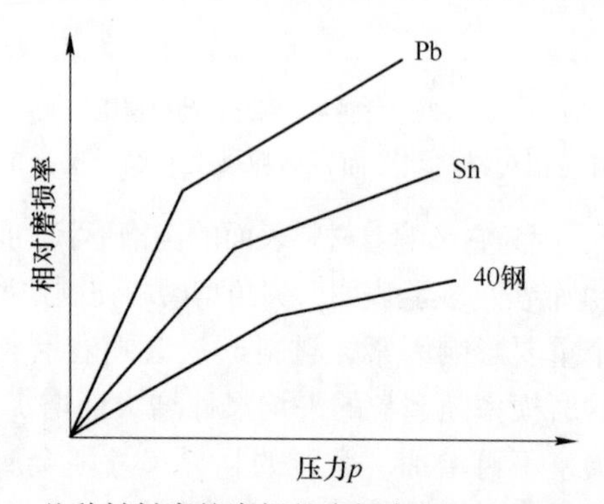

图2-13　几种材料磨粒磨损的磨损率与压力的关系示意图

E　湿度

环境湿度对磨损的影响还不是完全清楚，已有的结论常常相互矛盾。Larsen-Basse[19,20]研究了空气湿度对一系列纯金属和钢磨粒磨损的影响发现，用SiC作为磨料进行磨粒磨损时，相对湿度在65%以内，磨损随着湿度的增加而增大。由于湿度的增大，SiC颗粒的水汽协助材料开裂明显增多，从而导致新出现的楔形尖角切割材料的表面程度更加明显。

Mercer等[21]则得出了完全不一样的结果。他们发现对于铁和低碳钢而言，随着湿度的增大磨损率是降低的，对于钛，磨损率基本保持不变，而铜则是随湿度增加而降低。可见湿度的影响还需要进一步研究。

F　腐蚀

腐蚀通常会加剧磨粒磨损，特别是在pH值较低的情况下。磨粒磨损和腐蚀常常是协同作用。磨粒在材料表面磨出一个新鲜的表面，加速了腐蚀的产生，紧接着磨粒又将有保护作用的腐蚀层去除掉，裸露出新鲜的表面。Tylczak[1]在摩擦试验中发现，在酸性水中的磨损率是自来水中的两倍。Madsen[2]利用实验室泥浆磨损实验设备进行的实验表明，相对单独的磨粒磨损，磨粒和泥浆的协同作用使得磨损率增加了一倍。

2.4 冲蚀磨损

2.4.1 概述

根据标准 ASTM G40[22]的定义，冲蚀磨损是指由于固体表面与流体、多组分的流体、碰撞的液体或碰撞的固体颗粒的相互机械作用，导致固体表面的原始材料逐渐流失的现象。冲蚀是一个相对宽泛的术语，可以进一步细分为固体微粒冲蚀、液体碰撞冲蚀和气穴冲蚀。有的甚至还包括电火花冲蚀。固体微粒冲蚀是由于固体微粒的冲击造成的。液体碰撞冲蚀是由于液滴或喷雾的冲击导致的。气穴冲蚀是由于在液体内部的泡或洞的形成或坍塌造成的，在泡或洞的内部可能是大气、水蒸气，抑或是两者都存在。碰撞意味着颗粒比表面积小，而且冲击是分散在整个表面或表面的某个局部位置。

根据携带微粒的介质不同，冲蚀磨损又可分为气固冲蚀磨损、流体冲蚀磨损、液滴冲蚀磨损和气蚀磨损（表 2-2）。气固冲蚀磨损又称喷砂型冲蚀磨损，是最常见的冲蚀磨损。

表 2-2 冲蚀现象分类

冲蚀类型	介 质	第二相	破坏实例
喷砂型冲蚀	气体	固体微粒	燃气轮机、锅炉管道
雨滴、水滴冲蚀		液滴	高速飞行器、蒸汽机轮机叶片
泥浆冲蚀	液体	固体微粒	水轮机叶片、泥浆泵轮
气蚀		气泡	水轮机叶片、高压阀门密封面

2.4.2 固体微粒的冲蚀

根据冲蚀微粒的组分、尺寸大小和形状，以及冲击的角度及速度，表面成分的不同，冲蚀往往是通过不同机理共同作用造成的。当一束固体微粒流射向材料的表面时，其磨损率取决于微粒的入射角。脆性材料和塑性材料对入射角度的敏感程度也是不同的，如图 2-14 所示[23]，当最大磨损率出现时，对于塑性材料的冲击入射角度出现在 20°~30°，而脆性材料出现在 90°。当然了，对于塑性材料最大磨损率形成的冲击入射角度并不唯一，大约出现在 20°~30°，也要看微粒的形状及是否出现破碎等因素[24~26]。当用圆球形的微粒冲击塑性材料表面时，最大磨损率可能出现在 90°的冲击入射角。

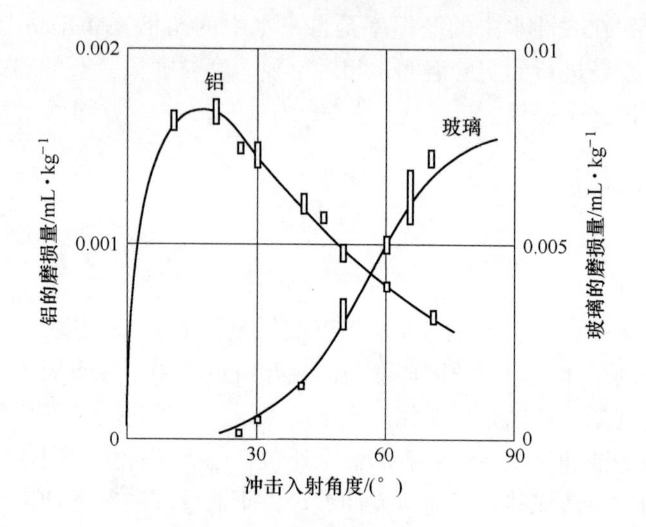

图 2-14　接触角对铝和玻璃冲蚀磨损的影响[45]
(直径 300μm 铁球，速度为 10m/s)

另外，材料的冲蚀有多种机理，包括切割[23,27~31]、破碎[32]、弹性或弹塑性断裂[33~35]、挤压[36,37]、疲劳[38,39]、剥离[40,41]、局部变形[25,31,42,43]及熔化[36,42,44]等。有研究者认为对不同材料在不同入射角条件下的磨损机理也有所不同。对于塑性材料，可认为在靠近曲线顶峰处的机理与磨粒磨损相似；当入射角接近 90°时，疲劳机理可能是主要的。对于脆性材料，表面裂纹的形成会导致产生磨粒。不论是塑性还是脆性材料，冲蚀磨损的磨损率与入射微粒动能成正比，即与微粒入射速度平方成正比。

人们提出了非常多的分析模型，但是没有一个模型能完全满足所有材料的冲蚀机理。为了给出冲击的普遍趋势，人们研究得出了一个经验公式[46~48]：

$$E = K_0 v^p f(\alpha) \tag{2-17}$$

式中，E 为冲蚀率；v 为微粒冲击速度；p 为速度幂指数；f 为冲击入射角 α 的函数；K_0 为包含所有其他因素的常数。对于塑性材料，速度幂指数 p 可以在 2~3 之间波动，一般大约取值于 2.4[43,48]。而对于脆性材料，它可以在 2~6 之间波动，一般取平均值为 3[33,49,50]。

另外，像复合材料和金属陶瓷之类的多相材料，既含有塑性相，又含有脆性相，因此会表现出双重的磨损行为。

材料一定时，磨损率作为时间的函数通常包括以下 3 个阶段：一是孕育期，很少或没有材料的损失；第二是逐渐加速期；最后是稳定期。如图 2-15 所示，有些材料磨损率到达峰值后，会呈现出减速的过程[51]。

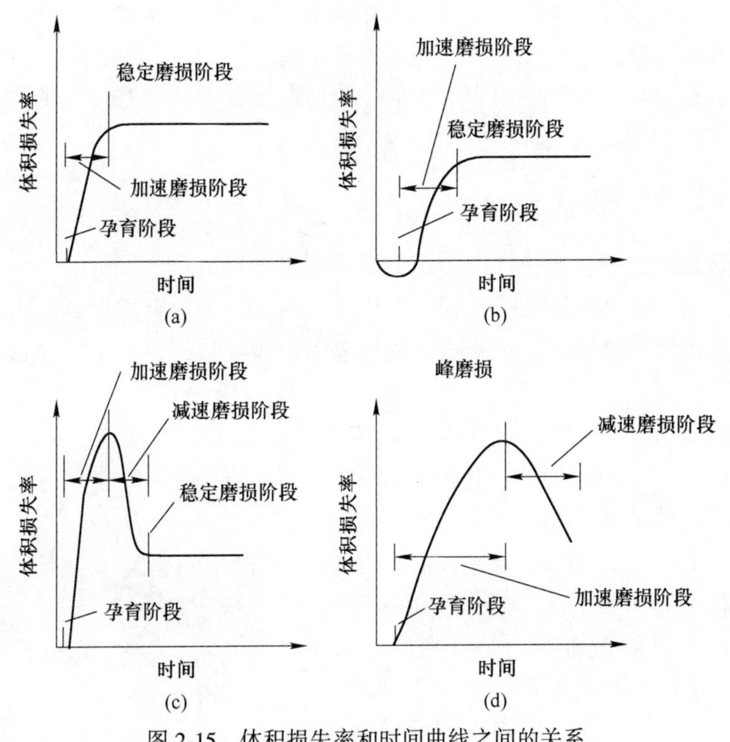

图 2-15 体积损失率和时间曲线之间的关系

2.4.3 气蚀

2.4.3.1 气蚀

气蚀与气穴现象有关。根据 ASTM G40[22] 的定义，气穴现象是指在固体与液体接触并有相对运动的情况下，会使液固界面处的局部压力低于蒸汽压力，这时可能会产生气泡，其中含有水蒸气或水蒸气和空气的混合物。当这些气泡随液体流动到高压区域时，气泡会在瞬间爆炸，产生非常大的冲击力作用在固体表面之上。而气蚀是指由于固体材料反复连续的暴露在出现气穴现象的液体中，导致原始固体表面材料逐渐流失的一种磨损现象。

气蚀是出现在汽轮机或涡轮机中最常见的一种磨损类型，特别是在船舶的离心泵叶片、螺旋桨的零件上。另外，当接触液体的固体表面出现振动时，也可能出现气蚀现象。有时，由于气蚀作用在摩擦表面产生了磨损颗粒，气蚀还会引起诸如磨粒磨损及黏着磨损的其他类型的磨损，这将导致磨损失效分析变得更加困难[52]。

在零件设计中，尽量保证外形的流线型是避免出现表面气蚀的有效方法，因为零件如果外形设计得不好，与流体接触并相对运动时，局部会出现涡流现象，从而形成低压区域，给气泡的产生提供了有利条件。因此，流体中含气量越高，气蚀破坏也越容易发生就不难理解了。一般情况下，不锈钢有较优良的抗气蚀性能，铸铁和低碳钢的抗气蚀性能相对较差。

2.4.3.2　气蚀机理

即便是在室温下，当流体中的压力降低到足够形成蒸汽气泡时，气穴现象就可能发生。当这些气泡随液体流动到高压区域时，气泡会突然爆炸。由于突然爆炸产生的冲击波和微喷射，可能会对固体表面产生损坏。这就是气蚀形成的微观机理。

当气泡处在固体/液体界面附近的流体中时，靠近固体表面一边的流体的运动速率比靠里面的流体的速率慢。原始球形的气泡将变的不对称（图 2-16），导致流体发生朝向固体材料一侧的喷射。影响微喷射速率的因素有很多，其中最重要的是气泡的压力。Franc 等人的计算结果表明[53]，喷射速率一般在 100m/s 以上。这一速率可以导致几百兆帕的压力形成，足以破坏大多数普通材料[54]。

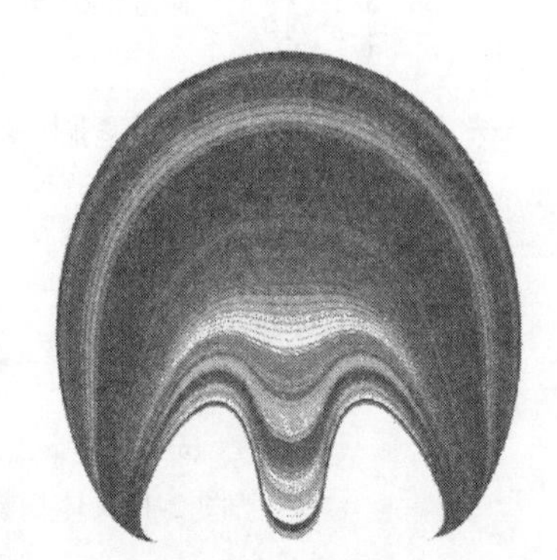

图 2-16　接近固体表面的气泡崩塌的数值模拟，显示了气泡溃灭时的演变过程[53]

气蚀现象有如下 4 个特点：第一，压力高，压力峰值可以达到几百兆帕，甚至几吉帕。这一压力比一般工程材料的弹性极限（强度）都高。第二，维度低，喷射的维度非常小，一般是几微米到几百微米，因此称为微喷射。每一次在固体表面的冲击都作用非常小的面积。第三，时间短，冲击的时间大约是几微秒。第四，温度高，在冲击过程中，由于局部能量的耗散，导致局部温度急剧升高，可以达到几百摄氏度。

在冲蚀磨损的过程中，表面材料的流失主要是由机械力引起。在高速微粒的不断冲击下，塑性材料表面逐渐出现短程的沟槽和鱼鳞状小的凹坑，且变形层有微小的裂纹。微粒冲击材料表面通过切削方式形成冲蚀坑，最后冲击坑有较大的唇片隆起，这部分材料在随后的冲击时极易脱落形成磨屑。

2.4.3.3　影响因素

A　环境因素（如冲击角、微粒速度及浓度、冲击时间、温度）

冲击角是影响材料冲击磨损的重要因素。大量实验表明：陶瓷、玻璃等典型脆性材料的最大冲击率出现在90°附近，铜、铝等典型塑性材料最大冲蚀率出现在20°~30°。一般工程材料显示了介于脆性材料和塑性材料之间的特性。

微粒速度对材料冲蚀率的影响，主要是因为冲蚀磨量与微粒动能有重要的关系。根据众多材料冲蚀磨损实验结果可得出以下关系式：

$$\varepsilon = kvn \tag{2-18}$$

式中，ε 为冲蚀率；k 为常数；v 为微粒速度；n 为速度指数，通常为2.3~2.4。

微粒速度对冲蚀磨损的影响通常都在高速范围（60~400m/s）。速度小于60m/s，一般不发生严重冲蚀磨损，如气流输送管道中，微粒速度一般为25m/s左右，冲蚀破坏很轻。若微粒速度继续降低，则可能出现产生冲蚀磨损的速度下限，即门槛速度值，低于此速度值的微粒与材料表面只有单纯的弹性碰撞而观察不到破坏。

B 微粒性能

微粒粒度对于冲蚀磨损有明显影响。微粒尺寸在20~30μm范围，材料冲蚀磨损率随微粒尺寸增大而上升，但微粒尺寸增大到某一临界值时，材料冲蚀率几乎不变或者变化缓慢。

在双对数坐标图上，可以看出，材料冲蚀率随微粒硬度呈直线增加。

尖角形微粒与圆形微粒相比较，在相同条件下，前者造成的磨损大约是后者的4倍，甚至低硬度的尖角形微粒比高硬度的圆形微粒产生的磨损还要大。

微粒在冲击材料表面有时会发生破碎，破碎的微粒碎片又会对表面产生二次冲蚀，使材料冲蚀率增加。

C 材料性能

材料性能对冲蚀磨损的影响比较复杂。提高塑性材料的屈服强度（或硬度），对增加材料冲蚀磨损抗力有利。对脆性材料，断裂韧度的影响比硬度大，提高断裂韧度，冲蚀磨损体积降低。

2.4.4 液体碰撞冲蚀

当小液滴以非常高的速率（1000m/s）射到固体表面时，表面将受到很大压力，可能超过多数材料的屈服强度。因此一次冲击就能使材料发生塑性变形或破坏，重复冲击将导致点蚀或浸蚀磨损。

如图2-17所示，是热作模具钢（H13）受到熔融AZ91D镁合金液体冲蚀过程的示意图[55]。模具钢表面受到高频次的液体冲击之后首先在表层产生疲劳，之后受到液滴冲击时就会导致疲劳层的开裂，甚至断裂，从而从材料表面脱落，造成模具的失效。

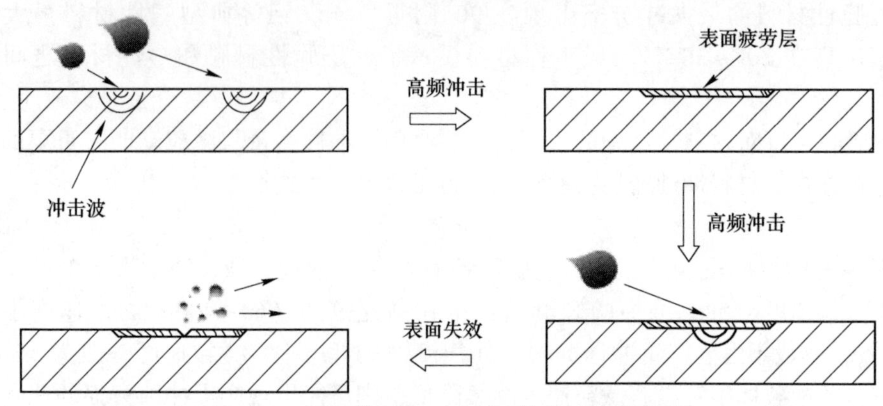

图 2-17　压铸模具表面受到液体冲蚀的示意图

2.5　表面疲劳磨损

2.5.1　疲劳磨损及其特点

根据全国科学技术名词审定委员会审定公布的定义，疲劳磨损是指两接触表面在交变接触压应力的作用下，材料表面因疲劳而产生物质损失的现象。两接触面相互滚动或滚动兼滑动摩擦时，接触疲劳是工件发生磨损失效的一个主要原因。这种形式的磨损也被称作接触疲劳磨损。

疲劳磨损经历裂纹的萌生、扩展和断裂三个过程，可以说是材料疲劳断裂的一种特殊形式。早期的磨损分类，没有把这种接触疲劳划入磨损的范畴。后来的研究发现，不仅在滚动接触，而且在滑动接触及其他磨损形式中，也都发现了表面接触疲劳过程，因此，接触疲劳完全可以被认为是一种独立的、而且是相当普遍的磨损形式。

疲劳磨损与整体疲劳之间的不同特点，其一，裂纹源和裂纹扩展途径不同。整体疲劳的裂纹源在表面，裂纹扩展与外加应力成 45°角，超过两三个晶粒后，转向与应力垂直；而疲劳磨损的裂纹源在表面或亚表层，裂纹扩展与表面成 10°~30°角或平行于表面。其二，疲劳极限的差别。整体疲劳存在明显的疲劳极限，即疲劳应力小于材料的应力极限时，则疲劳寿命可以认为是无限的。因为疲劳应力可以达到很高的数值，所以疲劳磨损寿命要比整体疲劳低得多。疲劳磨损尚未发现疲劳极限。有一个经验公式，表示失效时间 t 与最大接触应力 σ_m 之间的数值关系为 $t=$常数$/\sigma_m^9$。其三，作用过程的差别。整体疲劳一般只受循环应力的作用；疲劳磨损除循环应力作用外，摩擦过程可以引起表面层一系列的物理化学变化。其四，应力计算上的差别。疲劳磨损的应力计算受材料的均匀性、表面特征、载荷分布、油膜情况、切向力大小等因素影响。

2.5.2　疲劳磨损的种类

2.5.2.1　表层萌生与表面萌生疲劳磨损

表层萌生出现在一般质量的钢材中，以滚动为主的摩擦副，裂纹萌生在表层应力集中源，平行于表面扩展，后分叉延伸到表面，具有断口光滑、萌生时间短、扩展速度慢等特点。而表面萌生出现在高质量钢材中，以滑动为主的摩擦副，裂纹萌生在表面应力集中源，与滑动方向成20°~40°角向表层扩展，后分叉，具有断口粗糙、萌生时间长、扩展速度快等特点。

2.5.2.2　鳞剥与点蚀磨损

点蚀疲劳裂纹都起源于表面，再顺滚动方向向表层内扩展，并形成扇形疲劳坑；鳞剥疲劳裂纹始于表层内，随后裂纹与表面平行向两端扩展，最后在两端断裂。

2.5.3　疲劳磨损机理

2.5.3.1　最大切应力理论

表面疲劳磨损的机理可以用赫兹理论来解释。在赫兹接触中，最大切应力产生于离表面一定距离的下层，如图2-18所示。由于滚动的结果，在最大切应力处的材料首先出现屈服而塑变，随着外载荷的反复作用，材料在此处首先出现裂纹，并沿最大切应力方向扩展到表面，最后形成疲劳破坏，以颗粒形式分离出来，并在摩擦表面留下痘斑状凹坑，称为点蚀（凹坑小而深）。或以鳞片状从表面脱落下来，称为剥落（凹坑大而浅），如图2-19所示。

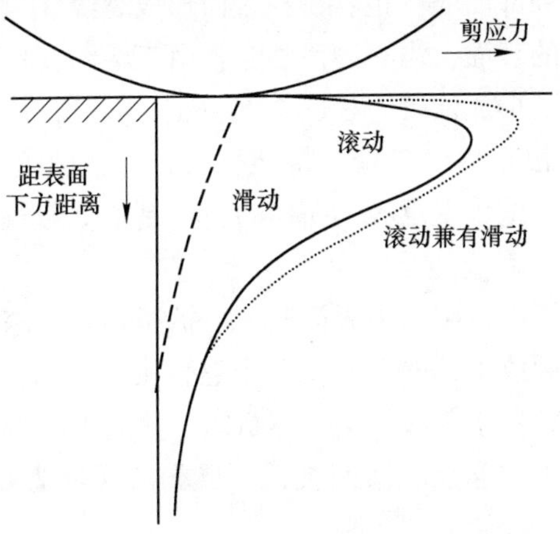

图2-18　剪应力和表面下距离的变化曲线[56]

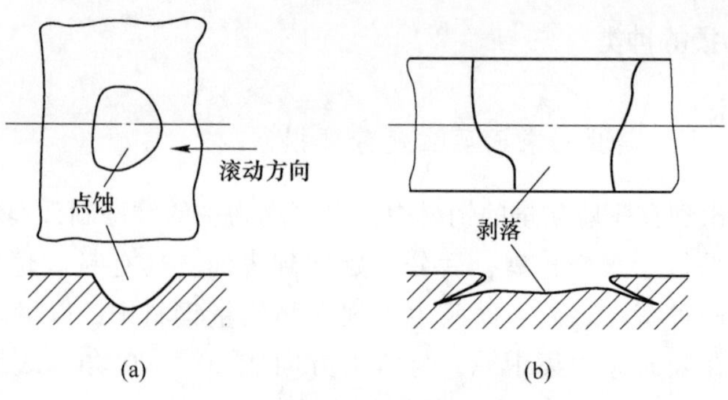

图 2-19　疲劳破坏

（a）点蚀；（b）剥落

对于无缺陷的材料，如图 2-18 所示，在滚动接触时，首先损伤部位，可由赫兹公式求得的最大交变切应力的位置确定。如果接触中还有一定的滑动，那么损伤的部位将向表面移动，滑动摩擦力越大，最大剪应力位置越接近表面。然而，实际上材料是不可能完整无缺的。所以，最终的损伤部位总是受到杂质、疏松、原始微裂缝等因素的影响，这些缺陷都容易引起应力集中而产生早期的疲劳裂纹。所以裂纹有时从表面开始，有时从次表面开始。

另外，由于剪应力方向和大小反复发生变化，在亚表层内将产生位错运动，位错的互相切割产生空穴，空穴的集中形成空洞，最后发展成裂纹。

2.5.3.2　油楔理论

对于滚动兼有滑动的接触表面，因同时存在接触压应力和剪切应力，使得接触应力增大，实际最大切应力十分接近表面，故在摩擦表面上容易产生塑性变形而形成微观裂纹。有时虽然摩擦副的表而剪应力并不大，但因表面缺陷、高温或脱碳等原因，使表面局部变弱，也容易在表面形成裂纹。

在已形成微裂纹的表面，当有润滑油时，由于毛细管作用，微裂纹吸附润滑油，使得裂纹的尖端处形成油楔，如图 2-20（a）所示。若滚动方向与裂纹方向一致，则当滚动体接触到裂纹口处，将把裂口封住，裂纹中的润滑油不能往外跑，从而使裂纹的两内壁承受巨大的挤压力，于是迫使裂纹与表面呈 30°~45°倾角向外扩张。

此过程经历若干周次，裂纹由表面向内层扩展到一定深度，起始裂纹口也张大到一定宽度，那么裂纹上部的金属像一个悬臂梁承受弯曲，如图 2-20（b）所示。在随后的加载运转若干周次就会突然折断，使这里的金属剥离，最后在接触表面留下一个深浅不等的麻点剥落凹坑，一般剥落深度为 0.1~0.2mm，如图 2-20（c）所示。

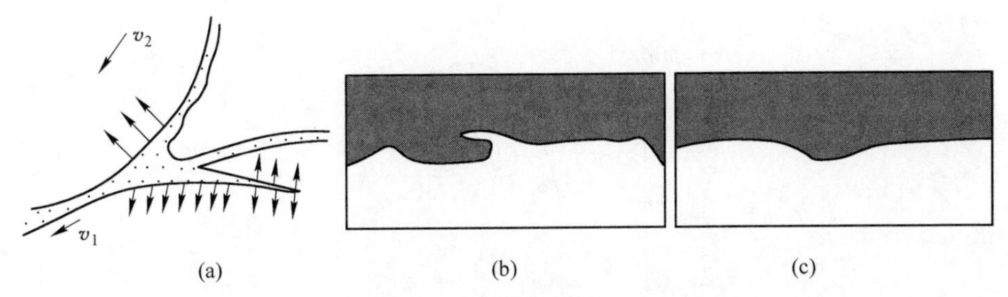

图 2-20 油楔理论中表面裂纹形成过程示意图

(a) 润滑油楔入裂纹中；(b) 裂纹上部金属呈悬臂梁状态；(c) 裂纹脱离表面

在摩擦过程中，摩擦力促使表面金属流动，因而疲劳裂纹往往有方向性，即与摩擦力方向一致。如图 2-21 所示，主动轮裂纹中的润滑油在对滚中被挤出，而从动轮上的裂纹口在通过接触区时受到油膜压力作用促使裂纹扩展。由于油的压缩性和金属的弹性，油压传递到裂纹尖端将产生压力降。

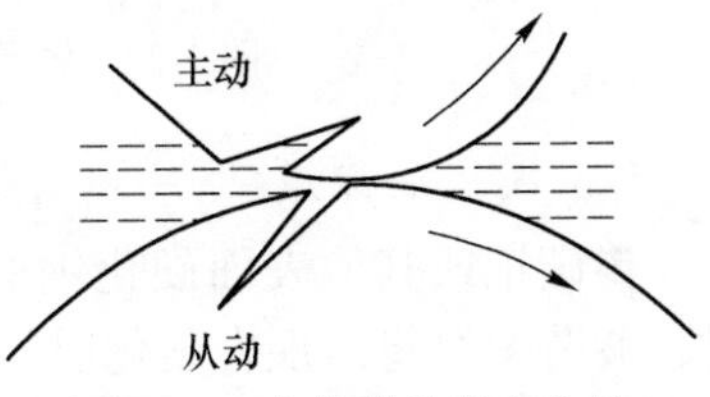

图 2-21 疲劳裂纹的方向性

因此，若滚动方向与裂纹方向相反，则当滚动体接触到裂纹时，裂纹中的润滑油被挤出来，如图中的主动轮，裂纹内不会产生很大的挤压力，因而裂纹扩展缓慢，工作寿命长。

总之，对于滚动接触的理想材料，其破坏位置取决于用赫兹方程求得的最大交变切应力的位置。对于滚动兼滑动的接触，则破坏位置移向表面。对于质量并不理想的材料，其破坏的确切位置会受到材料内存在的杂质、孔隙、微观裂纹和其他因素的影响。

2.5.4 疲劳磨损的影响因素

2.5.4.1 表面层状态的影响

A 表层硬度

通常，提高材料硬度可以改善抗疲劳磨损能力，但硬度过高，材料脆性增加，反而会降低接触疲劳寿命。例如，对轴承钢而言，当表面硬度 HRC 为 62 左右时，轴承的平均使用寿命最高，如图 2-22 所示。

B 心部硬度

承受接触应力的零件，必须有适当的心部硬度。若心部硬度太低，则表面和心部的硬度梯度太陡，使得硬化层的过渡区产生裂纹，容易产生表层压碎现象。实践表明，心部硬度 HRC 在 35~40 范围内较适宜。

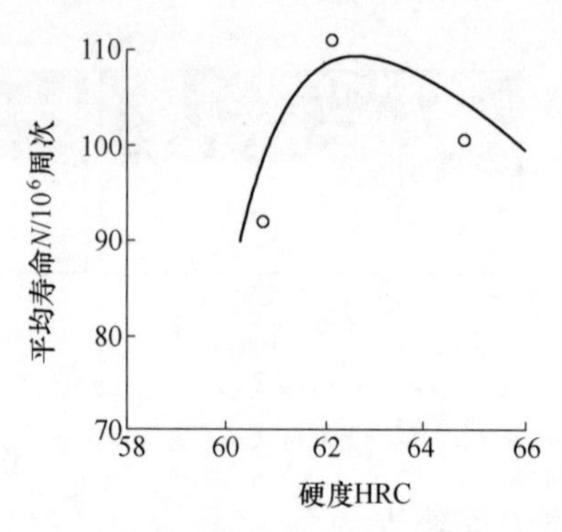

图 2-22　轴承钢服役寿命与表面硬度关系曲线

C　硬化层深度

渗碳钢或其他表面硬化钢的硬化层厚度影响抗疲劳磨损能力。硬化层太薄时，疲劳裂纹将出现在硬化层与基体的界面位置，容易形成表面硬化层剥落。选择硬化层厚度应使疲劳裂纹产生在硬化层内。为了防止表面产生早期麻点剥落或深层剥落，渗碳齿轮需要有一定的硬化层。最佳硬化层深度 t 推荐值为

$$t = m(15 \sim 20/100)$$

或

$$t \geqslant 3.15b$$

式中，m 为齿轮模数；b 为接触面半宽。

D　硬度匹配

硬度匹配直接影响接触疲劳寿命。例如在齿轮副的硬度选配时，因为小齿轮受载荷次数比大齿轮多，所以对于软齿面，一般要求小齿轮硬度大于大齿轮硬度，这样小齿轮不易出现疲劳磨损失效，达到大小齿轮使用寿命等长的目的。实践证明，ZQ-400 型减速器与大齿轮的硬度比保持 1.4~1.7 的匹配关系，可使承载能力提高 30%~50%。

2.5.4.2　表面粗糙度的影响

对于滚动或滚滑摩擦副来说，表面粗糙度应当尽量低些，特别是硬度较高的零件，表面粗糙度更应该低。但是表面粗糙度也有个最佳值，过低的表面粗糙度对提高疲劳磨损寿命作用不大。例如，如图 2-23 所示，滚动轴承的粗糙度 Ra 为 0.2 的接触疲劳寿命比 Ra 为 0.4 的高 2~3 倍；Ra 为 0.1 的比 Ra 为 0.2 的高 1 倍；Ra 为 0.05 比 Ra 为 0.1 高 0.4 倍；粗糙度 Ra 低于 0.05 对寿命影响甚微。

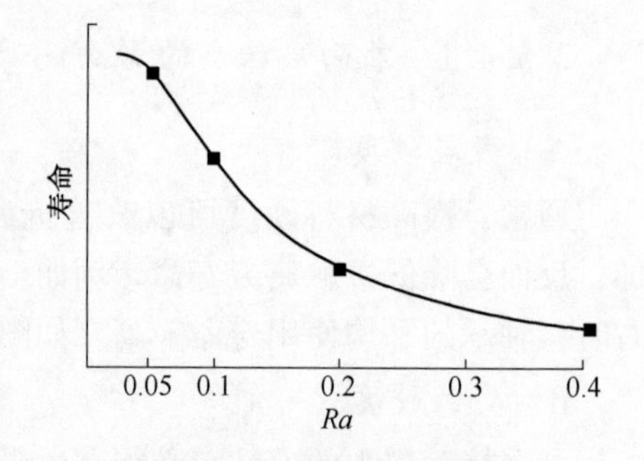

图 2-23　表面粗糙度和疲劳寿命关系曲线

2.5.4.3 润滑的影响

润滑油黏度越高，则接触部分的应力越接近平均分布，相对地降低了最大接触应力，因而抗疲劳磨损的能力就越高；油的黏度越低，越易渗入裂纹中，加速裂纹扩展，降低了寿命。

润滑油中含水量过多（腐蚀作用）对疲劳磨损有较大影响，必须严格控制含水量。润滑油中适当加入固体润滑剂如 MoS_2 或硫化润滑脂，可在接触表面层形成一层坚固薄膜，减少摩擦，从而提高抗疲劳磨损性能。

2.5.4.4 非金属夹杂

非金属夹杂物破坏了基体的连续性，严重降低了材料抗疲劳磨损能力。特别是脆性夹杂（硅酸盐和氧化物等）在循环应力作用下与基体材料脱离形成空穴，构成应力集中源。当超过基体的弹性极限，就会产生塑性变形。在脆性夹杂物的边缘部分最易产生微裂纹，降低抗疲劳磨损能力。塑性夹杂（硫化物）易随基体一起变形，能够把氧化物夹杂包住形成共生夹杂，可降低氧化物夹杂的破坏作用。因此，钢中含有适量硫化物夹杂对提高抗疲劳磨损能力有益。

总之，生产上应尽量减少钢中夹杂物（特别是氧化物、硅酸盐夹杂物），即炼钢时要进行净化处理。

2.6 微动磨损

2.6.1 概述

20 世纪 70 年代，欧洲合作与发展组织（OECD）的定义认为，两种材料表面之间发生小振幅相对振动引起的磨损现象就是微动磨损。微动损伤中化学或电化学反应占重要地位的称为微动腐蚀。微动磨损的部件，同时或在微动作用停止后，受到循环应力，出现疲劳强度降低或早期断裂的现象称为微动疲劳。

多数机器在工作时都会出现振动，因此这种磨损形式也是常见现象。例如过盈配合、键联接、螺栓连接等结合表面都可能产生微动磨损。

微动磨损的特征包括具有引起微动的振动源（机械力、电磁场、冷热循环等）以及流体运动所诱发的振动；磨痕具有方向一致的划痕、硬结斑和塑性变形以及微裂纹；磨屑易于聚团、含有大量类似锈蚀产物的氧化物。

实际工况中的微动现象十分复杂，从相对运动方式来看，可以分解为切向、径向、扭动和滚动微动四种基本模式，其中至今大多数研究集中在切向微动上，主要理论也是在此基础上建立的。大量的实际损伤问题包括钢缆、输电导线、电接触等部件都是径向微动等其他模式及多种运动模式复合的结果。近年来对径向、扭动和复合微动（切向和径向复合）的基础研究得到加强，为解决复杂的微动损伤问题提供了理论指导和试验模拟手段[57~59]。

研究表明，对于径向微动，只有异质接触副材料才能产生微滑，引起微动损伤，另外，材料性质、表面粗糙度和载荷水平强烈地影响径向微动的动力学行为，径向微动的损伤主要表现为接触疲劳的剥落。对于切向与径向叠加的复合微动，在控制载荷循环过程中，微动损伤明显地呈现三个阶段的特征，用位移协调机制可以很好地揭示微动的运行和损伤机理。在复合微动过程中，在一定的试验条件下可以观测到混合区的存在，而且随着试验的循环周次增加，材料的磨损与疲劳存在明显的竞争关系。

2.6.2　微动磨损理论

微动磨损是一种复合磨损，兼有黏着磨损、氧化磨损和磨粒磨损之特征，其磨损过程有 3 个阶段[60,61]：第一阶段表面产生凸起，并由此形成表面裂纹和扩张，或去除表面污垢形成黏着和黏着点断裂；第二阶段是通过疲劳破坏或黏着点断裂形成磨屑，磨屑形成后随即被氧化；第三阶段是磨粒磨损阶段，磨粒磨损又反作用于第一阶段，如此循环就构成了微动磨损。

一个较为完满的微动磨损理论应该能对下列实验现象作出合理的解释：真空或惰性气氛中微动损伤较小；低于室温比高于室温的磨损严重；循环数一定时，低频微动比高频损伤大；微动产生的磨屑主要由氧化物组成；材料流失量随载荷和振幅而增加。

2.6.3　微动磨损的影响因素

（1）材料性能：金属材料摩擦时抗黏着磨损能力越大，其抗微动磨损性能越好。

（2）微滑动距离：微动磨损量随滑动距离的增大而增大。

（3）载荷：在微滑动距离一定的条件下，微动磨损量随载荷的增加而增加，但超过某一极大值后又不断减小。

（4）相对湿度：微动磨损量随相对湿度的增大而降低。如对钢铁，相对湿度大于50%时，表面生成 $Fe_2O_3 \cdot H_2O$ 薄膜，它比通常的 Fe_2O_3 软，具有较低的磨损率。

（5）振动频率与振幅：在大气中，振幅很小时（如 0.012mm），钢的微动磨损量基本与振动频率无关，但在较大振幅时，随振动频率的增加，微动磨损量有减小的倾向。

（6）温度：随温度的增高，微动磨损量增大。

参考文献

[1] Tylczak J H, Singleton D J, Blickensderfer R. Wear of 12 alloys during laboratory milling of phosphate rock in phosphoric acid waste water [J]. Minerals & Metallurgical Processing, 1987, 280 (3): 187~190.

[2] Madsen B W. Measurements of erosion-corrosion synergism with a slurry wear test apparatus [C]. American Society of Mechanical Engineers. Proceedings of the International Conference on Wear of Materials, 1987: 777~786.

[3] Burwell J T. Survey of possible wear mechanisms [J]. Wear, 1957, 1 (2): 119~141.

[4] Robinowiez E. Friction and wear of materials [M]. New York: Wiley, 1965.

[5] Holm R. Electric contacts [M]. Uppsala: Almgvist and Wicksells, 1946.

[6] Bowden F P, Tabor D, Palmer F. The friction and lubrication of solids [M]. Gloucestershire: Clarendon Press, 1954: 1~8.

[7] 赫罗绍夫 M M, 芭比契夫 M A. 金属的磨损 [M]. 胡绍衣, 余沪生, 译. 北京: 机械工业出版社, 1966.

[8] Archard J F. Wear Theory and mechanisms [C]. Wear Control Hardbook, 1980.

[9] Hordon M J. Adhesion of metals in high vacuum, adhesion or cold welding of materials in space environment [C]. ASTM, STP431, 1967.

[10] Standard Terminology Relating to Wear and Erosion, ASTM G40, 2013.

[11] Gates J D, Gore G J. Wear of metals: Philosophies and practicalities, Mater. Forum, 1995: 53~89.

[12] Zum Gahr K H. Microstructure and wear of materials [M]. Elsevier Science Publishers, 1987.

[13] Mutton P J. Abrasion resistant materials for the australian minerals industry [J]. Australian Minerals Industries Research Association Limited, 1988.

[14] Sedriks A J, Mulhearn T O. The effect of work-hardening on the mechanics of cutting in simulated abrasive processes [J]. Wear, 1964, 7 (5): 451~459.

[15] Sasaki T, Okamura K. The cutting mechanism of abrasive grain [J]. Bulletin of Japan Society of Mechanical Engineers, 1960, 3: 547~555.

[16] Wahl H. Verschleissprobleme im Braunkohlenbergbad [J]. Braunkohle Wärme Energ, 1951, 5/6: 75~87.

[17] Nathan G K, Jones W J D. Influence of the hardness of abrasives on the abrasive wear of metals [J]. Proceedings of the Institution of Mechanical Engineers, 1966, 181 (30): 215~221.

[18] Soemantri S, McGee A C, Finnie I. Some aspects of abrasive wear at elevated temperatures [J]. American Society of Mechanical Engineers. Proceedings of the International Conference on Wear of Materials, 1985: 338.

[19] Larsen-Basse J. Influence of atmospheric humidity on abrasive wear—Ⅰ. 3-body abrasion [J]. Wear, 1975, 31: 373~379.

[20] Larsen-Basse J. Influence of atmospheric humidity on abrasive wear—Ⅱ. 2-body abrasion [J].

Wear, 1975, 32: 9~14.

[21] Mercer A D, Hutchings I M. The influence of atmospheric humidity on the abrasive wear of metals [C]. American Society of Mechanical Engineers. Proceedings of the International Conference on Wear of Materials, 1985: 332~337.

[22] Standard Terminology Relating to Wear and Erosion [C]. Annual Book of ASTM Standards, ASTM, 2013.

[23] Bitter J G A. A study of erosion phenomena, parts Ⅰ and Ⅱ [J]. Wear, Vol 6, 1963, 6: 5~21, 169~190.

[24] Cousens A K, Hutchings I M. Influence of erodent shape on the erosion of mild steel [C]. Proceedings Sixth International Conference. Erosion by Liquid and Solid Impact, University of Cambridge, 1983: 41-1~41-48.

[25] Sundararajan G. A comprehensive model for the solid particle erosion of ductile materials [C]. American Society of Mechanical Engineers. Wear of Materials 1991, 1991: 503~511.

[26] Roy M, Tirupatataiah Y, Sundararajan G. Effect of particle shape on the erosion of Cu and its alloys [J]. Materials Science & Engineering A, 1993, 165 (1): 51~63.

[27] Finnie I. The mechanism of erosion of ductile metals [C]. American Society of Mechanical Engineers. Proceedings Third U. S. National Congress of Applied, Mechanics, 1958, 527~532.

[28] Finnie I. Erosion of Surfaces by Solid Particles [J]. Wear, 1960, 3: 87~103.

[29] Finnie I. Erosion by Solid Particles in a Fluid Stream [J]. Symposium on Erosion and Cavitation, STP 307, ASTM, 1962: 70~82.

[30] Neilson J H, Gilchrist A. Erosion by a Stream of Solid Particles [J]. Wear, 1968, 11: 111~122.

[31] Winter R E, Hutchings I M. Solid particle erosion studies using single angular particles [J]. Wear, 1974, 29: 181~194.

[32] Tilly G P. A two stage mechanism of ductile erosion [J]. Wear, 1973, 23: 87~96.

[33] Wiederhorn S M, Hockey B J. Effect of material parameters on the erosion resistance of brittle materials, Journal of Materials Science, 1983, 18: 766~780.

[34] Ruff A W, Wiederhorn S M. Erosion by solid particle impact [J]. Treatise on Material Science and Technology, Academic Press, 1979, 16: 69~126.

[35] Evans A G, Gulden M E, Rosenblatt M. Impact damage in brittle materials in the elastic-plastic response regime [J]. Proceedings of the Royal Society of London Series A, 1978, 361: 343~365.

[36] Bellman R Jr, Levy A. Erosion mechanism in ductile metals [J]. Wear, 1981, 70: 1~27.

[37] Levy A V. The platelet mechanism of erosion of ductile metals [J]. Wear, 1986, 108: 1~21.

[38] Hutchings I M. A model for the erosion of metals by spherical particles at normal incidence [J]. Wear, 1981, 70: 269~281.

[39] Follansbee P S, Sinclair G B, Williams J C. Modelling of low velocity particulate erosion in ductile materials by spherical particles [J]. Wear, 1982, 74: 107~122.

[40] Levy A V, Jahanmir S. The effects of the microstructure of ductile alloys on solid particle erosion behavior [J]. Corrosion-Erosion-Behavior of Materials, TMS-AIME, 1980: 177~189.
[41] Jahanmir S. The mechanics of subsurface damage in solid particle erosion [J]. Wear, 1980, 61: 309~324.
[42] Christman T, Shewmon P G. Adiabatic shear localization and erosion of strong aluminum alloys [J]. Wear, 1979, 54: 145~155.
[43] Sundararajan G, Shewmon P G. A new model for the erosion of metals at normal incidence [J]. Wear, 1983, 84: 237~258.
[44] Smeltzer C E, Gulden M E, Compton W A. Mechanism of metal removal by impacting dust particles [J]. Journal of Basic Engineering (Transaction ASME), 1970, 92: 639~654.
[45] Bitter J G A. A study of erosion phenomena, parts Ⅰ and Ⅱ [J]. Wear, 1963, 6: 5~21, 169~190.
[46] Haugen K, Kvernvold O, Ronold A, et al. Sand erosion of wear-resistant materials: Erosion in choke valves [J]. Wear, 1995, 186~187: 179~188.
[47] Drennen J F, McGowan J G. Prediction of flyash erosion in convective pass sections of coal fired systems [C]. Proceedings Seventh International Conference. Erosion by Liquid and Solid Impacts, University of Cambridge, 1987: 75-1~75-6.
[48] Hutchings I M. Mechanical and metallurgical aspects of the erosion of metals [C]. Proceedings Corrosion/Erosion of Coal Conversion Systems Materials Conference. National Association of Corrosion Engineers, 1979: 393~428.
[49] Shipway P H, Hutchings I M. The role of particle properties in the erosion of brittle materials [J]. Wear, 1996, 193: 105~113.
[50] Sundararajan G, Roy M. Solid particle erosion behavior of metallic materials at room and elevated temperatures [J]. Tribology International, 1997, 30: 339~359.
[51] Rao P V, Buckley D H. Time effects of erosion by solid particle impingement on ductile materials [J]. Proceedings Sixth International Conference. Erosion by Liquid and Solid Impact, University of Cambridge, 1983: 38-1~38-10.
[52] Chen Yanming, Senlis Cetim. France.
[53] Franc J P, Avellan F, Belahadji B, et al. La cavitation, mécanismes physiques et aspects industriels (Cavitation, Physics Mechanism and Industry Aspects) [M]. Presses Universitaires de Grenoble, 1995.
[54] Plesset M S, Chapman R B. Collapse of an initially spherical vapour cavity in the neighbourhood of a solid boundary [J]. Journal of Fluid Mechanics, 1971, 47: 283~290.
[55] Hou Lifeng, Wei Yinghui, Li Yonggang, et al. Erosion process analysis of die-casting inserts for magnesium alloy components [J]. Engineering Failure Analysis, 2013, 33: 457~464.
[56] 束德林. 工程材料力学性能 [M]. 北京: 机械工业出版社, 2012.
[57] Zhou Z R, Nakazawa K, Zhu M H, et al. Progress in fretting maps [J]. Tribology International, 2006 (39): 1068~1073.

[58] Fu Y Q, Wei J, Batchelor A W. Some considerations on mitigation of fretting damage by the application of surface-modification technologies [J]. Journal of Materials Processing Technology, 2000 (99): 231~245.

[59] 朱旻昊. 径向与复合微动的运行和损伤机理研究 [D]. 成都: 西南交通大学, 2001: 137~151.

[60] Hurricks P L. The mechanism of fretting—A review [J]. Wear, 1970, 15: 389~409.

[61] Aldham D, Warburton J, Pendlebury R E. The unlubricated fretting of mild steel in air [J]. Wear, 1985, 106: 177~201.

3 金属耐磨性的评定

3.1 金属的耐磨性

耐磨性（wear resistance）是指在一定的工作条件下材料抵抗磨损的性能，又称耐磨耗性[1]。金属材料的耐磨性根据其磨损类型和机理的不同而不同，因而提高不同金属材料耐磨性的方法也不同。

3.2 耐磨性的表示方法

目前尚无统一的耐磨性指标。通常表示耐磨性的方法有磨损量、磨损率等。其中，磨损量是最常用的表示材料耐磨性的方法。

根据试验材料的性质、形状尺寸等差异，磨损量可以分为：线磨损、体积磨损或质量磨损。线磨损是指通过观察与摩擦面垂直的法线方向的试验材料尺寸（如厚度）的减小来表示。同理，体积磨损或质量磨损是指采用摩擦试验前后试验材料体积或质量的减小来表示[2,3]。

另外，还可以用相对耐磨性和绝对耐磨性来表示材料的耐磨性。相对耐磨性 ε 是指在相同的外部条件下标准试样的磨损量与被测试样的磨损量的比值，即：

$$\varepsilon = \frac{\text{标准试样的磨损量}}{\text{被测试样的磨损量}}$$

而绝对磨损性通常用磨损量的倒数来表示。

3.3 磨损的测试技术

3.3.1 常见的磨损试验方法

根据试验条件和任务不同，磨损的测试试验主要分为实物试验和实验室试验。前者是指根据实际服役条件开展试验研究，测试结果与实际情况吻合度较高，能较准确地反映设备的实际磨损性能。但缺点也是因为太依赖实际设备及服役条件。由于设备实际运行周期很长，易受周围环境的干扰，效率较低。相比之下，实验室试验就具有试验周期短、效率高、试验环境可控等优势，而缺点在于不能准确反映工件的实际运行状况。因此，两种试验方法各有优劣之处，耐磨性的准确研究需要结合各自优点综合分析。

实验室试验是根据现有标准化通用磨损试验机展开试验，具体又可分为两类[4]：

（1）实验室试样试验：根据给定的工况条件，采用尺寸较小、结构简单的试样，在标准化通用磨损试验机上进行试验测试。这种方法的优点是试验周期短，成本低，影响因素易控制，试验数据重复性较高，便于观察磨损的过程和规律；缺点是由于实验室条件与实际应用工况条件的差异性，不能将试验数据完全等同于实际情况。因此，采用这种方法时，要尽可能地模拟实际工况条件，提高试验数据的实用性。

（2）模拟性台架试验：其是以实验室试样试验为基础，根据选定的参数来设计实际零件及进行试验的专用台架，并模拟使用条件，进行试验测试。由于台架试验的条件更接近实际工况，其试验数据更可靠。还可以通过预先给定可控制的工况条件，在较短的时间内获得各种摩擦磨损的参数，从而进行摩擦磨损性能影响因素的研究，一般用于应用技术开发的前期试验。常见台架试验主要有：齿轮试验台、凸轮挺杆试验台、轴承试验台等。

上述几种试验方法各有各的特点，通常，在摩擦磨损研究中，先进行实验室试验（试样试验和台架试验），再进行实际使用试验，构成一个完整“试验链”。这样可以缩短试验时间、降低消耗，依据所得试验结果，综合预测零件的使用寿命。常见的磨损试验机如 3. 3. 3 节所述。

3.3.2　磨损试验的影响因素

进行磨损试验前，需要充分考虑磨损试验的相应影响因素。常见的影响因素是很复杂的，主要有表面性质、时间、温度、压力、速度、润滑方式、周围环境等等。而且，不同因素对不同磨损类型的影响规律也是不同的。因此，试验参数设计必须基于试验目的和常用的模拟性实验设计原则，分析该实验系统中影响试验结果主要、次要因素[4]。磨损试验设计通常应考虑的因素见表 3-1。

表 3-1　磨损试验设计应考虑的因素

磨损类型	润滑特征	运动类型	载荷特征	环境条件	磨损配对物特征
磨粒磨损	流体动力润滑	滑动	最大接触应力	温度	材料
黏着磨损	弹流润滑	滚动	接触应力均匀性	湿度	类型
疲劳磨损	混合润滑	（考虑热转换）	应力波动	流体黏度	纯度
冲蚀磨损	边界润滑	非定向	大小	流体添加剂	结构和晶格类型
微动磨损	流体添加剂	摆动	频率	流体污染物	表面光洁度
腐蚀磨损	表面膜	连续接触	热应力	气氛	抛光
	自润滑	周期解除		氧化	研磨
		瞬间接触		还原	磨削

续表 3-1

磨损类型	润滑特征	运动类型	载荷特征	环境条件	磨损配对物特征
				惰性 干 湿 真空	车削 硬度 表层 次表层 加工硬化

3.3.3 磨损试验机

根据不同分类方法，磨损试验机的类型多种多样[4]：

(1) 根据试验目的和要求的不同，可分为磨料磨损试验机、快速磨损试验机、高/低温磨损试验机、高/低速或者定速磨损试验机、真空磨损试验机、冲蚀磨损试验机、腐蚀磨损试验机、微动磨损试验机、气蚀试验机等。

(2) 还可以根据摩擦副的基础形式和运动方式来分类，如图 3-1 所示。

1) 常见摩擦副试件形式有平面块状、圆柱形、圆盘形、锥形、环形、球形、圆柱形等。

2) 摩擦副的基础形式有点、线、面三种。

3) 摩擦副的运动方式可分为滑动、滚滑动、自旋、往复运动、冲击等。

(3) 按照摩擦副的作用，磨损试验机还可以分为滑动或滚动轴承磨损试验机、动压或静压轴承试验机、齿轮疲劳磨损试验机、凸轮挺杆磨损试验机等。

3.3.4 表面分析技术

金属的耐磨性除了磨损量、磨损率的测定，还需要进一步观察分析其表面状态的变化。表面分析技术为其磨损机理的分析和新材料的研发提供重要依据。在工程实际应用中，表面分析通常是指对物体表面及其改性层的表面形貌、晶体结构、化学组成和原子状态等进行全面分析[4]：

(1) 表面形貌分析，主要包括表面金相组织和表面几何形貌的变化情况：

1) 表面金相组织的变化是通过用光学显微镜或扫描电镜对经过化学、电化学腐蚀的表面、横截面、镀层、表面处理后的强化层、塑性变形层等进行观察；

2) 表面几何形貌的变化是指用肉眼、放大镜、立体显微镜直至扫描电镜、透射电镜对磨损表面、断口、磨屑等形貌进行观察、分析，揭示表面失效的原因，并对各种失效机制进行分析。

(2) 表面晶体结构分析，是指对晶体中原子在点阵中的排列方式、点阵类型和结构（包括晶胞大小、晶胞中原子数和原子位置等），以及点阵应变和点阵缺陷等进行分析。表面的一些性能同晶体结构和晶体缺陷密切相关，应用晶体结

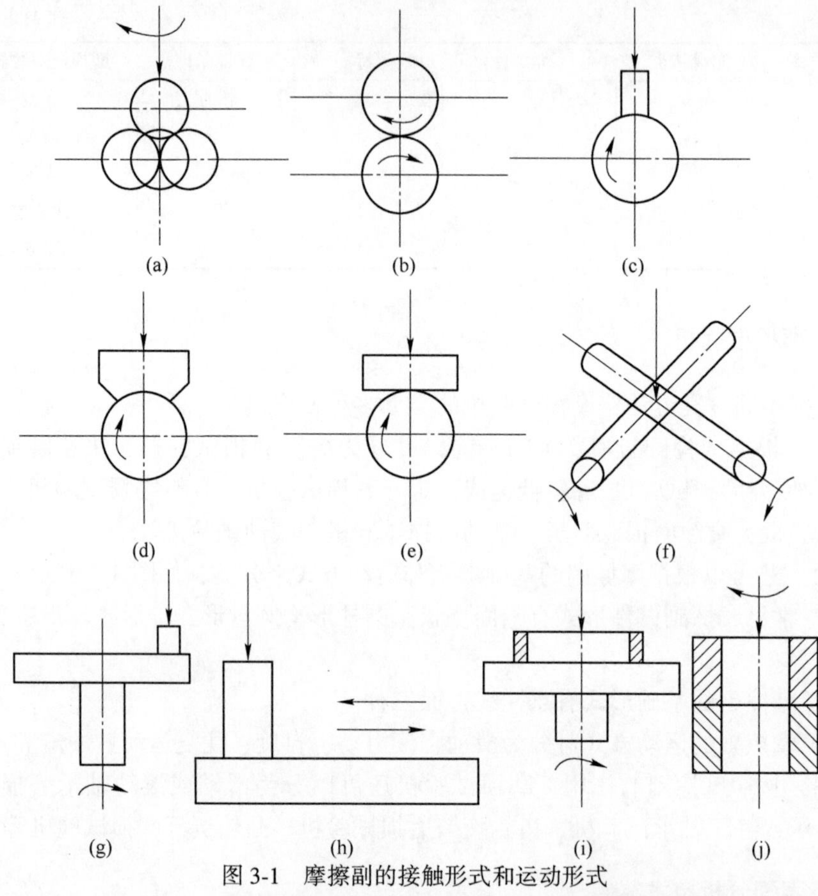

图 3-1　摩擦副的接触形式和运动形式

（a），（b），（f）点接触、滑动；（c），（g），（i），（j）面接触、滑动；（d），（e）线接触、滑动；（h）面接触、往复运动

构分析的同时，还可进行晶格内残余应力和工作应力的测定。用 X 射线衍射法和电子衍射法等都能作晶体结构和相组织的分析测定。

（3）表面成分和原子状态分析，是指对表面物质所含元素成分、原子组分、杂质元素和含量，原子价状态、结合状态、原子能带结构等进行分析。用电子探针、离子探针、薄膜透射扫描电镜、俄歇能谱仪等均可进行不同层次深度、不同大小区域的成分分析。

3.3.5　表面分析仪器

表面分析仪器通常可以分为两类：

（1）显微镜，通过放大成像以观察表面形貌；

（2）分析谱仪，通过表面各种发射谱来分析表面成分和结构。

常见的表面分析方法及特点见表 3-2。

表 3-2 常用的表面分析方法及特点

分析方法	适用对象	分析深度/nm	原　理	入射粒子	表面状态
扫描电子显微镜（SEM）透射电子显微镜（TEM）	几乎包括聚合物的所有材料	50~100	利用扫描（透射）电子束进行表面薄层形貌观察	电子	对检测材料的性质无破坏
二次离子质谱（SIMS）	多晶或单晶金属或绝缘体	一定时间内暴露	检测从表面发射的二次离子的质量	Ar 或其他粒子	需要深度剖析时有破坏
高能电子衍射（HEED）	结晶体	数埃至数微米	由薄层原子引起的散射	电子	对一些吸附层和绝缘体有破坏
化学分析电子谱 ESCA（XPC）	聚合物和各种固体	0.5~2	测量光电子的能量及相对强度	X 射线	无破坏
电子探针显微分析（EPMA）	单晶或多晶金属或氧化物	20~2000	测定形貌和特征 X 射线	电子	特别是在低能部分有一些破坏
俄歇电子能谱（AES）	多晶或单晶金属	3~10	测定俄歇电子能量	电子	无破坏
电子能量损失谱（EELS）	多晶或单晶金属	6~20	入射电子发生非弹性散射，能量损失	电子	无破坏
低能电子衍射（LEED）	单晶金属半导体或绝缘体	0~1	由表面二维晶格引起的散射	电子	对一些吸附层和绝缘体有破坏，对金属或半导体无破坏
离子微探针质量分析（IMMA）	多晶金属半导体或绝缘体	瞬间第一层	检测二次离子的质量并直接成像	Ar 或其他粒子	有破坏

3.3.6　磨屑分析技术

磨屑是指磨损产物，可以反映材料在磨损中的物理、化学、机械综合作用，是分析磨损的原因和机理及预测磨损现象的重要依据。近年，常见的磨屑分析方法有很多，主要有颗粒计数法、磁塞、光谱分析法、铁谱分析法、扫描电子显微镜、电子光谱和质谱测定法等，其中最常用的有光谱分析法和铁谱分析法[4]：

（1）光谱分析法是利用各种结构物质固有的特征光谱来研究其结构或测定化学成分的方法。光谱分析法是一种灵敏、快速、准确的分析方法，具有分析速度快、操作简便、灵敏度和准确度高、样品损坏小等特点，无论在工业生产还是实验室研究中都得到广泛应用。常见的光谱分析法有：原子发射光谱分析法（AES）和原子吸收光谱分析法（AAS）两类。

（2）铁谱分析法在20世纪是一种新技术，用来从润滑油中分离和分析磨屑。通过各种光学或者电子显微镜的检测和分析，可以很方便地确定磨屑的形状、尺寸、数量甚至材料的种类，从而判定零件表面的磨损类型和磨损程度。目前，主要应用于润滑油添加剂的研制、设备的动态监测、机器的设计以及金属与非金属磨损机理的研究等等。铁谱仪可以分为分析式、直读式或者双联式等。

参考文献

[1] 鲍崇高．先进抗磨材料［M］．西安：西安交通大学出版社，2010.

[2] 束德林．工程材料力学性能［M］．北京：机械工业出版社，2007.

[3] 高万振，刘佐民，高新蕾．表面耐磨损与摩擦学材料设计［M］．北京：化学工业出版社，2014.

[4] 王振廷，孟君晟．摩擦磨损与耐磨材料［M］．哈尔滨：哈尔滨工业大学出版社，2013.

4 耐磨铸铁

4.1 耐磨铸铁的分类

耐磨铸铁分为减磨铸铁和抗磨铸铁两类[1]。前者是在有润滑剂，受黏着磨损条件下工作的，如机床导轨和拖板，发动机的缸套和活塞，各种滑块等。后者是在无润滑剂、受磨料磨损条件下工作，如轧辊、犁铧、球磨机磨球等。

接触表面相对运动，希望摩擦系数小、磨损少、抗咬合性能好。在摩擦磨损条件下，具备上述性能的铸铁，就是减磨铸铁。灰铸铁与球墨铸铁都有良好的摩擦学性能，在摩擦磨损条件下，得到了广泛的应用，常用的减磨铸铁都加入了少量的合金元素，如含磷铸铁、钒钛铸铁、硼铸铁、铌铸铁等。根据铸铁中高碳相（石墨相）的存在形态，抗磨铸铁分为白口铸铁和球墨铸铁。

4.2 减磨铸铁

两个机器零件接触表面做相对运动时，产生摩擦和磨损，如发动机缸套与活塞环、机床导轨与滑板、滑块各种滑动轴承等。一般要求材料的摩擦系数小、磨损少及抗咬合性能好。减磨铸铁的使用性能，不仅取决于铸铁本身的化学成分及显微组织，还与其服役的条件有关，如润滑条件、载荷与速度及工作表面粗糙度等。就铸铁材质而言，主要是石墨、基体组织的影响[2]。

4.2.1 石墨和基体组织对铸铁减磨性能的影响

4.2.1.1 石墨对铸铁减磨性能的影响

石墨是六方晶格的片层状晶体结构，其基面上碳原子之间由共价键联结，而基面之间由 π 极性键联结；共价键键能可达到极性键能的 7 倍左右，在外力作用下，石墨容易沿基面解理。当相对滑动的表面间存在有石墨时其低能解理面会发生转动，使之基本平行于滑动界面，使得石墨成为一种很好的固体润滑剂，降低滑动界面的摩擦和磨损。摩擦过程中，铸铁的石墨除能作固体润滑剂外，在润滑条件下，还能吸附和保存润滑油，保持薄膜的连续性；石墨脱落后在金属基体中留下的空穴，又能储存润滑剂，促进润滑油膜的形成，这是石墨有利的一面；在摩擦磨损中，石墨有削弱基体的作用，这是不利的一面。因此，需要最大限度地利用石墨的润滑作用，减小石墨对基体的割裂作用。比如，选择蠕虫状石墨铸铁或球墨铸铁来代替原有的片状石墨铸铁，在不降低石墨润滑能力或降低较小的前提下，改善铸铁的摩擦磨损性能。铸铁中石墨的润滑能力，与金属基体有关，与石墨的形状、尺寸和分布有关，还与摩擦面承载大小有关。

金属基体的硬度对石墨在滑动界面成膜有重要影响。提高基体硬度，摩擦面亚表面金属塑性变形区减小，不利于石墨的挤出，降低成膜能力。石墨形状的影响，主要表现在两个方面：片状石墨铸铁易于在滑动界面形成较厚的石墨膜，球状石墨铸铁形成的石墨膜薄，且不充分，因此，球墨铸铁的抗咬合能力比普通灰铸铁差。显微形貌观察表明：球墨铸铁滑动界面正切面处，在轻微磨损阶段，一些石墨球表面往往被其两边的金属基体覆盖，使石墨膜的形成不能连续进行；在严重磨损阶段，亚表面石墨球变成片状，成为平行于滑动界面的“夹心”组织，导致大量片状磨屑形成，此时石墨球的行为与片状石墨相比，差别不大。在另一方面，因为片状石墨对金属基体产生的割裂作用比球状石墨严重得多，片状石墨尖端会成为裂纹源，加快了磨屑的形成。片状石墨铸铁和球墨铸铁分别与工程陶瓷配副摩擦磨损试验表明：在石墨未成膜的条件下，片状石墨铸铁的磨损比球墨铸铁大。

考虑到石墨在滑动界面的成膜能力，一般摩擦副受到的正载荷较大时，适宜选尺寸较大的石墨。有研究表明：增大球状石墨的尺寸，将使铸铁磨损减小。至于片状石墨的分布情况，以 A 型石墨（4~5 级）为宜，其咬合性能要好于其他类型分布的石墨。根据上述讨论，在摩擦磨损条件下，蠕墨铸铁兼有片状石墨铸铁和球墨铸铁的优点可以获得优良的摩擦学性能。

4.2.1.2　基体组织对铸铁减磨性能的影响

根据 Archard 黏着磨损模型，提高金属的硬度，可以减少磨损[3]。因而，铸铁的基体组织越硬，理论上耐磨性越好。而高硬度的基体组织，又不利于石墨成膜。考虑到上述两种影响，珠光体基体是合适的铸铁基体组织。珠光体数量越多，片间距越小，铸铁的摩擦磨损性能越好。当珠光体的相对含量提高到 90%以上时，磨损量比铁素体基体小约两个数量级，表 4-1 为基体组织对铸铁磨损的影响。粒状珠光体中的碳化物容易脱落，不希望存在这种组织。在轻微磨损时，如果铸铁基体硬度保持不变（HV310），则贝氏体组织的磨损率最低，回火马氏体次之，珠光体最差；而在严重磨损时，以上三种组织的磨损率就没有差别了。铸铁基体中的硬质相，对耐磨性也有较大影响。磨损过程中，硬质相在基体中起支撑和骨架作用，对保持润滑剂、减少磨损有利；硬质相若发生剥落，则作为磨料参与磨损，起到有害作用。因此，减磨铸铁中，要求有硬质相，且与基体结合牢固，不易剥落。

表 4-1 基体组织对铸铁磨损的影响

基体体积/%	珠光体	100	90	40	0
	铁素体	0	10	60	100
滑动磨损/$g \cdot cm^{-3}$		2.29×10^{-7}	2.99×10^{-7}	2.01×10^{-7}	2.73×10^{-7}
相对磨损比		1.0	1.3	8.8	119.2

4.2.2 含磷铸铁

含磷铸铁一般是指磷含量高于 0.3%❶的灰铸铁。磷在铸铁基体中的固溶度很低，凝固过程中，在最后凝固的晶界处出现二元磷共晶（α-Fe+Fe_3P）或三元磷共晶（α-Fe+Fe_3C+Fe_3P）。磷含量大于 0.15%时就会出现磷共晶。磷共晶硬度较高（HV600~800），以断续网状分布在金属基体中，且不易剥落，对提高铸铁的耐磨性是有利的。但磷共晶降低铸铁的强度与韧性，又限制了其应用范围。铸铁中磷含量对磨损的影响如图 4-1 所示。由图可见，磷含量增加，磨损量显著减小，当 P>0.7%，耐磨性的提高就不明显了，因此，一般含磷铸铁中磷含量控制在 0.4%~0.7%。研究表明：当铸铁的含磷量为 0.45%时，出现最佳金相组织，耐磨性最好，有效减轻机床导轨的磨损，保持机床的精度并提高其使用寿命[4]。Abbasi 等人研究了磷含量对灰铸铁性能的影响，结果如图 4-2 所示：当 P 含量从 0.45%增加到 2.58%时，除了硬度增加以外，拉伸强度和冲击韧性均下降[5]。

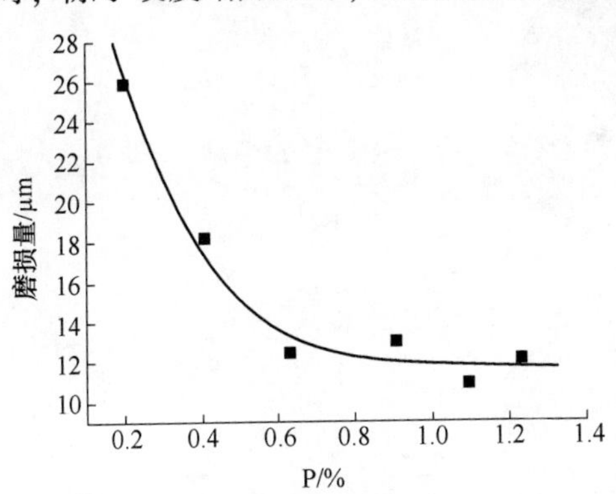

图 4-1 磷含量对铸铁磨损性能的影响

含磷铸铁用于生产机床导轨，常用的化学成分为：C 2.9%~3.5%，Si 1.4%~1.9%，Mn 0.5%~1.0%，P 0.4%~0.65%，S≤0.12%，力学性能为：σ_b=200~300MPa，HBS 170~250；金相组织为：A 型石墨（图 4-3）[6]，长 10~25μm；珠光体量大于 95%，磷共晶大于 4%，呈断续网状分布，自由渗碳体小于 1%。

❶ 文中未做特殊说明时，化学成分均为质量分数。

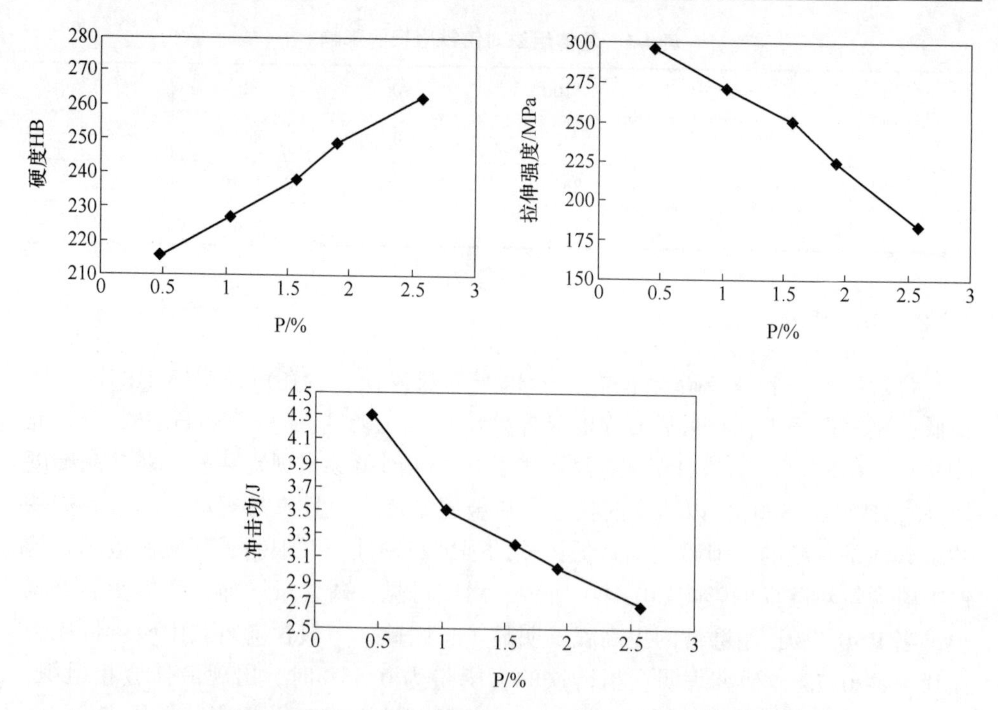

图 4-2　磷含量对铸铁硬度、拉伸强度和冲击功的影响

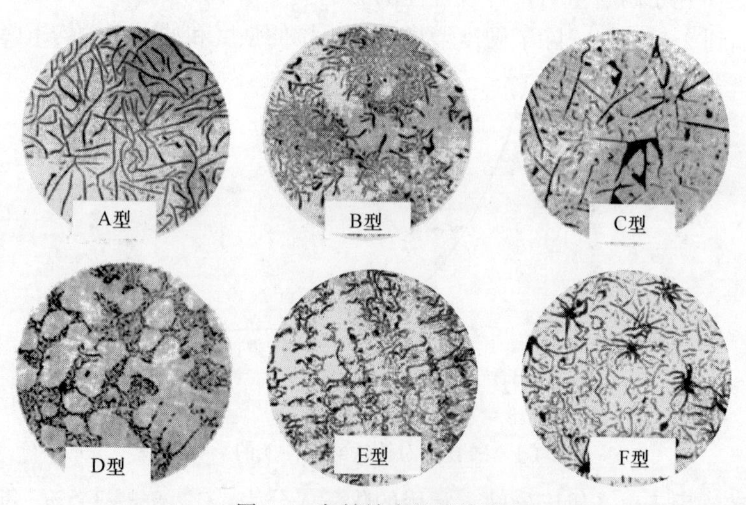

图 4-3　灰铸铁中的石墨形态

含磷铸铁也用于拖拉机、汽车汽车缸套，其化学成分为：C 2.9%~3.4 %，Si 2.2%~2.6%，Mn 0.8 %~1.2%，P 0.6%~0.8%，S<0.10%；力学性能为：抗拉强度 $\sigma_b \geqslant 196$MPa，抗弯强度 $\sigma_{bb} \geqslant 329$MPa，硬度 HBS>220，硬度差小于 HBS30。含磷铸铁也用来制造摩阻零件，如铁道车辆的刹车闸瓦（P＝0.7%~

2.0%），它利用刹车时产生的摩擦热熔化低熔点的磷共晶，并均匀涂抹在摩擦面上，以增大摩擦，减小磨损。近来的研究认为，含磷蠕墨铸铁有高的摩擦系数，低的磨损量；比相应的含磷球墨铸铁与片状石墨铸铁好。含磷铸铁中，还发展了磷铜钛铸铁。铜能促进形成并细化珠光体，提高其硬度及耐磨性。少量钛（0.10%~0.15%）能促使形成并细化石墨，减小金属基体的磨损。磷铜钛铸铁的化学成分为：C 2.9%~3.5%，Si 1.4%~1.6%，Mn 0.5%~1.0%，P 0.35%~0.65%，S<0.12%，Cu 0.6%~0.8%，Ti 0.10%~0.15%。适用于生产精密机床导轨等铸件。

4.2.3 钒钛铸铁

我国钒钛磁铁矿床分布广泛，储量丰富，已探明储量98.3亿吨，远景储量达300亿吨以上，主要分布在四川攀枝花地区，河北承德地区，陕西汉中地区，湖北郧阳、襄阳地区，广东兴宁及山西代县等地区。钒钛生铁是一种含有多种合金元素的生铁，已知存在的有C、Si、Mn、P、S、V、Ti、Cr、Co、Ni、Cu、W和Nb等13种元素[7]。实践证明，这些元素，特别是钒钛所起的综合合金化作用，使得采用钒钛生铁为原材料所制成的钒钛蠕铁比普通铸铁具有更高的力学性能、耐热性能、抗氧化生长能力以及耐磨性能，越来越受到人们的重视[8]。

钒钛生铁含V 0.3%~0.5%，Ti 0.15%~0.35%。钒、钛与碳和氮有很强的亲和力，易形成高硬度的碳化物和氮化物质点，显微硬度可达HV960~1840，弥散分布在基体中，提高铸铁的耐磨性。表4-2为不同铸铁磨损量比较，由表可见，钒钛铸铁的耐磨性比含磷铸铁大。

表4-2 不同铸铁磨损量比较

铸铁种类	钒钛铸铁	含磷铸铁	灰铸铁
磨损量/mg	0.354	1.005	1.940
硬度HBS	197~207	229~241	207~229

钒钛铸铁的组织细小、致密。石墨以A型为主的细小石墨，基体为细珠光体，不出现铁素体。钒钛铸铁中碳氧化合物与细小石墨和珠光体共存，使其适合用于摩擦磨损的条件。钒钛铸铁用于机床导轨，其化学成分为：C 2.9%~3.7%，Si 1.4%~2.2%，Mn 0.6%~1.2%，V 0.15%~0.45%，Ti 0.06%~0.15%，S≤0.12%，P≤0.40%；力学性能为σ_b=200~300MPa，HBS 160~240；金相组织为：A型石墨，石墨长10~20μm或少量D、E型石墨，珠光体大于90%，磷共晶小于4%，自由渗碳体小于1%，钒钛的碳氮化物质点呈弥散分布。

4.2.4 硼铸铁

硼铸铁一般是指往灰铸铁中加入0.03%~0.08%的硼，可在金相组织中得到不同数量的含硼渗碳体或莱氏体组织的铸铁。含硼渗碳体显微硬度在 HV 960～1280 之间，随硼含量的增加，显微硬度增加。用硼铸铁制成的气缸套比高磷铸铁的使用寿命提高 50%～70%。近年来，已扩大应用到机床床身等耐磨零件上。

4.2.4.1　硼在铸铁中的存在状态

硼和铁可以生成硼化物：硼化三铁（Fe_3B）为斜方晶格；硼化二铁（Fe_2B）为四方晶格；硼化铁（FeB）为斜方晶格。铸铁凝固时，硼在奥氏体中的最大溶解度仅 0.018%，在晶界间的残留液体中富集硼元素，达到一定程度（>0.5%）后，将阻碍石墨的析出，凝固按 Fe-Fe_3C 介稳系方式进行，析出硼碳化物。加入少量的硼，能在凝固末期，共晶团晶界处析出断续网状或连续网状分布的含硼碳化物相。

硼铸铁中的碳化物是溶入了硼原子的渗碳体 $Fe_3(CB)$、三元化合物 $Fe_{23}(CB)_6$。$Fe_3(CB)$ 与 Fe_3C 晶体结构相同，同属斜方晶格。在 $Fe_3(CB)$ 中硼可以置换碳原子，最高达 80%，此复合碳化物组成是 $Fe_3(C\ 0.20,\ B\ 0.80)$。硼原子半径为 0.097nm，大于碳原子半径（为 0.077nm），因此硼原子在 Fe_3C 中置换固溶，必将导致碳化物产生更大的晶格畸变，使 Fe_3C 的 a、c 轴缩短，b 轴伸长。所以 $Fe_3(CB)$ 的显微硬度高于 Fe_3C。随硼的固溶量增加，晶格畸变增加，$Fe_3(CB)$ 的硬度也就增加，可达 HV1150。而 $Fe_{23}(CB)_6$ 与奥氏体具有相同的晶体结构。当硼铸铁中的含磷量大于 0.1%时，晶界处会出现含硼碳化物和含硼磷共晶共存的情形，这种组织可简称为含硼复合磷共晶，其显微硬度也是比较高的，约 HV900～1300，而高磷铸铁中的斯氏体（磷共晶）仅为 HV700～800。

根据硼-硅相图，在硼-硅体系中生成两种化合物：SiB_4 为菱形晶，SiB_6 为斜方晶。熔炼硼铸铁时，需要考虑硅和硼的平衡关系，一般 Si/B<80，可以析出硼碳化物；80< Si/B<130，少量析出硼碳化物；Si/B>130 后，则不能析出硼碳化物。

4.2.4.2　硼对铸铁组织和性能的影响

硼铸铁中，由于硼的加入量不大，对珠光体形态、数量影响不大，石墨仍呈 A 型分布，石墨和硼碳化物较细小，并且均匀分布。图 4-4 为硼对铸铁力学性能的影响。由图可见，硬度随硼量增加而增加；冲击韧性随硼量增加而减小；当 B<0.08%时，挠度变化不大；而抗拉强度、抗弯强度首先随硼量增加而增大，达到峰值后，随硼量增加而减小。综合考虑，当硼含量在 0.04%～0.08%时，硼铸铁具有最好的综合力学性能。

图 4-5 为硼对磨损性能的影响。采用 MS-3 型往复式磨损试验机。试验条件：行程 140mm，往复次数 62 次/min，比压 81N/cm^2，润滑剂 20 号机油加 0.2%

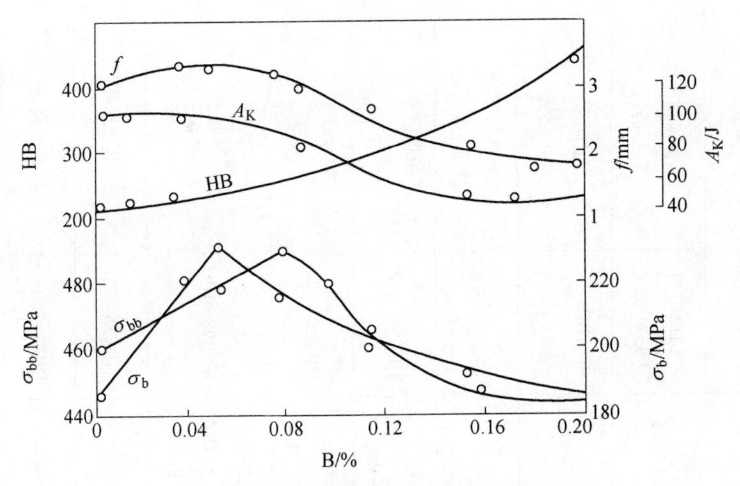

图 4-4 硼对铸铁力学性能的影响

SiC，跑合时间 40h。由图可见，随硼量增加，铸铁的磨损量减小。硼铸铁中由于含有硼碳化物，减磨性能得到改善，在 MM-200 磨损试验机上，与碳钢对磨，硼铸铁耐磨性比 HT 200 提高 2~3 倍。硼不仅可以大幅度提高铸铁的硬度和耐磨性，硼铸铁还能适应壁厚不同的复杂铸件的生产，截面敏感性可以控制；硼铸铁也可以切削加工。

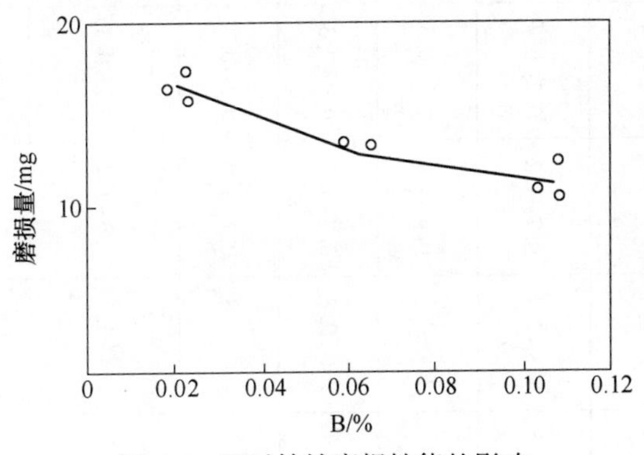

图 4-5 硼对铸铁磨损性能的影响

4.2.4.3 硼铸铁的生产与应用实例

硼铸铁已广泛用于内燃机的汽缸套和活塞环，表 4-3 为典型件的化学成分、铸造方法与硬度。

4.2.5 铌铸铁

铸铁中加入少量的铌，一般在 0.05%~0.50%构成了铌铸铁，是近年来发展的主要用于制造内燃机和汽车发动机缸套、活塞环的材料。

表 4-3　硼铸铁典型零件的化学成分、铸造方法与硬度

零件名称	材料	化学成分/%							硬度	铸造方法
		C	Si	Mn	P	S	B	其他		
气缸套	硼铸铁	2. 9~3. 5	1. 8~2. 4	0. 7~1. 2	0. 2~0. 4	<0. 1	0. 04~0. 05	Cr 0. 2~0. 5	HRB 95~102	金属型离心铸造
气缸套	高硼铸铁	2. 9~3. 5	1. 8~2. 4	0. 7~1. 2	0. 2~0. 4	<0. 1	0. 05~0. 10	Cr 0. 2~0. 5	HRB 95~102	金属型离心铸造
活塞环	硼铸铁	3. 5~3. 7	2. 4~2. 6	0. 8~1. 0	0. 2~0. 3	<0. 06	0. 03~0. 05	—	HRB98~108	单体砂型铸造
活塞环	硼钨铬铸铁	3. 6~3. 9	2. 6~2. 8	0. 7~1. 0	0. 2~0. 3	<0. 06	0. 03~0. 06	W 0. 03~0. 6 Cr 0. 20~0. 4	HRB98~108	单体砂型铸造
活塞环	硼钨铬钛铸铁	3. 6~3. 9	2. 6~2. 8	0. 7~1. 0	0. 2~0. 3	<0. 06	0. 03~0. 05	W 0. 3~0. 5 V 0. 15~0. 25	HRB98~108	单体砂型铸造
活塞环	硼铬钼铜铸铁	2. 9~3. 3	1. 8~2. 2	0. 9~1. 2	0. 2~0. 3	<0. 06	0. 03~0. 05	Cr 0. 2~0. 3 Mo 0. 3~0. 4 Cu 0. 8~1. 2	HRB98~108	单体砂型铸造
气压座	高硼铸铁	3. 5~3. 8	1. 8~2. 4	0. 7~1. 0	<0. 3	<0. 1	0. 05~0. 15	—	HRC25~35	砂型或精铸
气门导管	硼铸铁	3. 2~3. 6	1. 8~2. 4	0. 7~1. 0	<0. 5	<0. 1	0. 03~0. 06	—	HRB90~100	砂型或精铸
水泵叶轮	硼铸铁	3. 2~3. 5	1. 5~1. 8	0. 5~0. 6	<0. 1	<0. 1	0. 04~0. 07	Cu 0. 2~0. 3	HB220~240	砂型铸造

4.2.5.1 铌在铸铁中的存在状态及行为

图4-6为铁-铌相图，铁和铌形成二铁化铌（$NbFe_2$，45.3% Nb），呈六方晶格，晶格常数 a = 0.4834nm，c = 0.7880nm，c/a = 1.630。除化合物 $NbFe_2$ 外，还有可能生成 Nb_3Fe_2（71.3% Nb）和 $Nb_{19}Fe_{21}$（60% Nb）。在1680℃时，铁和铌（84% Nb）还有一个共晶点。

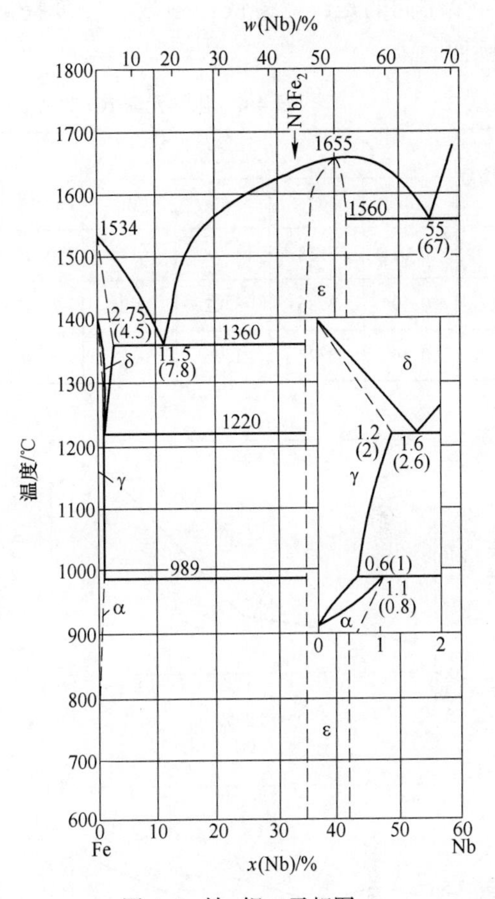

图4-6 铁-铌二元相图

铌同碳生成稳定的NbC（11.45% C），NbC在3500~3800℃间熔化。固态时还存有 Nb_2C。NbC呈立方晶格，a = 0.4470nm；Nb_2C 呈六方晶格，a = 0.3119~0.3111nm，c = 0.4953~0.4945nm，c/a = 1.586。含硅的铌合金中有一系列的硅化物形成。Nb_5Si_3 在2480℃熔化。Nb_4Si 呈立方晶格，a = 0.359nm，c = 0.446nm。$NbSi_2$（37.68% Nb）呈六方晶格，a = 0.44971nm，c = 0.6592nm，c/a = 1.37。铌与氮形成氮化铌，含氮高时有NbN（13.15% N），呈六方晶格，a = 0.2942nm，c = 0.5507nm，c/a = 1.8718。含氮量较低时有NbN Ⅲ（11.8%~12.4% N），呈立方晶格，a = 0.4389nm；NbN Ⅱ（<11.8% N），呈立方晶格，a = 0.294nm，c = 0.546nm，c/a = 1.86。

4.2.5.2 铌对组织和性能的影响

加入铌后，铸铁的石墨、珠光体和磷共晶都有细化的倾向；石墨的形态仍为A型片状，没有多大变化。组织中会出现一些方形、菱形或不规则的棒状特殊析出物，为MC型碳化物、氮化物或复合型的碳氮化合物Nb(C,N)；它们的显微硬度HV达2300~2500，且数量随铌含量增加而增多。

表4-4为化学成分对铌铸铁力学性能的影响。图4-7为铌含量对力学性能的影响。由表4-4及图4-7可见，铸铁的抗拉强度、抗弯强度、冲击韧性及挠度都

随铌含量的增加而增加，Chen 等人的研究也证实了这一点[9]。当 Nb<0.2%时，对力学性能没有明显的影响；当 Nb>0.25%时，力学性能明显提高。与其他低合金不同的是，铌铸铁在强度、硬度提高时，韧性不降低，反而略有提高的倾向。

表 4-4　化学元素 Nb 对力学性能、相对磨损率的影响

编号	化学成分/%					力学性能				相对磨损率/%
	Nb	C	Si	Mn	P	σ_b	σ_{bb}	HRB	a_K	
1	0.06	3.38	1.78	0.74	0.05	217	443	95.3	3.5	100
2	0.19	3.36	3.02	0.83	0.07	221	463	96.3	3.2	85
3	0.36	3.32	1.96	0.78	0.08	273	582	97.7	3.4	53

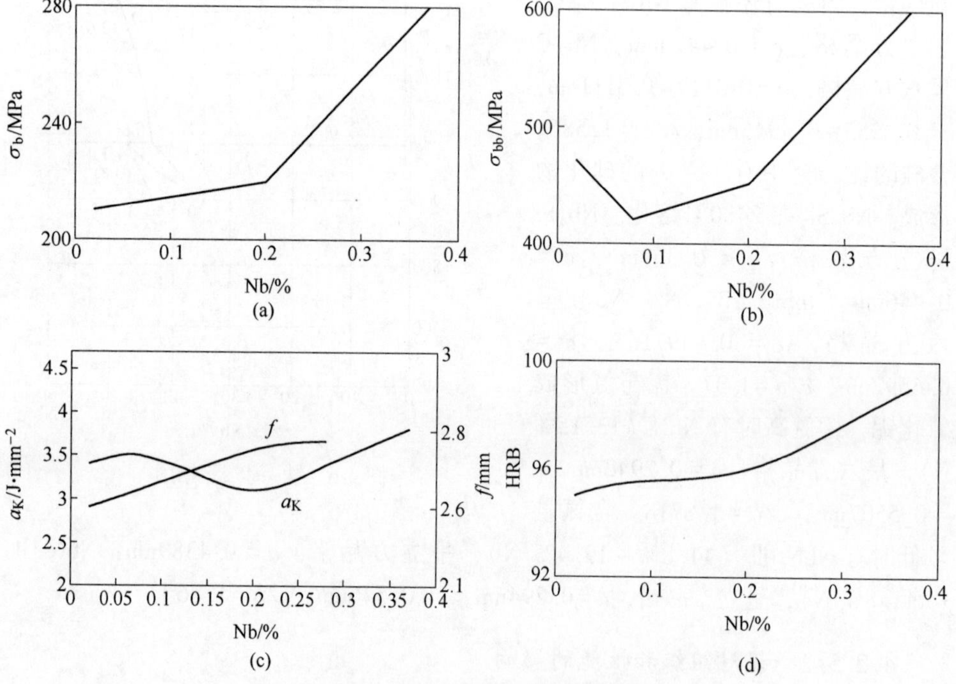

图 4-7　铌含量对力学性能的影响

（a）铌含量对铸铁抗拉强度的影响；（b）铌含量对铸铁抗弯强度的影响；
（c）铌含量对铸铁冲击韧性和挠度的影响；（d）铌含量对铸铁硬度的影响

Filipovic 的研究也支持上述观点[10]。在 Fe-Cr-C-Nb 合金中，随着 Nb 含量的增加（0~3.17%），合金中 NbC 的形貌发生改变，如图 4-8 所示。Nb 含量在 1.0%以下时，NbC 呈花瓣状。随 Nb 含量的增加，NbC 发展为球状或六角形状，

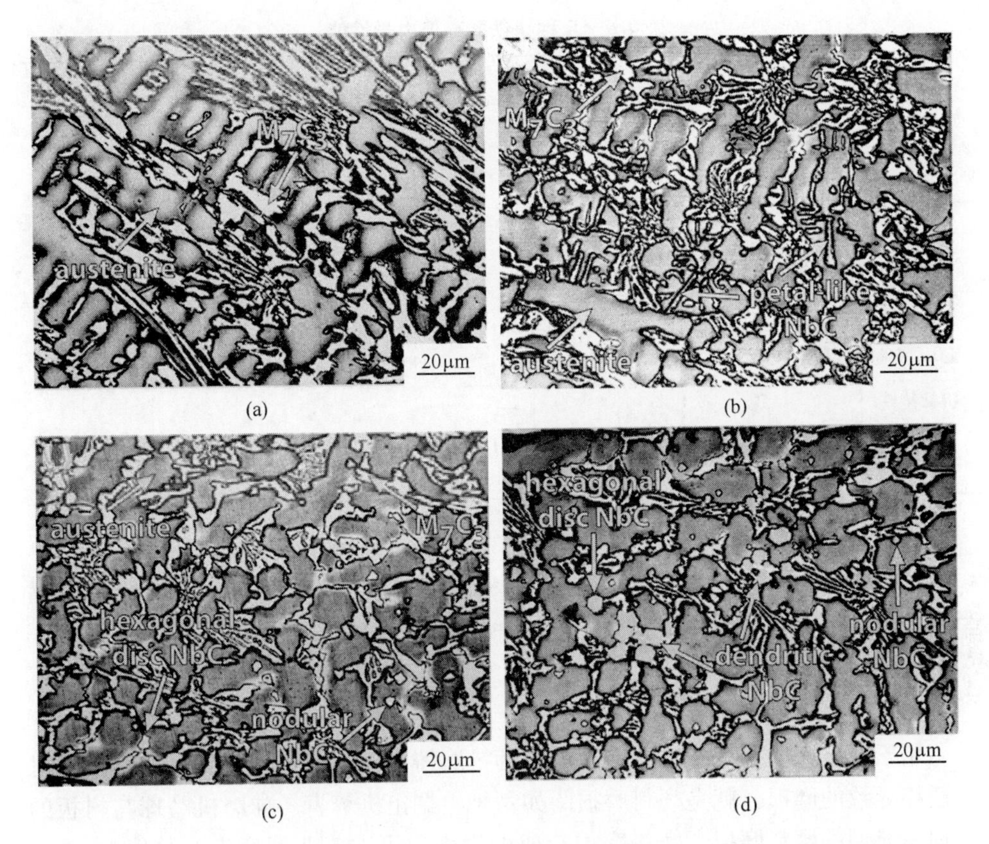

(a) (b) (c) (d)

图 4-8 Fe-Cr-C-Nb 合金的铸态显微组织

(a) 无 Nb；(b) 1.00% Nb；(c) 1.63% Nb；(d) 3.17% Nb

当 Nb 含量超过 2.5%时，还会出现 NbC 枝晶。同时随着 Nb 含量的增加，Fe-Cr-C-Nb 合金的硬度、耐磨性和冲击韧性都会提高[10]。

4.2.5.3 铌铸铁的化学成分与力学性能

表 4-5 为铌铸铁的化学成分和力学性能。表 4-6 为几种铸铁的高温力学性能。由表 4-5 和表 4-6 可见，铸铁加铌后，不仅常温力学性能显著提高，而且高温力学性能显著改善。

表 4-5 铌铸铁的化学成分和力学性能

化学成分/%							力学性能			
C	Si	Mn	P	S	Cr	Nb	σ_b/MPa	σ_{bb}/MPa	A_K/J	HB
3.2~3.5	2.2~2.4	0.8~1.2	0.3~0.5	<0.1	0.3~0.5	0.3~0.5	245~270	430~480	2.5~4.0	210~240

表 4-6 几种铸铁的高温力学性能

材 质	加热温度/℃	拉伸		蠕 变				硬度 HV	A_K/J
		σ_b/MPa	δ/%	时间/h	总延伸/mm	残余延伸/mm	弹性延伸/mm		
铌铸铁 Nb 0.43%	600	187.3	2.4	10	1.0155	1.0210	0.0945	109	5.5
硼铸铁 B 0.061%	600	131.3	0.69	10	1.253	1.177	0.0760	97.4	4.0
钒钛铸铁 V 0.17% Ti 0.25%	600	128.4	1.39	10	1.230	1.043	0.1870	97.1	4.5

由表 4-5 和表 4-6 可见，铌铸铁的力学性能比硼铸铁和钒钛铸铁的好。但是铌铁价格昂贵，目前难于在更大范围广泛应用。人们也正在研究加入锰、钨等稳定碳化物元素于铌铸铁中，以求降低生产成本。

4.3 抗磨铸铁

用于抵抗磨料磨损的铸铁，一般称为抗磨铸铁。由硬颗粒或突出物作用使材料迁移导致的磨损，就是磨料磨损。如犁耙、掘土机铲齿、球磨机磨球与衬板的磨损是典型的磨料磨损。磨料磨损造成的损失，可占工业国家生产总值的 1%～4%。我国水泥、发电、矿山等各工业部门球磨机的磨球耗量约 100 万吨，占钢铁年产量的 1%，由此可见，开发和研究抗磨铸铁，具有重要的实际意义。

4.3.1 普通白口铸铁

常用的白口铸铁有：普通白口铸铁、低合金白口铸铁、镍硬铸铁、高铬钼铸铁、高铬铸铁等。它们都含有较多的硬质相——共晶碳化物。抗磨白口铸铁(GB 8263—2010) 的化学成分、热处理工艺、金相组织和使用特性、硬度分别见表 4-7～表 4-10。

表 4-7 抗磨白口铸铁的牌号及其化学成分 (%)

牌 号	化学成分								
	C	Si	Mn	Cr	Mo	Ni	Cu	S	P
BTMNi4Cr2-DT	2.4～3.0	≤0.8	≤2.0	1.5～3.0	≤1.0	3.3～5.0	—	≤0.10	≤0.10
BTMNi4Cr2-GT	3.0～3.6	≤0.8	≤2.0	1.5～3.0	≤1.0	3.3～5.0	—	≤0.10	≤0.10

续表 4-7

牌 号	化学成分								
	C	Si	Mn	Cr	Mo	Ni	Cu	S	P
BTMCr9Ni5	2.5~3.6	1.5~2.2	≤2.0	8.0~10.0	≤1.0	4.5~7.0	—	≤0.06	≤0.06
BTMCr2	2.1~3.6	≤1.5	≤2.0	1.0~3.0	—	—	—	≤0.10	≤0.10
BTMCr8	2.1~3.6	1.5~2.2	≤2.0	7.0~10.0	≤3.0	≤1.0	≤1.2	≤0.06	≤0.06
BTMCr12-DT	1.1~2.0	≤1.5	≤2.0	11.0~14.0	≤3.0	≤2.5	≤1.2	≤0.06	≤0.06
BTMCr12-GT	2.0~3.6	≤1.5	≤2.0	11.0~14.0	≤3.0	≤2.5	≤1.2	≤0.06	≤0.06
BTMCr15	2.0~3.6	≤1.2	≤2.0	14.0~18.0	≤3.0	≤2.5	≤1.2	≤0.06	≤0.06
BTMCr20	2.0~3.3	≤1.2	≤2.0	18.0~23.0	≤3.0	≤2.5	≤1.2	≤0.06	≤0.06
BTMCr26	2.0~3.3	≤1.2	≤2.0	23.0~30.0	≤3.0	≤2.5	≤1.2	≤0.06	≤0.06

注：1. 牌号中，“DT”和“GT”分别是“低碳”和“高碳”的汉语拼音大写字母，表示该牌号含碳量的高低；
2. 允许加入微量 V、Ti、Nb、B 和 RE 等元素。

表 4-8 抗磨白口铸铁的硬度

牌 号	铸态或铸态去应力处理		硬化态或硬化态去应力处理		软化退火态	
	HRC	HBW	HRC	HBW	HRC	HBW
BTMNi4Cr2-DT	≥53	≥550	≥56	≥600	—	—
BTMNi4Cr2-GT	≥53	≥550	≥56	≥600	—	—
BTMCr9Ni5	≥50	≥500	≥56	≥600	—	—
BTMCr2	≥45	≥435	—	—	—	—
BTMCr8	≥46	≥450	≥56	≥600	≤41	≤400
BTMCr12-DT	—	—	≥50	≥500	≤41	≤400
BTMCr12-GT	≥46	≥450	≥58	≥650	≤41	≤400
BTMCr15	≥46	≥450	≥58	≥650	≤41	≤400
BTMCr20	≥46	≥450	≥58	≥650	≤41	≤400
BTMCr26	≥46	≥450	≥58	≥650	≤41	≤400

注：1. 洛氏硬度（HRC）和布氏硬度（HBW）之间没有精度的对应值，因此，这两种硬度应独立使用；
2. 铸件断面深度 40%处的硬度应不低于表面硬度的 92%。

表 4-9　抗磨白口铸铁的热处理规范

牌　号	软化退火处理	硬化处理	回火处理
BTMNi4Cr2-DT	—	430~470℃保温 4~6h，出炉空冷或炉冷	在 250 ~ 300℃保温 8 ~ 16h，出炉空冷或炉冷
BTMNi4Cr2-GT			
BTMCr9Ni5	—	800~850℃保温 6~16h，出炉空冷或炉冷	
BTMCr8	920~950℃保温，缓冷至 700 ~ 750℃保温，缓冷至 600℃以下，出炉空冷或炉冷	940~980℃保温，出炉后以合适的方式快速冷却	在 200 ~ 550℃保温 8 ~ 16h，出炉空冷或炉冷
BTMCr12-DT		900~980℃保温，出炉后以合适的方式快速冷却	
BTMCr12-GT		900~980℃保温，出炉后以合适的方式快速冷却	
BTMCr15		920~1000℃保温，出炉后以合适的方式快速冷却	
BTMCr20	960~1060℃保温，缓冷至 700 ~ 750℃保温，缓冷至 600℃以下，出炉空冷或炉冷	950~1050℃保温，出炉后以合适的方式快速冷却	
BTMCr26		960~1060℃保温，出炉后以合适的方式快速冷却	

注：1. 热处理规范中保温时间主要由铸件壁厚决定；
　　2. BTMCr2 经 200~650℃去应力处理。

表 4-10　抗磨白口铸铁的金相组织

牌　号	铸态或铸态去应力处理	硬化态或硬化态去应力处理
BTMNi4Cr2-DT	共晶碳化物 M_3C+马氏体+贝氏体+奥氏体	共晶碳化物 M_3C+马氏体+贝氏体+残余奥氏体
BTMNi4Cr2-GT		
BTMCr9Ni5	共晶碳化物（M_7C_3+少量 M_3C）+马氏体奥氏体	共晶碳化物（M_7C_3+少量 M_3C）+二次碳化物+马氏体+残余奥氏体
BTMCr2	共晶碳化物 M_3C+珠光体	—
BTMCr8	共晶碳化物（M_7C_3+少量 M_3C）+珠光体	共晶碳化物（M_7C_3+少量 M_3C）+二次碳化物+马氏体+残余奥氏体
BTMCr12-DT	—	碳化物+马氏体+残余奥氏体
BTMCr12-GT	碳化物+奥氏体及其转变产物	
BTMCr15		
BTMCr20		
BTMCr26		

我国很早以前就用白口铸铁制造犁铧，至今仍广泛用于生产一般的抗磨件，它是不加特殊合金元素的白口铸铁，是一种成本低、易于生产的抗磨材料。这种铸铁具有高碳低硅的特点，组织是珠光体和渗碳体，显微硬度分别仅为HV250~320和HV900~1000。而含合金的珠光体和渗碳体，显微硬度分别为HV300~460和HV1000~1200，因此，普通白口铸铁的耐磨性不是很好。表4-11为普通白口铸铁的成分。

表4-11 普通白口铸铁的成分及组织

序号	化学成分/%					金相组织	硬度 HRC	热处理	应用
	C	Si	Mn	P	S				
1	3.5~3.8	<0.6	0.15~0.20	<0.3	0.2~0.4	渗碳体+珠光体	—	铸态	磨粉机磨片、导板
2	2.6~2.8	0.7~0.9	0.6~0.8	<0.3	<0.1	渗碳体+珠光体	—	铸态	犁铧
3	4.0~4.5	0.4~1.2	0.6~1.0	0.14~0.40	<0.1	莱氏体或莱氏体+渗碳体	50~55	铸态	犁铧
4	2.2~2.5	<1.0	0.5~1.0	<0.1	<0.1	贝氏体+少量托氏体+渗碳体	55~59	900℃，1h，淬入230~300℃盐浴保温1.5h，空冷	犁铧

4.3.2 镍硬白口铸铁

镍硬铸铁是含镍铬的白口铸铁，1928年由国际镍公司研制。镍硬铸铁在普通白口铸铁的基础上加入3.0%~5.0%的镍和1.5%~3.5%的铬，得到非常硬而耐磨的马氏体基体+M_3C型碳化物组织。镍和铁无限固溶，能有效地提高淬透性，促使形成马氏体-贝氏体基体，同时镍稳定奥氏体，过高镍含量会造成大量残余奥氏体。铬的加入可以阻止石墨化，促使形成碳化物，并提高M_3C型碳化物的硬度，由不含合金时的HV 900~1000提高到HV 1100~1200。镍硬铸铁的耐磨性优于普通白口铸铁，在采矿、电力、水泥、陶瓷和铸造等行业得到较为广泛的应用。

4.3.2.1 化学成分与铸态基体组织

镍硬铸铁在国际上通常称Ni-Hard铸铁，按含铬量可分为Cr 2%和Cr 9%两种。含Cr 2%的镍硬铸铁，碳化物为$(Fe,Cr)_3C$，硬度HV1100~1150。含Cr 9%的镍硬铸铁中，大部分碳化物为$(Cr,Fe)_7C_3$，硬度更高，加入大量镍的目的是提高淬透性，获得以马氏体为主的基体，但铸态镍硬铸铁总伴有大量残余奥氏体。图 4-9 为 Ni-Hard 4 的铸态金相组织，由马氏体、共晶碳化物和残余奥氏体组成[11]。表 4-12 为国际镍公司的镍硬铸铁成分。

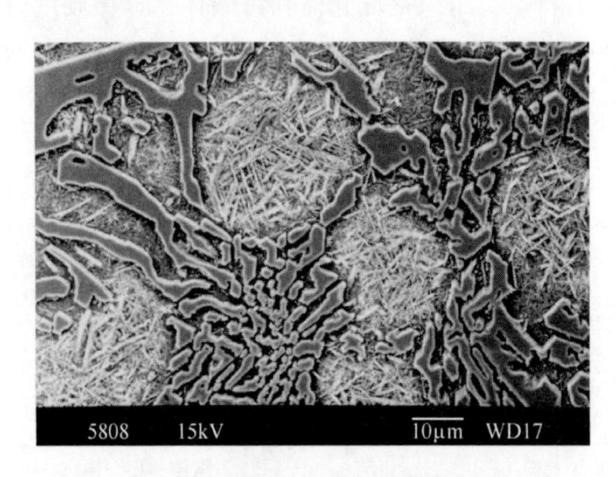

图 4-9 Ni-Hard 4 的铸态金相组织

表 4-12 国际镍公司的镍硬铸铁成分 (%)

编号	C_{Total}	Si	Mn	S	P	Ni	Cr	Mo
Ni-Hard 1	3.0~3.6	0.3~0.5	0.3~0.7	≤0.15	≤0.30	3.3~4.3	1.5~2.6	0~0.4
Ni-Hard 2	≤2.9	0.3~0.5	0.3~0.7	≤0.15	≤0.30	3.3~5.0	1.4~2.4	0~0.4
Ni-Hard 3	1.0~1.6	0.4~0.7	0.3~0.7	≤0.05	≤0.05	4.0~4.75	1.4~1.8	—
Ni-Hard 4	2.6~3.2	1.8~2.0	0.4~0.6	≤0.1	≤0.06	5.0~6.5	8.0~9.0	0~0.4

由表 4-12 可见，Ni-Hard 1、Ni-Hard 2 和 Ni-Hard 3 三种都是 Cr 2%类的，其区别主要是含碳量，高碳的抗磨性好而韧性差，低碳的反之。Ni-Hard 4 属 Cr 9%类，它的含硅量较高以促使形成 $(Cr,Fe)_7C_3$ 碳化物，其含镍量高而使它的淬透性极高，可以用于厚度 200mm 的铸件。

国际镍公司还有两个特殊品种：高碳 Ni-Hard 4 和含硼 Ni-Hard 1。高碳 Ni-Hard 4 的碳量可高至 3.2%~3.6%，此时硅含量约为 1.5%，铬含量仍为 9%，硫含量不高于 0.12 %，磷含量不高于 0.25%。这种材料的抗磨性高而冲击疲劳寿命并不高。含硼 Ni-Hard 1 含 C 3.3%~3.6%，Cr 2.4%~2.7%，B 0.25%~1.0%。成分中的铬使碳化物的硬度提高，而硼可使马氏体基体的硬度高达 HV1000[12]。这种材料用于做冲击负荷较小的简单铸件。

镍硬铸铁中不应有石墨析出，C、Si、Cr 含量与铸件壁厚之间必须有合适的配合，表 4-13 为镍硬铸铁中 C、Si、Cr 与铸件壁厚的关系。

表 4-13 镍硬铸铁中 C、Si、Cr 与铸件壁厚的关系

C/%	Si，Cr/%	铸件壁厚/mm			
		12	25	50	100
2.75	Si	0.8~1.0	0.6~0.8	0.50~0.70	0.40~0.60
	Cr	1.4~1.6	1.40~1.60	1.40~1.60	1.80~2.00
3.00	Si	0.7~0.9	0.50~0.70	0.40~0.60	0.40~0.60
	Cr	1.4~1.6	1.50~1.70	1.60~1.80	2.20~2.50
3.25	Si	0.6~0.8	0.40~0.60	0.40~0.60	0.40~0.50
	Cr	1.4~1.6	1.60~1.80	1.80~2.10	2.50~3.00
3.50	Si	0.4~0.6	0.40~0.50	0.40~0.50	0.40~0.50
	Cr	1.5~1.7	1.80~2.00	2.10~2.40	3.00~3.50

为了避免铸件中出现珠光体，镍硬铸铁应根据壁厚确定 Ni、Cr 含量，表 4-14 为镍硬铸铁 Ni、Cr 与壁厚的关系。

表 4-14 镍硬铸铁中 Ni、Cr 含量与铸件壁厚的关系

壁厚/mm	Ni-Hard 1				Ni-Hard 2			
	砂 型		金属型		砂 型		金属型	
	Ni/%	Cr/%	Ni/%	Cr/%	Ni/%	Cr/%	Ni/%	Cr/%
<12	3.8	1.6	3.3	1.5	4.0	1.5	3.5	1.4
12~25	4.0	1.8	3.6	1.7	4.2	1.7	3.8	1.5
25~50	4.2	2.0	3.9	1.9	4.4	1.8	4.1	1.6
50~75	4.4	2.2	4.2	2.1	4.6	2.0	4.4	1.8
75~100	4.6	2.4	4.5	2.3	4.8	2.2	4.7	2.0
>100	4.8	2.6	4.8	2.5	5.0	2.4	5.0	2.2

4.3.2.2 镍硬铸铁的力学性能和物理性能

表 4-15 为镍硬铸铁的力学性能，表 4-16 为镍硬铸铁的物理性能。

表 4-15 镍硬铸铁的力学性能

种 类		硬 度		抗弯强度/MPa	挠度/mm	抗拉强度/MPa	弹性模量/GPa	冲击功（ϕ30mm 试棒）/J
		HBS	HRC					
Ni-Hard 1	砂 型	550~650	53~61	500~620	2.0~2.8	230~350	169~183	28~41
	金属型	600~725	56~64	560~850	2.0~2.8	350~420	169~183	35~55

续表 4-15

种类		硬度		抗弯强度 /MPa	挠度 /mm	抗拉强度 /MPa	弹性模量 /GPa	冲击功 (φ30mm 试棒) /J
		HBS	HRC					
Ni-Hard 2	砂 型	525~625	52~59	560~680	2.5~2.0	320~390	169~183	35~48
	金属型	575~675	55~62	680~870	2.5~3.0	420~530	169~183	48~76
Ni-Hard 4	砂 型	550~700	53~63	620~750	2.0~2.8	500~600	196	35~42
	金属型	600~725	56~64	680~870	2.5~3.8	—	—	48~76

表 4-16 镍硬铸铁的物理性能

物理性能		Ni-Hard 1	Ni-Hard 2	Ni-Hard 4
密度（20℃）/g·cm^{-3}		7.6~7.8	7.6~7.8	7.6~7.8
热膨胀系数 /℃$^{-1}$	10~93℃	8.1×10^{-6}~9×10^{-6}	8.1×10^{-6}~9×10^{-6}	14.6×10^{-6}
	10~260℃	11.3×10^{-6}~11.9×10^{-6}	11.3×10^{-6}~11.9×10^{-6}	17.1×10^{-6}
	10~430℃	12.2×10^{-6}~12.8×10^{-6}	12.2×10^{-6}~12.8×10^{-6}	18.2×10^{-6}
电阻率/μΩ·cm		80	80	80
热导率 /W·(m·K)$^{-1}$	20℃	2.98	—	12.14~13.40
	200℃	17.17	—	15.49~17.58
	400℃	19.68	—	18.84~20.52
	600℃	22.19	—	21.35~23.03
	800℃	23.86	—	23.45~24.70
比热容/J·(kg·K)$^{-1}$		—	—	502.4

4.3.2.3 镍硬铸铁的热处理

Ni-Hard 1 和 Ni-Hard 2 有两种热处理方法。一种是 275℃/12~24h，空冷，使铸态的马氏体得到回火，也使残留奥氏体部分转化成贝氏体，从而提高硬度和冲击疲劳寿命；另一种是 450℃/4h，炉冷至室温，或冷至 275℃然后 275℃/16h，空冷。这种双重热处理可降低奥氏体中的碳量，冷却时使残余奥氏体转变为马氏体。后续的 275℃处理中，又使新转变的马氏体又得到回火，同时奥氏体又可转变为贝氏体。Ni-Hard 4 的热处理为：750~800℃/4~8h，空冷或炉冷。对大型铸件，可降低热处理温度，550℃/4h，空冷至 450℃/16h，空冷。

4.3.2.4 镍硬铸铁的应用

镍硬铸铁用于抗磨料磨损的场合，如冶金轧辊、球磨机及辊磨机衬板、磨球、平盘磨辊辘套、E 形磨磨环、杂质泵过流件、灰渣输送管道。在很多情况下，镍硬铸铁比普通白口铸铁、低合金白口铸铁优越得多。镍硬铸铁仍属中合金铸铁，其含有大量的镍，镍是一种短缺而昂贵的元素，尤其是我国更是如此，因而应用受到限制。如符合我国的国情，研究与应用不含镍的合金白口铸铁仍是非常重要的。

4.3.3 中合金白口铸铁

中合金白口铸铁主要包括中铬白口铸铁、锰白口铸铁、锰钨和钨铬白口铸铁。

4.3.3.1 中铬白口铸铁

中铬白口铸铁是含铬 7%~11%，不含镍的一类铸铁，碳化物为 M_7C_3 和 M_3C 混合的形式，韧性和耐磨性介于低铬铸铁与高铬铸铁之间。中铬铸铁的化学成分与基体有关，以珠光体状态使用时，其化学成分为 C 2.5%~3.6%，Si 0.5%~2.2%，Mn 0.5%~1.0%，Cr 7%~11%；以马氏体状态使用时，再加入 Mo<2%，Cu<2%，以提高其淬透性。也需要综合考虑 C、Si、Cr 的含量；Cr/C、Si/C 高，M_7C_3 碳化物量相对增加，碳化物硬度和形态相应增加和改善，也将提高铸铁的韧性和耐磨性。另一方面，高的硅量会降低淬透性，低碳量又减少碳化物量，降低耐磨性。中铬铸铁一般在热处理后使用热处理工艺与高铬铸铁相同。国内也常将中铬铸铁作为 Ni-Hard 4 的替代材料。表 4-17 为中铬白口铸铁与 Ni-Hard 4 的力学性能对比。

表 4-17 中铬白口铸铁与 Ni-Hard 4 的力学性能对比

项目		Ni-Hard 4	中铬白口铸铁	项目		Ni-Hard 4	中铬白口铸铁
化学成分/%	C	2.9~3.3	2.6~3.2	力学性能	硬度 HRC	55~65	55~65
	Si	1.5~2.2	<0.8		抗弯强度/MPa	716~784	784~931
	Mn	0.3~0.8	1.5~2.0		挠度/mm	2.20~2.60	2.20~2.80
	Cr	8.0~10.0	8.0~10.0		冲击韧度/$J \cdot cm^{-2}$	7.64~8.62	6.86~9.31
	Ni	4.5~6.0	—	热处理	—	780~820℃空冷	880~920℃空冷
	Mo	—	0.3~0.5			400~450℃回火	280~350℃回火
	Cu	—	2.0~3.0	三体磨损相对耐磨性	磨料：硅砂	1.28	1.30~1.47
	V	0.2~0.3	—		磨料：石榴石	1.74	1.83~1.96
	Al	—	0.2~0.3		磨料：碳化硅	1.51	1.42~1.55

4.3.3.2 锰白口铸铁

锰白口铸铁是含锰 5.0%~8.5%的铸铁，由于锰量高而稳定奥氏体，也抑制了珠光体，组织中有一定量的马氏体，但残余奥氏体较多。其成本低，但抗磨性较低，铸造性能也较差。表 4-18 和表 4-19 分别为锰白口铸铁的化学成分、组织和力学性能。

表 4-18 锰白口铸铁的化学成分 (%)

序号	名称	C	Si	Mn	Cr	Mo	Cu	P	S
1	中锰白口铸铁	2.5~3.5	0.6~1.5	5.0~6.5	0~1.0	0~0.6	0~1.0	—	—
2	奥氏体锰铸铁	1.7~2.0	≤0.8	7.0~8.5	—	—	—	≤0.1	≤0.1

表 4-19 锰白口铸铁的组织和力学性能

序号	状态	金相组织	力学性能				用途
			硬度 HRC	冲击韧度 /J · cm^{-2}	抗弯强度 /MPa	挠度 /mm	
1	铸态	$(Fe, Mn, Cr)_3C$+M+Ar	57~62	4.0~10	—	—	泵体、磨球、衬板
2	铸态	$(Fe, Mn)_3C$ +Ar	36~37	6.8~7.9	650~720	3.2~3.6	磨辊、齿板
	980℃，空冷	$(Fe, Mn)_3C$+M+Ar	33~35	17~18	800~850	4.2~4.6	

4.3.3.3 锰钨白口铸铁

中国锰钨 1 号耐磨铸铁用于要求机械加工的零件；锰钨 2 号耐磨铸铁具有较高硬度。通常这两种均在铸态使用。表 4-20 和表 4-21 分别为锰钨白口铸铁的化学成分、组织和力学性能。

表 4-20 锰钨白口铸铁的化学成分 (%)

序号	名称	C	Si	Mn	W	V	Ti	P	S
1	锰钨 1 号	2.5~3.0	1.0~1.5	1.2~1.6	1.2~1.8	0~0.3	0~0.3	≤0.12	≤0.15
2	锰钨 2 号	3.0~3.5	0.8~1.2	4.0~6.0	2.5~3.5	0~0.3	0~0.3	≤0.12	≤0.15

表 4-21 锰钨白口铸铁的组织和力学性能

序号	状态	金相组织	力学性能			
			硬度 HRC	冲击韧度 /J · cm^{-2}	抗弯强度 /MPa	挠度/mm
1	铸态	$(Fe,W)_3C$+S+P	40~46	3.0~5.0	520~600	—
2	铸态	$(Fe,Mn,W)_3C$+M+Ar	54~65	3.0~6.0	420~570	1.8~2.5

4.3.3.4 钨铬白口铸铁

中国的钨铬白口铸铁有 W5Cr4、W9Cr6、W16Cr2 三种牌号，主要用于冲击载荷大、低应力冲蚀磨料磨损和高应力碾磨磨料磨损的场合。由于钨价格较高，故应用受到限制。表 4-22 和表 4-23 分别为钨铬白口铸铁的化学成分、组织和力学性能。表中 W16Cr2 属高合金的白口铸铁。钨铬白口铸铁主要用于冲击载荷不大的低应力冲蚀磨料磨损和高应力磨料磨损的场合。其干态抗磨料磨损性能接近 Cr15Mo3。

表 4-22 钨铬白口铸铁的化学成分 (%)

序号	名称	C	Si	Mn	W	Cr	Cu	P	S
1	W5Cr4	2.0~3.5	0.5~1.0	0.5~3.0	4.5~5.5	3.5~4.5	—	≤0.15	≤0.12
2	W9Cr6	2.0~3.5	0.5~1.0	0.5~3.0	8.5~9.5	5.5~6.5	—	≤0.15	≤0.12
3	W16Cr2	2.4~3.0	0.3~0.5	1.5~3.0	15.0~18.0	2.0~3.0	1.0~2.0	≤0.10	≤0.05

表 4-23 钨铬白口铸铁的组织和力学性能

序号	状 态	金相组织	力学性能			
			硬度 HRC	冲击韧度 /J · cm^{-2}	抗弯强度 /MPa	挠度 /mm
1	铸态 900℃/1.5h，空冷	$(Fe,W)_3C$+M+Ar	53~64	4.5	500	1.6~2.0
	250℃/1h，空冷	$(Fe,Cr,W)_3C$+ 二次碳化物+M+Ar	58	4.6	—	—
2	铸态	$(Fe,W)_3C+(Fe,W)_6C$+M+Ar	53~62	5.5	540	2.0~2.2
3	铸态	$(Fe,W,Cr)_6C$ +A	55~60	6.8~8.0	530~550	1.8~2.2
	920℃，空冷	$(Fe,W,Cr)_6C+M_{23}C_6$+M+Ar	63~65	4.5~5.5	630~650	1.8~2.0

4.3.4 高铬钼白口铸铁

含铬量在 12%~20%、含钼量 1.5%~3.0%的白口铸铁称为高铬钼白口铸铁，也简称为高铬铸铁。它是在镍硬铸铁之后广泛应用的。镍硬铸铁中的镍，主要作用是提高基体的淬透性，而铬则能改变共晶碳化物类型，改善碳化物形态，增加硬度，使铸铁韧性及耐磨性提高。另外，熔炼设备中电炉的发展与普及，使以铬为主要添加元素的铬系白口铸铁，得到更广泛的应用与发展。

4.3.4.1　Fe-Cr-C 相图与碳化物类型

图 4-10 为 Fe-Cr-C 合金系的液相面图。图 4-11 为 Fe-Cr-C 相图的室温等温截面。由两图可见，随着合金中含铬量增加，碳化物的形式由（Fe, Cr)$_3$C 型→(Cr, Fe)$_7$C$_3$型→（Cr, Fe)$_{23}$C$_6$型，即 $M_3C \rightarrow M_7C_3 \rightarrow M_{23}C_6$。表 4-24 为 Fe-Cr-C 合金系中碳化物的晶体结构、密度及元素含量。硬度以（Cr, Fe)$_7$C$_3$型碳化物最高，达 HV1300~1800，这对提高铸铁的耐磨性十分有利。

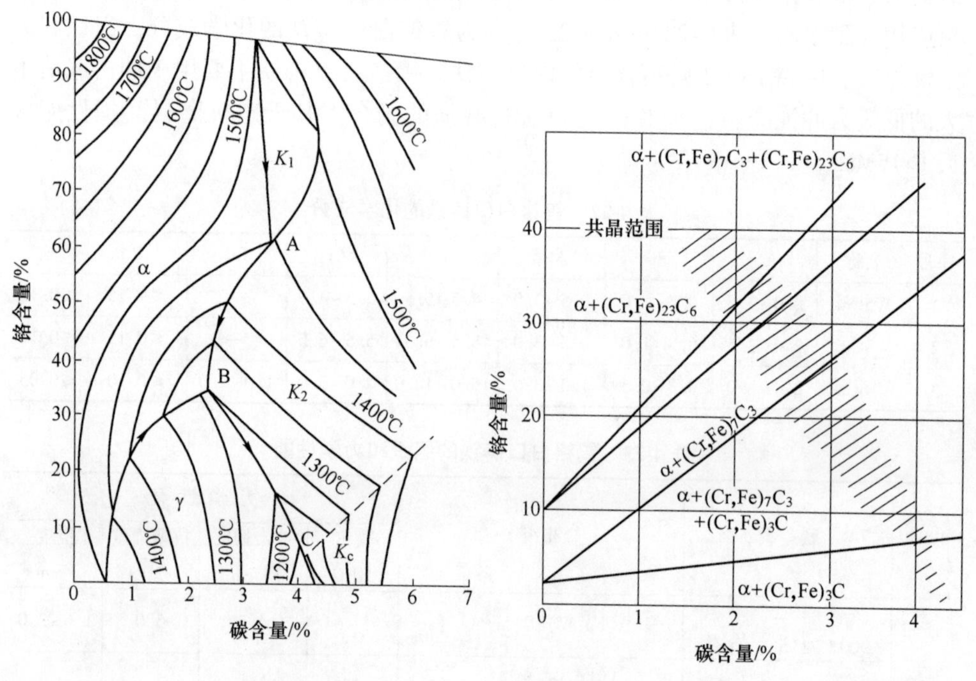

图 4-10　Fe-Cr-C 合金的液相面图　　　图 4-11　Fe-Cr-C 相图在室温时的简化截面

表 4-24　Fe-Cr-C 合金中的碳化物

碳化物类型	晶体结构	晶格常数	密度/g · cm^{-3}	硬度 HV	元素含量/%
(Fe, Cr)$_3$C	斜方晶格	a=4.52	7.67	1000~1230	可能最大 Cr 含量 18
		b=5.09			
		c=6.74			

续表 4-24

碳化物类型	晶体结构	晶格常数	密度/g·cm^{-3}	硬度 HV	元素含量/%
$(Cr,Fe)_7C_3$	六方晶格	$a=6.88$	6.92	1300~1800	可能最大 Cr 含量 50
		$b=4.54$			
	斜方晶格	$a=4.54$			
		$b=6.88$			
		$c=11.94$			
	菱形六面晶格	$a=13.98$			
		$b=4.52$			
$(Cr,Fe)_{23}C_6$	面心立方晶格	$a=10.64$	6.97	约 1140	最大 Cr 含量 35

4.3.4.2 基体组织、硬度及磨损失重的影响

高铬铸铁的共晶组织由 M_7C_3 型碳化物和奥氏体或其转变产物组成。高硬度的碳化物要与硬的基体相配合才表现出高的耐磨性。软基体不能对碳化物提供支承，碳化物在磨损时易受剪力而折断，难以发挥抵抗磨损作用。高铬白口铸铁中各基体的显微硬度为：铁素体 HV70~200，珠光体 HV300~460，奥氏体 HV300~600，马氏体 HV500~1000。表 4-25 为 15Cr-3Mo 铸铁的基体组织对磨损失重的影响。由表可知，马氏体硬度最高，其磨料磨损抗力也最好，因此，一般希望得到马氏体基体。

表 4-25 15Cr-3Mo 铸铁的基体组织对磨损失重的影响

基体组织	硬度 HBW	凿削磨料磨损比	碾磨磨损失重/g
珠光体	406	0.41	0.14
奥氏体	564	0.09	0.08
马氏体	840	0.04	0.04

4.3.4.3 高铬白口铸铁的化学成分

A 铬和碳

铬和碳是高铬铸铁中两种重要的元素。铬和碳有利于增加碳化物数量，使耐磨性提高而韧性降低。碳化物数量可以用下式估算：

$$碳化物数量（\%）=12.33（\%C）+0.55（\%Cr）-15.2$$

其中，铬增加碳化物数量的效果比碳差，因此，工艺上常用碳量来改变碳化物数量。

另一方面，铬与碳的比值Cr/C，影响铸铁中M_7C_3型碳化物的相对数量。一般Cr/C>5就能获得大部分的M_7C_3型碳化物，同时Cr/C比越高，铸铁的淬透性也增加。大多数高铬铸铁中铬含量为13%~20%，碳量为2.5%~3.3%，其Cr/C约为4~8。图4-12为Cr/C及钼含量与空淬能淬透的最大直径的关系。由图4-12可见，不含其他合金元素的高铬铸铁，空淬的最大直径约为20mm，淬透性是很低的。为了提高淬透性，必须加入其他合金元素。生产中一般采用亚共晶铸铁，当铬含量分别为15%、20%、25%时，共晶碳量大约分别为3.6%、3.2%和3.0%。

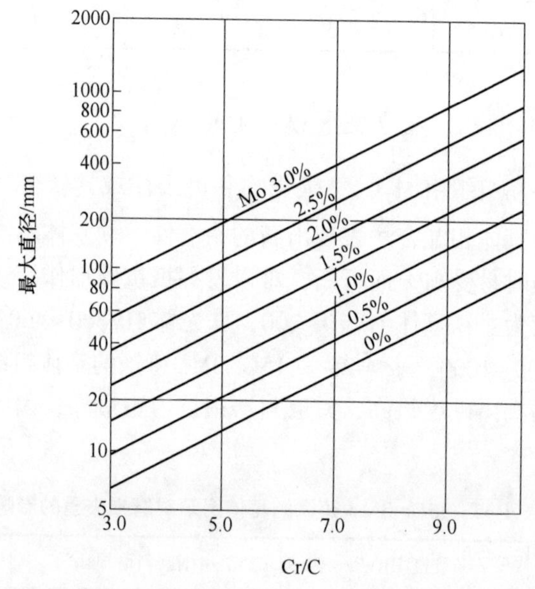

图4-12　高铬铸铁的铬碳比及钼含量与空淬能淬透的最大直径的关系

B　铬、锰、铜、硅

高铬铸铁中常含有钼、锰和铜，以提高淬透性。由图4-12可见，钼有明显提高淬透性的作用，尤其是当Mo>2%以上时，作用更明显。钼在各相中的分配是：约有50%进入Mo_2C，约有25%进入M_7C_3型碳化物中。溶入基体的钼量可用下式估算：

$$溶入基体的钼量（\%）=0.23（\%Mo）-0.029$$

略去常数项，基体中的钼量大约占总量的23%，这部分钼直接起提高淬透性的作用。钼对马氏体开始转变温度M_s影响不大。钼与铜、锰联合使用时，提高淬透性的效果更好。铜不溶于碳化物，完全溶入金属基体中，可发挥它提高淬透性的作用。但铜降低 M_s 温度，造成较多的残余奥氏体；而且铜在奥氏体中的溶解度不高，仅2%左右。锰既进入碳化物又能溶解于基体。锰对稳定奥氏体有效。锰和钼联合使用时对提高淬透性非常有效。但是锰剧烈降低 M_s 点，因此一般控制在1.0%以下。硅在铸铁中是降低淬透性的元素，一般控制在0.3%~0.8%。

C 常用的高铬铸铁成分

表4-26为美国Climax钼公司的高铬铸铁化学成分。表中所列的牌号及化学成分为常用的。由表可见，常用的高铬铸铁有三种。15Cr-3Mo适用面较广，有"王牌"高铬铸铁之称。超高碳的15Cr-3Mo用于制造承受很小应力或一些不受冲击的输送磨料或浆料的零件。高碳的15Cr-3Mo用于断面厚度直至70mm的大多数抗磨零件。中碳的15Cr-3Mo也可用于这类场合，其淬透的断面厚度可达90mm。低碳的15Cr-3Mo主要用于厚断面铸件。15Cr-2Mo-1Cu是15Cr-3Mo的变种，在同样碳量时，有更大的淬透性，适用于大断面铸件，且原材料价格也低。20Cr-2Mo-1Cu是淬透性最高的一种，适用于厚大断面的复杂件。

表4-26 美国Climax钼公司高铬钼铸铁化学成分 (%)

化学元素		15Cr-3Mo				15Cr-2Mo-1Cu	20Cr-2Mo-1Cu
		超高碳	高碳	中碳	低碳		
C		3.6~4.3	3.2~3.6	2.8~3.2	2.4~2.8	2.8~3.5	2.6~2.9
Mn		0.7~1.0	0.7~1.0	0.6~0.9	0.5~0.8	0.6~0.9	0.6~0.9
Si		0.3~0.8	0.3~0.8	0.3~0.8	0.3~0.8	0.4~0.8	0.4~0.9
Cr		14~16	14~16	14~16	14~16	14~16	18~21
Mo		2.5~3.0	2.5~3.0	2.5~3.0	2.4~2.8	1.9~2.2	1.4~2.0
Cu		—	—	—	—	0.5~1.2	0.5~1.2
S		<0.05	<0.05	<0.05	<0.05	<0.05	<0.05
P		<0.10	<0.10	<0.10	<0.10	<0.06	<0.06
空冷时不产生珠光体的最大断面/mm		—	70	90	120	200	>200
硬度HRC	铸态	—	51~56	50~54	44~48	50~55	50~54
	淬火	—	62~67	60~65	58~63	60~67	60~67
	退火	—	40~44	37~42	35~40	40~44	38~43

4.3.4.4 高铬白口铸铁的铸造性能与工艺

高铬铸铁与其他白口铸铁一样，具有热导率低、收缩大、塑性差、切削性也差的特点。实际生产中，铸件易产生缩孔、缩松、裂纹、气孔和夹杂等缺陷。

A 铸造性能

表4-27为几种白口铸铁的铸造性能。由表可见，高铬铸铁与其他白口铸铁一样流动性差，线收缩、体收缩都大。对白口铸铁而言，热裂是经常发生的缺陷，当收缩受到阻碍时更易发生，甚至分型面或泥芯头上的毛刺也会造成热裂。从表4-27热裂倾向等级中可见，珠光体白口铸铁热裂倾向最大，Ni-Hard 2、高铬钼铸铁次之，高铬镍铸铁热裂倾向最小。显然，加入镍可使高铬铸铁热裂倾向减小。

表4-27　几种白口铸铁的铸造性能

铸　铁	温度/℃		密度/g·cm^{-3}	收缩率/%		流动性（1400℃）/mm	热裂倾向等级①
	液相线	固相线		线收缩	体收缩		
Ni-Hard 2	1278~1235	1145~1150	7.72	1.9~2.2	8.9	310~500	1~2
高铬铸铁（2.8%C，28%Cr，2%Ni）	1290~1300	1255~1275	7.46	1.7~2.2	7.5	300~400	3~4
高铬镍铸铁（2.8%C，17%Cr，3%Ni，3%Mn）	1280~1300	1240~1265	7.55~7.63	1.9~2.2	7.5	370~500	3~4
珠光体白口铸铁	1240~1290	1145~1150	7.66	1.8	7.75	230~260	<1
高铬钼铸铁（2.8%C，12%Cr，1%Mo）	1280~1295	1220~1225	7.63	1.8~1.9	7.8	500~560	2~3
高铬铸铁（2.3%C，30%Cr，3%Mn）	1290~1300	1270~1280	—	1.7~1.9	—	375~400	—

① 数值越小，热裂倾向越大。

B 铸造工艺

高铬铸铁的铸造工艺，应结合铸钢与铸铁的特点。充分补缩，其原则与铸钢件相同。采用冷铁和冒口，遵循顺序凝固的原则。模型缩尺可取2%，冒口尺寸按碳钢设计，浇注系统则可按灰铸铁计算，但各断面面积增加20%~30%。高铬铸铁脆性大，不宜用气割去除冒口，设计时选用侧冒口或易割冒口。也要注意不让铸件的收缩受到阻碍，以免造成开裂。开箱温度过高也是造成裂纹的原因。厚壁铸件在铸型中冷得很慢，从固相线到540℃区间不断析出二次碳化物，奥氏体中碳量降低，M_s点可上升到室温以上，部分残余奥氏体转变为马氏体，产生相变应力。如果冷却太快，铸件中温差太大，即可产生开裂。因此，540℃以下的缓冷是必要的。铸件在铸型中应充分冷却然后开箱。如确需在高温（或在 M_s 点）以上开箱，应迅速移入保温炉或绝热材料中缓冷。

高铬铸铁仅用电炉熔化，炉衬可以是碱性或酸性的。浇注温度不宜太高，以避免收缩过大和黏砂；低温浇注也有利于细化树枝晶和共晶组织。浇注温度一般比液相线温度高 55℃。小件可为 1380~1420℃；厚 100mm 以上的铸件可更低些，为 1350~1400℃。

4.3.4.5 高铬铸铁的热处理

高铬白口铸铁一般采用淬火（空淬）+回火。淬火时加热温度，应根据含铬量和零件壁厚来选择。淬火温度越高，淬透性越高，但淬火后形成的残余奥氏体也可能越多。随着铬含量的增加，二次碳化物的溶入温度向高温方向移动，故淬火温度也随铬含量而转变。含铬 15%的白口铸铁，得到最大硬度的淬火温度是 940~970℃，而铬为 20%时，则为 960~1010℃。同时，铸件壁越厚，淬火温度应选择越高。保温时间根据壁厚，一般为 2~4h；厚壁件可适当延长至 4~6h。

淬火后的高铬铸件，存在较大的内应力，应回火处理。理论研究表明，既消除淬火内应力，又不降低硬度，回火温度以 400~450℃为宜。回火处理还能使残余奥氏体减少，淬火马氏体变为回火马氏体。需要切削加工的高铬铸铁件，加工前用退火处理。15Cr-3Mo 的退火工艺为：随炉缓慢升温至 950℃，至少保温 1h，炉冷至 820℃，再以 50℃/h 的速度冷至 600℃，600℃以下就可置于静止空气中冷却。退火后硬度可降至 HRC 36~43。

4.3.4.6 高铬白口铸铁的力学性能

高铬铸铁主要用于抵抗磨损的场合，力学性能指标主要有硬度、韧性和强度。影响这些指标的主要因素是：碳化物类型与数量、基体类型。影响碳化物数量的主要因素是铸铁的含碳量。表 4-28 为碳对高铬白口铸铁硬度和断裂韧性的影响。由表可见，当铬量不变时，随碳含量的增加，硬度增加，而断裂韧性降低。图 4-13 为碳对高铬铸铁抗拉强度、抗弯强度和挠度的影响，结果表明，随碳量增加，抗拉及抗弯强度、挠度都降低。

表 4-28 碳对高铬白口铸铁（Cr 15%）硬度和断裂韧性的影响

C/%	0.8	1.1	1.4	2.1	2.8	3.4
硬度 HV（铸态/淬火态）	425/630	320/680	350/750	485/790	510/825	530/850
断裂韧性 K_{IC}（铸态/淬火态）/MPa · $m^{1/2}$	41.8/29.2	35.2/29.9	29.8/29.9	27.3/26.1	23.9/22.8	17.7/17.9

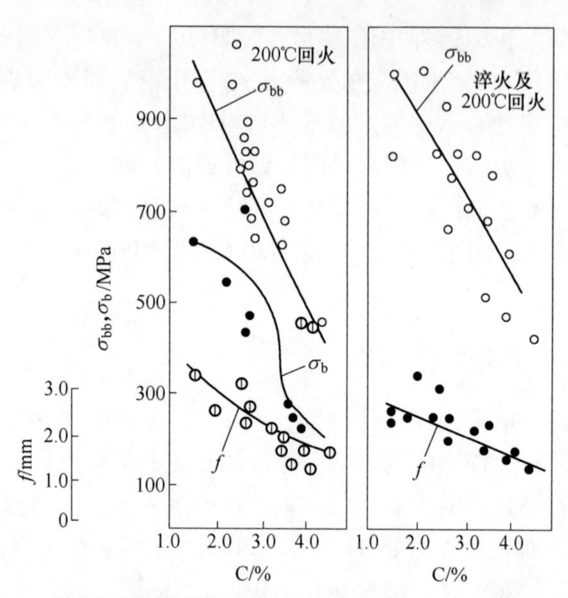

图 4-13　碳对高铬铸铁抗拉强度 σ_b、抗弯强度 σ_{bb} 和挠度 f 的影响

影响碳化物类型的因素主要是铬碳比。考察碳化物类型对铸铁力学性能的影响，必须将碳化物数量确定才有效。图 4-14 为碳化物体积占 23%~25%时，Cr/C 对白口铸铁 K_{IC} 的影响。由图可见，Cr/C 低时，提高 Cr/C 将改善碳化物形态，使 K_{IC} 显著提高；但当 Cr/C 高时，再提高 Cr/C，碳化物形态改变不大，只是提高了基体固溶强化程度，使 K_{IC} 有所降低。图 4-15 为铬对白口铸铁力学性能的影响。由图可见，铬对抗拉强度、抗弯强度的影响也与图 4-14 所示类似。而 Cr/C 对铸铁硬度的影响不显著，随 Cr/C 增加，硬度稍有增加。基体类型的影响一般是，基体越软，断裂韧性越高。从图 4-14 也可以看出这一规律。

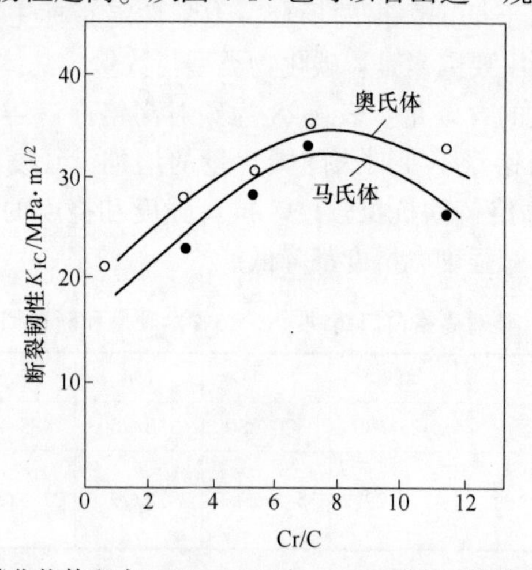

图 4-14　碳化物体积占 23%~25%时，Cr/C 对白口铸铁 K_{IC} 的影响

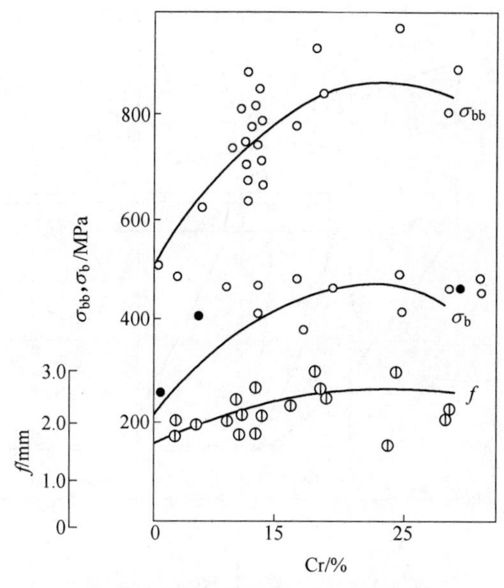

图 4-15 铬对白口铸铁力学性能的影响

4.3.5 高铬白口铸铁

高铬铸铁是高铬白口抗磨铸铁的简称，是一种性能优良而受到特别重视的抗磨材料。它有着比合金钢高得多的耐磨性，和比一般白口铸铁高得多的韧性、强度，同时它还兼有良好的抗高温和抗腐蚀性能，加之生产便捷、成本适中，而被誉为当代最优良的抗磨料磨损材料之一。高铬铸铁属金属耐磨材料、抗磨铸铁类铬系抗磨铸铁的一个重要分支，是继普通白口铸铁、镍硬铸铁而发展起来的第三代白口铸铁。高铬铸铁一般泛指铬含量在 11%~30%，碳含量在 2.0%~3.6%的合金白口铸铁。一般 20%~28%Cr 铸铁作耐磨、耐蚀用，30%~35%Cr 铸铁作耐热、耐蚀用。铬可以提高铸铁的耐高温氧化性及耐蚀性，含有大量铬的高铬铸铁就具有优越的耐热、耐蚀性。由于高铬铸铁含碳量较高，与不锈钢比，其力学性能，尤其是塑性较低，因此用它作为受力部件的材料使用就受到了限制。但是，它具有大量高硬度碳化物，其耐磨性特别是对磨料磨损的耐磨性表现得很优越。另外它在高温或者腐蚀环境下作为耐磨材料，也表现得十分优越。

4.3.5.1 Fe-C-Cr 相图

图 4-16 为 Fe-C-Cr 系 25% Cr 截面图。图 4-17 为 Fe-C-Cr 系 2% C 截面图。由以上两图可见，高铬铸铁中可能出现的碳化物为 $(Fe,Cr)_3C$、$(Fe,Cr)_7C_3$ 及 $(Fe,Cr)_{23}C_6$。

从图 4-16 可见，凝固结束时组织中，基体常为奥氏体；但若碳量太低，可能

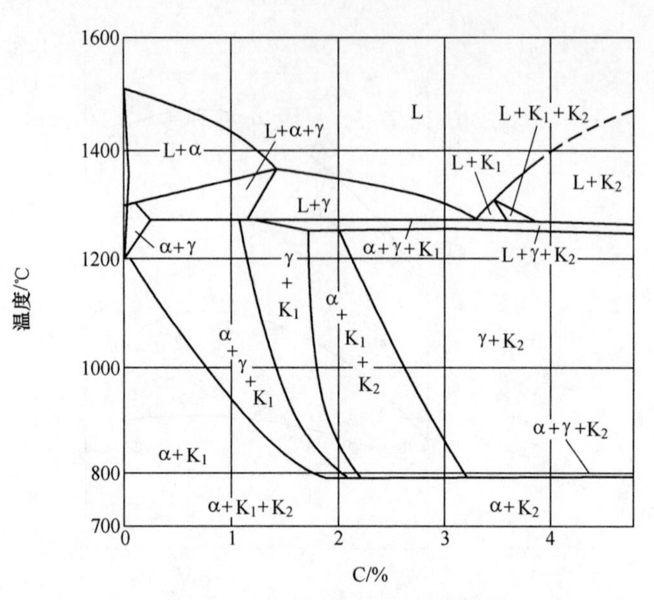

图 4-16　Fe-C-Cr 系 25%Cr 截面图

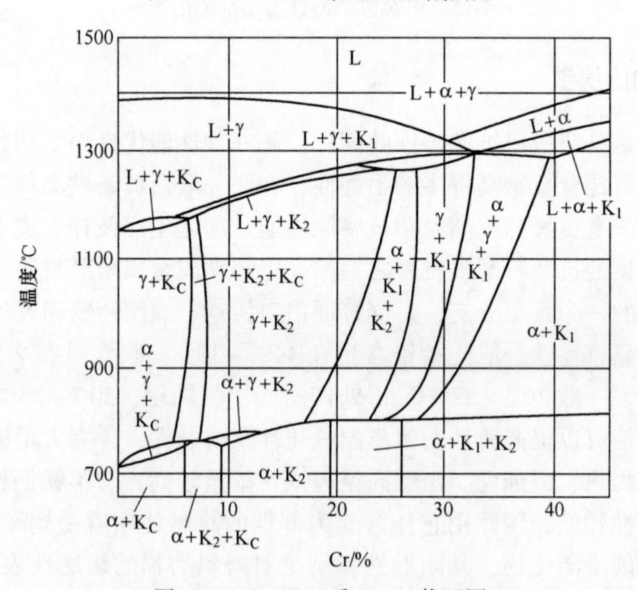

图 4-17　Fe-C-Cr 系 2% C 截面图

有铁素体出现。从图 4-17 可见，铬含量小于 30%的基体组织为奥氏体，当铬量超过 30%，基体为铁素体。按平衡状态图看，达到室温时，只有铁素体才是稳定相。

4.3.5.2　化学成分

A　碳和铬

根据 Fe-C-Cr 状态图，改变碳量和铬量可以获得所需的碳化物类型和基体组织。图4-18为碳、铬量与高铬铸铁铸态硬度的关系。由图可见，高碳的高铬铸铁的硬度高于低碳的高铬铸铁的硬度。

图4-19为热处理与高铬铸铁硬度的关系。图中的5条线代表5种成分的高铬铸铁。由图可见，当碳量变化不大时，随铬量增加，硬度减少，淬火使高铬铸铁得到了最高硬度；在400℃以下回火，硬度几乎没有改变；当回火温度高于400℃，硬度急剧下降。淬火能使基体转变为马氏体，并且有二次碳化物析出，因而硬度增加。

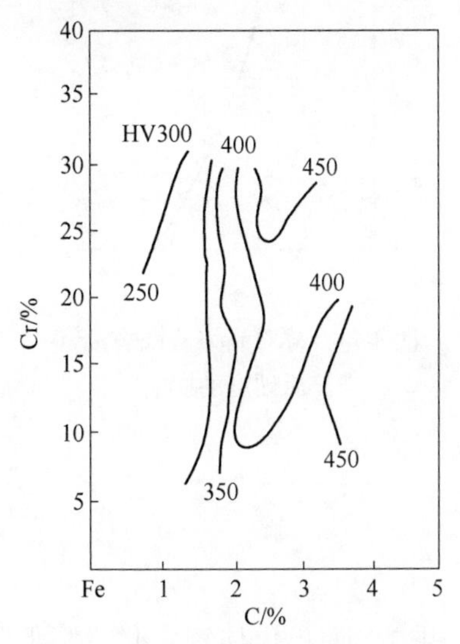

图4-18 碳、铬含量与高铬铸铁铸态硬度的关系

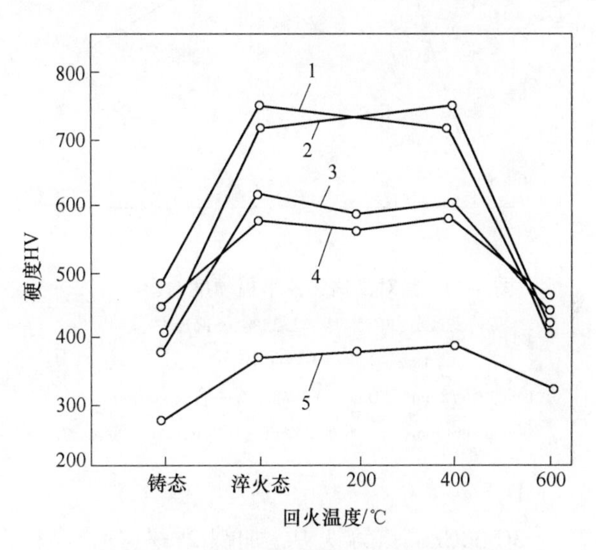

图4-19 热处理与高铬铸铁硬度的关系

1—C 2.90%，Cr 14.21%；2—C 3.45%，Cr 16.8%；3—C 1.97%，Cr 24.54%；4—C 2.68%，Cr 24.53%；5—C 1.15%，Cr 26.41%

B 锰

图4-20为锰对高铬铸铁平板硬度的影响。由图可见，2C-30Cr高铬铸铁中加入锰后，在2.5%~3.0% Mn时硬度达最大值。进一步提高锰含量则由于残余奥氏体的增加使硬度降低。同时可以看出，三平板铸件厚度不同（75~350mm）但硬度几乎是一样的。但应注意的是，在状态图上3C-30Cr成分处，α、γ、Cr_7C_3、$Cr_{23}C_6$的存在区域是相当窄的，成分上改变会导致组织上很大的变化。实际应用的高铬铸铁中，一般含Mn<1.5%，少数含锰多的，也控制在2.8%~3.5%的范围内。

C 硅

在2C-3Mn-32Cr高铬铸铁中，硅扩大α区，使淬火后不易得到高硬度。图4-21为硅对高铬铸铁平板空淬后硬度的影响。由图可见，硅增加时，由于铁素体量增加，硬度迅速降低。

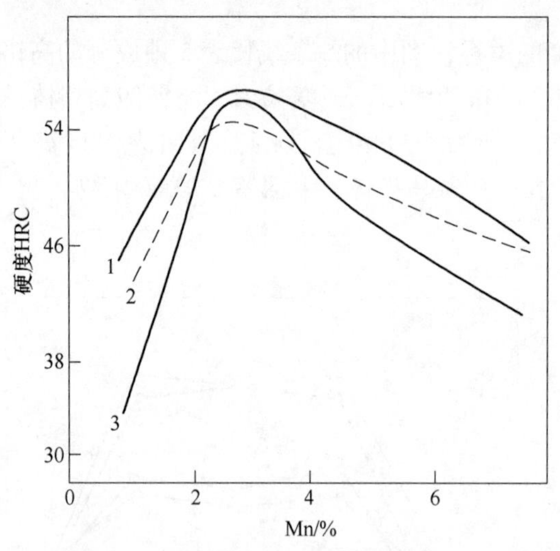

图 4-20　锰对高铬铸铁平板硬度的影响
（铸铁成分：C 2.0%～2.25%，Si<1.0%，Cr 约 30%，1000℃淬火）
1—平板 75mm×300mm×300mm；2—平板 200mm×800mm×800mm；3—平板 350mm×1400mm×1400mm

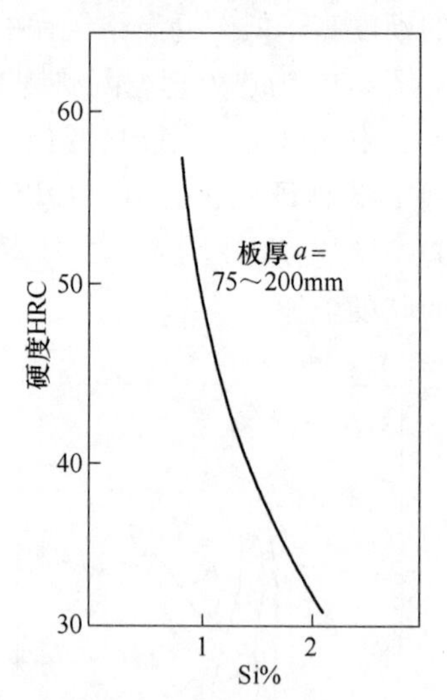

图 4-21　硅对高铬铸铁平板空淬后硬度的影响

D　镍

3C-30Cr 高铬铸铁中，加镍 2%左右。镍和铬组合，使奥氏体稳定化，降低马氏体转变温度，使基体由奥氏体组成，而不易形成马氏体或其他奥氏体分解产物。

E　钼

钼能有效地推迟珠光体转变，而又很少影响马氏体转变温度。但钼使 30%Cr 铸铁的共晶组织粗大，降低力学性能。因此，高铬铸铁与高铬钼铸铁在化学成分上明显是不同的，其一般都不含钼。

F　钒

钒能细化共晶组织。当铸铁中铬含量高时，钒对提高冲蚀磨损的抗力更为有效。图 4-22 为钒对砂子冲蚀磨损抗力的影响。由图可见，对四种不同成分的含铬铸铁，随着钒的加入，其抗冲蚀磨损系数增加，尤其是 Cr 达 26%时，抗冲蚀磨损系数急剧提高。

G　钛及氮

钛和氮能细化共晶组织。随着组织的细化，高铬铸铁的力学性能有所提高。因此，一般都加入少量的钛及氮。

4.3.5.3 金相组织

高铬铸铁的铸态金相组织常为奥氏体+共晶体。图4-23为Cr12、Cr14、Cr16铸铁的铸态组织。Cr12高铬铸铁的铸态组织为：初生奥氏体+碳化物，其中碳化物有两种，一种是块状M_7C_3型，一种是共晶碳化物，每一共晶团的碳化物呈菊花瓣状分布，此被基体组织隔离；Cr14铸态组织为：奥氏体+碳化物，其中碳化物是M_7C_3型；Cr16的铸态组织为：奥氏体基体+碳化物，其中碳化物是M_7C_3型。

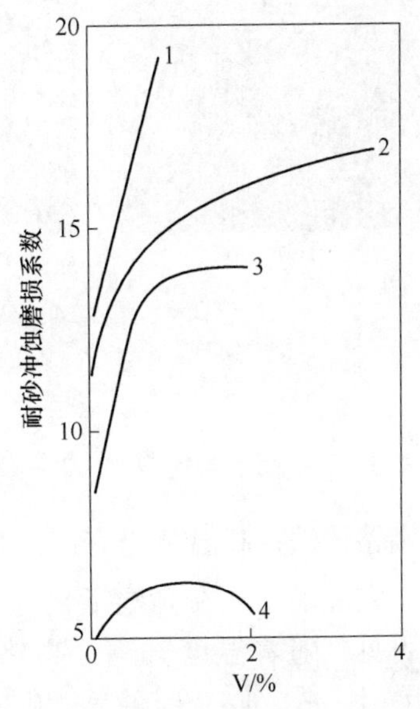

图4-22 钒对砂子冲蚀磨损抗力的影响

1—3C，26Cr；2—3C，21Cr；3—3C，15Cr；4—3.2C，10Cr

在铸态组织经过加热奥氏体化以后，随着热处理工艺条件的改变，奥氏体基体中的过饱和合金元素以二次碳化物析出，从而降低了奥氏体的稳定性，最终转变成马氏体，在提高材料基体本身硬度的同时，降低了白口铸铁的冲击韧性。高铬铸铁空淬态组织如图4-24所示。Cr12淬火后基体组织由奥氏体转变为马氏体，但由于马氏体转变不能进行到底，还有部分残余奥氏体析出二次碳化物，这种组织配合使高铬铸铁的硬度提高到HRC 66以上。Cr14淬火后组织为马氏体+碳化物，碳化物包含M_7C_3型块状碳化物和团状共晶碳化物，使高铬铸铁的硬度提高到HRC 65以上。Cr16淬火后组织为马氏体+碳化物，碳化物包含M_7C_3型块状碳化物和菊花状共晶碳化物，使高铬铸铁的硬度提高到HRC 66以上[13]。

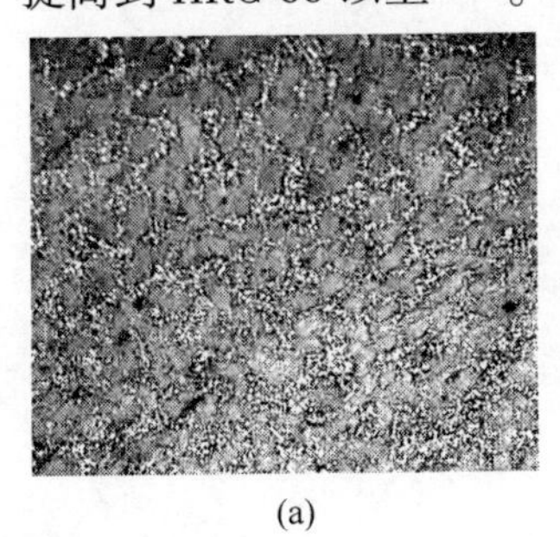

(a)

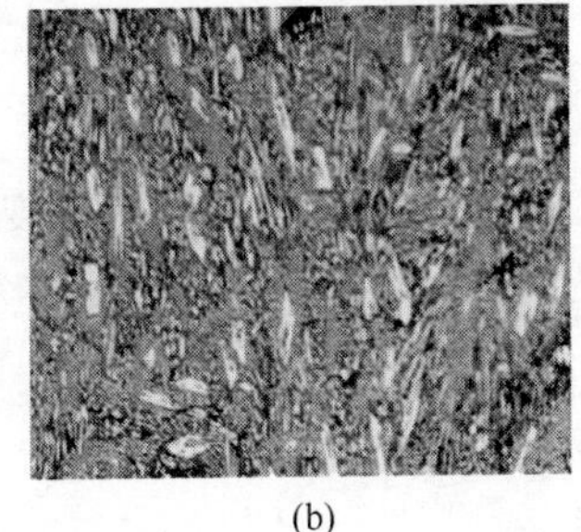

(b)

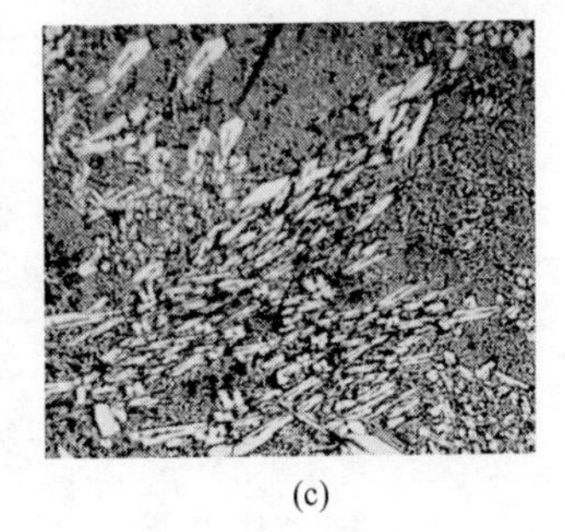

(c)

图4-23 高铬铸铁铸态组织（100×）

（a）Cr12；（b）Cr14；（c）Cr16

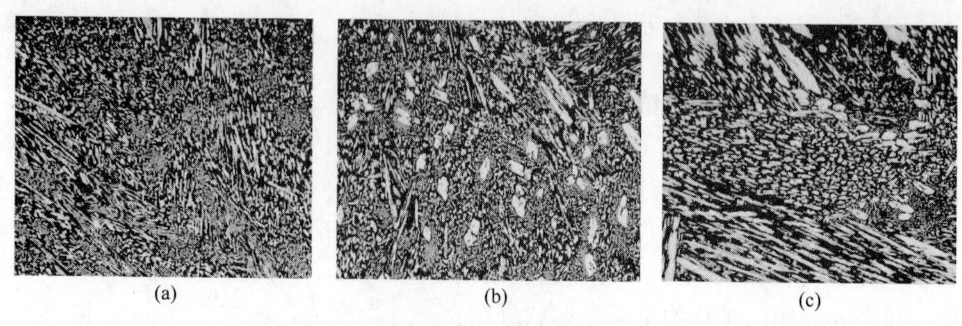

图 4-24　高铬铸铁空淬态组织（100×）
（a）Cr12；（b）Cr14；（c）Cr16。

4.3.5.4　高铬铸铁的力学性能特点

高铬铸铁在高温下仍有高的抗拉强度，它的碳化物主要是 M_7C_3 型碳化物，不仅在室温下而且在高温下仍保持高硬度。图 4-25 为碳化物在高温下的硬度。由图可见，随着温度升高，高铬铸铁中（Cr, Fe)$_7$C$_3$ 的硬度缓慢下降，温度 1000℃时，(Cr, Fe)$_7$C$_3$ 的显微硬度约为 HV600。而图中普通白口铸铁中的 Fe_3C 随温度升高，硬度下降很快，温度仅 700℃时，显微硬度小于 HV200。所以在高温下的磨料磨损工况条件下，只能选择有 M_7C_3 型碳化物的高铬铸铁。

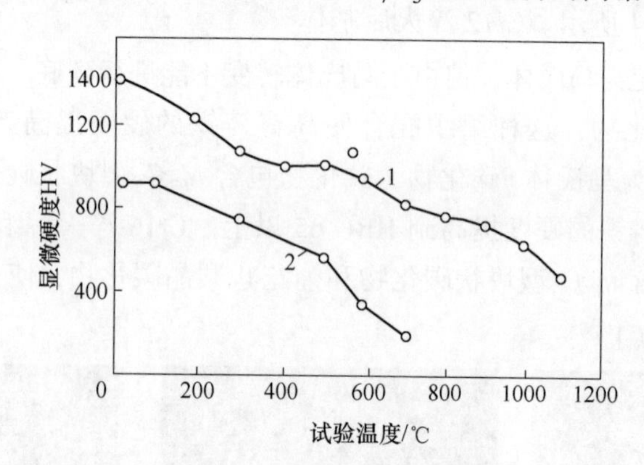

图 4-25　碳化物在高温下的硬度
1—高铬铸铁中的（Cr, Fe)$_7$C$_3$；2—普通白口铸铁中的 Fe_3C

4.3.5.5　高铬铸铁的应用

A　耐腐蚀磨损

以砂、水混合料作磨料，用硫酸配制不同酸度（pH = 1 ~ 7）介质进行腐蚀磨损试验。图 4-26 为砂水混合料中 pH 值对高铬铸铁和钢磨损失重的影响。由图可见，其中以30Cr失重小，即耐腐蚀磨损抗力大。又以含C低、含Mn高的2.1C-30Cr-3Mn的磨损抗力最大，而且仅它随pH值变化对失重的影响小。这是由于30Cr形成的（Cr,Fe）$_{23}$C$_6$型碳化物和基体组织有几乎相同的电位。而含铬低时的高铬铸铁形成（Cr,Fe）$_7$C$_3$型碳化物电位与基体电位相差大，这种电位差的存在就造成许多微小的“原电池”。电位高的相或金属形成阴极，电位低的相或金属形成阳极，两者的电位差就是原电池的电动势。结果阳极不断被腐蚀侵蚀掉，使腐蚀加速，失重增加，磨损抗力减小。

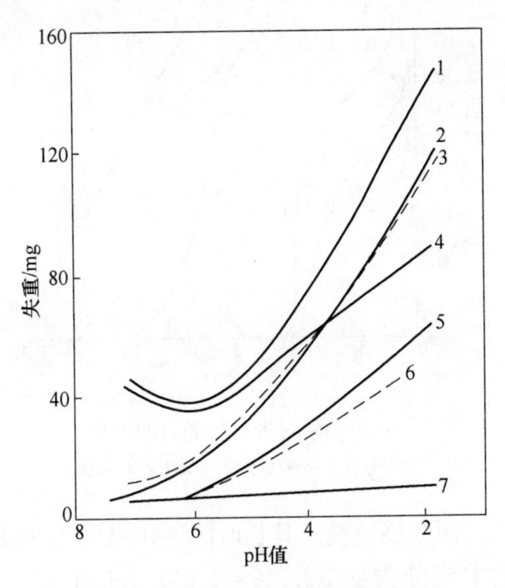

图4-26 砂水混合料中pH值对高铬铸铁和钢磨损失重的影响

1—13Mn钢；2—2.8C-12Cr-5Mn；3—2.1C-12Cr-5Mn；4—20钢；
5—2.8C-28Cr-2Ni；6—2.5C-30Cr-2Mn；7—2.1C-30Cr-3Mn

25%~35%Cr的高铬铸铁对于硝酸、有机酸和碱有非常好的耐蚀性，但不耐盐酸腐蚀。对硫酸只能耐稀的或浓的溶液的腐蚀，在中等浓度情况下则不耐腐蚀；但若加入少量硝酸，则耐蚀性提高。高铬铸铁对海水及矿物水，有良好的耐蚀性，其在含砂的水流中用作杂质泵的过流部件，表现出优越的抗腐蚀磨损性能。

在磷酸盐采矿工业中，泵件的80%为Ni-Hard 4，15%为高铬铸铁，寿命约1~2年。当磷酸或硫酸积累使pH值降至2或更低，此时镍硬铸铁寿命降至6个月，而高铬铸铁仍能坚持使用一年。

B 耐高温磨损

高铬铸铁有良好的高温强度和硬度，也能抗高温氧化，特别是在SO_2气氛中的抗氧化能力，因此适用于各种炉用零件。图4-27为铬对抗氧化能力的影响。

由图可见，随铬含量提高，氧化失重很快降低。小型轧钢机导板用高铬铸铁的化学成分（%）为：2C-30Cr-6Ni-0.5Si-0.5Mn-0.3V-0.15RE，组织为：70%奥氏体+10%铁素体+20%M_7C_3。铸件可以机械加工。

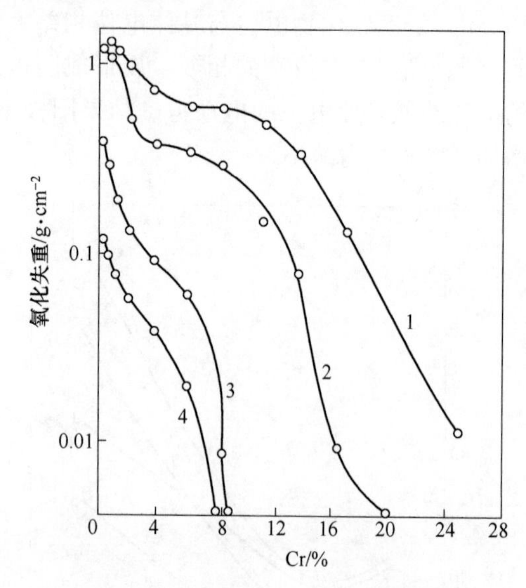

图 4-27　铬对抗氧化能力的影响

1—1000℃；2—900℃；3—800℃；4—700℃

高炉小料钟中已改用高铬铸铁。其长时间工作温度为 350~500℃，短时工作温度为 800℃。其化学成分为：C 2.2%~2.8%，Si<1.5%，Mn 0.5%~1.5%，Cr 22%~28%，Ni 1.5%~3.0%，Mo 0.3%~1%，V 0.1%~0.4%，Ti 0.08%~0.1%，W 0.2%~1%。铸态为奥氏体基体，硬度为 HRC 40~50。由于在 800℃无奥氏体相变，因此耐热冲击性好，在反复加热和冷却时无相变应力，不致开裂。

参考文献

[1] 郑州华菱超硬材料有限公司. 耐磨铸铁介绍及应用.

[2] 何奖爱，王玉玮. 材料磨损与耐磨材料［M］. 沈阳：东北大学出版社，2001.

[3] Archard J F. Contact and rubbing of flat surfaces［J］. Journal of Applied Physics，1953，24（8）：981~988.

[4] 李建芸. 灰铸铁含磷量对耐磨性的影响［J］. 机械管理开发，2005，1：21~22.

[5] Abbasi H R，Bazdar M，Halvaee A. Effect of phosphorus as an alloying element on microstructure and mechanical properties of pearlitic gray cast iron［J］. Materials Science and Engineering A，2007，444：314~317.

[6] 子澍. 灰铸铁中石墨形态分级及其特点 [J]. 铸造设备与工艺，2009 (5)：53~54.

[7] 许光奎，陈璟琚. 钒钛铸铁生产与研究 [M]. 1976.

[8] 李华基，洪观镇，胡慧芳. 钒钛蠕墨铸铁的特点及其应用前景 [J]. 金属铸锻焊技术，2010，39 (19)：35~39.

[9] Chen Hexing，Chang Zhechuan，Lu Jincai，et al. Effect of niobium on wear resistance of 15%Cr white cast iron [J]. Wear，1993，166 (2)：197~201.

[10] Mirjana Filipovic，Zeljko Kamberovic，Marija Korac，et al. Microstructure and mechanical properties of Fe-Cr-C-Nb white cast irons [J]. Materials and Design，2013，47：41~48.

[11] Kassim S，Al-Rubaie，Michael Pohl. Heat treatment and two-body abrasion of Ni-Hard 4 [J]. Wear，2014，312：21~28.

[12] Mustafa Çöl，Funda Gül Koç，Hasan Öktem，et al. The role of boron content in high alloy white cast iron (Ni-Hard 4) on microstructure，mechanical properties and wear resistance [J]. Wear，2016，348~349：158~165.

[13] 刘芬，宋春梅，周海涛，等. 热处理工艺对高铬铸铁组织与性能的影响 [J]. 佳木斯大学学报 (自然科学版)，2013，31 (3)：411~414.

5 耐磨铸钢

5.1 概述

耐磨铸钢是具有较高耐磨损性能的钢铁材料的总称，是当今社会生产生活耐磨材料中用量最大的一类。这类钢有较广泛的应用领域，如采矿、冶金、电力、建筑、交通和国防等工业。铸造耐磨钢多应用于有一定冲击载荷的磨料磨损工况条件下，其又可分为冲击磨料磨损工况（如破碎机磨损件、球磨机衬板、挖掘机斗齿等）和高应力碾碎磨损工况（如中速磨和立磨磨辊、坦克和拖拉机履带等）[1~4]。近几十年来，随着科技进步及冶炼工艺、铸造方法、热处理技术及机械加工工艺等生产条件的逐步改进，耐磨材料的综合力学性能、耐磨性能及服役寿命也不断得到提高，因而应用的领域也日渐扩大。

制造耐磨工件所用的钢种类很多。除了传统的奥氏体高锰钢及改性的高锰钢以外，按碳含量的不同可以分为高碳、中碳及中高碳合金耐磨钢；按合金元素含量的不同可以分为高合金、中合金及低合金耐磨钢；按组织结构的不同可以分为奥氏体、贝氏体和马氏体耐磨钢，最近几年又逐渐发展了双相耐磨钢。

高锰钢因具有一定的强度、高的韧性和优异的加工硬化性能，成为应用最广泛的耐磨铸钢材料。高锰钢最早由 Robert Hadfield（英国）于 1882 年发明，并在 1883 年申请英国发明专利，成为现今应用历史最悠久的一种耐磨材料。高锰钢通常包括 Mn13、Mn17 和含锰量较高的 Mn25 系列，其中 Mn13 系列应用最广泛，使用历史最为悠久[5]。

高锰钢使用状态组织为奥氏体，它具有良好的韧性和加工硬化能力，即在强烈的冲击载荷或挤压载荷作用下，受力表面被加工硬化，硬度可以由原始的约 HBS 200 提高到 HBW 500 以上，而心部仍然保持良好的韧性。因此，高锰钢工件经加工硬化后可形成硬而耐磨的表面壳层和高韧性抗断裂的心部，广泛应用于制作抗冲击载荷的耐磨件，尤其是矿山机械用的大型耐磨件。

进入 20 世纪 60 年代，我国材料科技工作者在普通高锰钢 ZGMn13 的基础上，添加了改善性能的其他合金元素。例如，添加铬元素，可以降低奥氏体的稳定性，从而提高高锰钢的屈服强度，获得了含铬的高锰钢；添加稀土元素及 Ti 可以细化晶粒，改善钢的冶金质量，同时形成具有高硬度的 TiC 相，进一步提高钢的耐磨性；Mo 可以和碳结合形成碳化物，从而提高较高温度下的抗磨损性能。

到 20 世纪 70 年代，我国开始了研制中锰钢的进程，主要解决中低应力下高锰钢工件的耐磨性问题。通过降低锰含量，来降低锰钢奥氏体的稳定性，提高了在中低应力条件下的加工硬化能力，提高了耐磨性。在中低应力条件下，中锰钢的加工硬化能力明显提高，但是其韧性远低于高锰钢，在高应力条件下不宜使用。中锰钢主要包括 Mn7 系列。进入 80 年代，开始在中锰钢中添加 Cr、Ti、Nb、RE 等合金元素，以进一步优化钢材的性能，拓宽其应用领域。

高锰钢具有良好的韧性，但在冲击力不大的工况条件下，由于冲击力不足而不能产生加工硬化，使其耐磨性不能得到充分发挥。在实际应用中，除高锰钢外，一些通用的合金钢如碳素钢、不锈钢、轴承钢、合金工具钢及合金结构钢等也都在特定的条件下作为耐磨钢使用，由于这些钢生产成本低、性能相对，作为耐磨钢使用也占有相当的比例。

低合金耐磨钢具有优良的强韧性、耐磨性和耐蚀性，且成本较低，适于制造各类耐磨件，被广泛应用于工作条件恶劣、要求强度高、耐磨性好的工程、采矿、建筑、农业、水泥生产、港口、电力以及冶金等机械产品上，如推土机、装载机、挖掘机、自卸车及各种矿山机械、抓斗、堆取料机、输料弯曲结构等。

本章将详细介绍耐磨高锰钢，及从合金元素含量角度分别介绍了高合金、中合金及低合金耐磨钢。

5.2 耐磨高锰钢

5.2.1 高锰钢的化学成分

5.2.1.1 高锰钢的化学成分标准

在研制高锰钢的初期，其成分范围较宽，随着研究的不断深入，其成分逐步明确且趋于稳定，大致如下：C 0.9%~1.5%，Si 0.3%~1.0%，Mn 10%~15%，S≤0.035%，P≤0.035%。

A 国内高锰钢标准

见表 5-1，根据用途不同，我国高锰钢标准（GB/T 5680—1998）规定了高锰钢牌号及对应的化学成分。

表 5-1 国内高锰钢牌号及成分范围 （%）

<table>
<tr><th>牌 号</th><th>C</th><th>Mn</th><th>Si</th><th>Cr</th><th>Mo</th><th>S</th><th>P</th></tr>
<tr><td>ZGMn13-1</td><td>1.00~1.45</td><td rowspan="5">11.00~14.00</td><td rowspan="2">0.30~1.00</td><td>—</td><td>—</td><td>≤0.040</td><td>≤0.090</td></tr>
<tr><td>ZGMn13-2</td><td>0.90~1.35</td><td>—</td><td>—</td><td>≤0.040</td><td>≤0.070</td></tr>
<tr><td>ZGMn13-3</td><td>0.95~1.35</td><td rowspan="2">0.30~0.80</td><td>—</td><td>—</td><td>≤0.035</td><td>≤0.070</td></tr>
<tr><td>ZGMn13-4</td><td>0.90~1.30</td><td>1.50~2.50</td><td>—</td><td>≤0.040</td><td>≤0.070</td></tr>
<tr><td>ZGMn13-5</td><td>0.75~1.30</td><td>0.30~1.00</td><td>—</td><td>0.90~1.20</td><td>≤0.040</td><td>≤0.070</td></tr>
</table>

B 美国高锰钢标准

表5-2为美国材料与实验协会（ASTM A128-78a）规定的高锰钢的牌号及化学成分。

表5-2 美国高锰钢牌号及其化学成分范围 （%）

牌号	C	Mn	Si	P	其他合金元素
Ab	1.05~1.35	最小11.0	≤1.0	≤0.07	—
B-1	0.90~1.05	11.5~14.0			—
B-2	1.05~1.20				—
B-3	1.12~1.28				—
B-4	1.20~1.35				—
C	1.05~1.35				Cr 1.5~2.5
D	0.7~1.3				Ni 3.0~4.0
E-1	0.7~1.3				Mo 0.9~1.2
E-2	1.05~1.45				Mo 1.8~2.1
F	1.05~1.35	6.0~8.0			Mo 0.9~1.2

C 日本高锰钢标准

表5-3为日本工业标准（JIS G5131—1991）规定的高锰钢的牌号及化学成分。

表5-3 日本高锰钢牌号及化学成分范围 （%）

牌号	C	Mn	Si	P	S	Cr	V
SCMnH1	0.90~1.30	11.00~14.00	—	≤0.100	≤0.050	—	—
SCMnH2	0.90~1.20		≤0.80	≤0.070	≤0.040	—	—
SCMnH3	0.95~1.20		0.30~0.80	≤0.050	≤0.035	—	—
SCMnH11	0.90~1.30		≤0.80	≤0.070	≤0.040	1.50~2.50	—
SCMnH21	1.00~1.35		≤0.80	≤0.070	≤0.040	2.0~3.0	0.40~0.70

可见上述三个国家中，中国的材料C含量范围相对较宽，而主要的合金元素Mn含量基本相当，只是美国的材料牌号划分更细，可以适用于更宽的领域。

5.2.1.2 合金元素对高锰钢组织和性能的影响

A 碳

高锰钢碳含量一般在0.9%~1.5%。碳在高锰钢中主要作用有三个：首先碳是强扩大奥氏体的元素，高碳含量是为了固溶处理后获得单一的奥氏体组织；其次碳可以固溶到铁基体中形成间隙固溶体，引起晶格畸变，增加固溶强化效果；最后碳可以提高钢的耐磨性，通常随碳含量的增加，钢的耐磨性会增大。

碳对高锰钢的力学性能有非常明显的影响，在铸态下，随钢中碳含量增加，其强度在一定的范围内是增加的，硬度则随含碳量的增加而不断提高，但是韧性和塑形会出现明显的降低。碳含量达到 1.3%左右时，铸态高锰钢的韧性和塑形即降低到零，这是由于随含碳量的增加，铸态组织中碳化物数量增多，甚至在晶界上形成连续网状碳化物，大大减弱了晶间强度和钢的塑形与韧性。表 5-4 为碳对铸态及固溶处理后高锰钢的力学性能影响。经过固溶处理后，钢的性能得到了很大改善，在 1050℃下水淬得到奥氏体组织，使得钢的强度、塑形和韧性都得到了提高，特别是韧性。

表 5-4 碳对铸态和固溶处理后高锰钢的力学性能的影响

碳含量/%	铸态高锰钢力学性能					固溶处理后高锰钢的力学性能（1050℃水淬）									
	σ_b /MPa	δ /%	ψ /%	HRC	a_K /J·cm^{-2}	σ_b /MPa	δ /%	ψ /%	HRC	不同温度时的 a_K/J·cm^{-2}					$\frac{a_{K-40℃}}{a_{K+20℃}}\times100\%$
										-60	-40	-20	0	20	
0.63	420	32.0	36.2	15	284	589	42.2	48.0	—	189	227	292	300	300	—
0.74	458	30.7	33.0	15	268	593	41.7	46.5	15	150	203	265	280	289	70.3
0.81	484	22.4	26.5	15	143	607	38.5	32.0	15	96	162	207	235	242	66.8
1.06	526	10.0	2.7	15	23	693	27.2	30.1	15	79	142	180	212	229	62.0
1.18	553	2.2	0	19	6	760	23.4	24.0	16	47	86	112	172	195	44.1
1.32	598	0	0	21	0	823	18.5	16.3	18	19	43	68	102	115	37.4
1.48	612	0	0	24	0	855	12.3	7.4	20	6	27	36	68	83	32.5

固溶处理是将碳化物溶解于奥氏体并均匀化。碳含量高时必须提高固溶温度或延长处理时间，但这会导致晶粒长大，因为锰是过热敏感元素，高温下比其他合金钢晶粒更容易长大，长大后的粗晶必然导致韧性恶化。

B 锰

锰在钢中有扩大 γ 相区的作用，是稳定奥氏体的主要元素。锰和碳都能使奥氏体稳定性提高，从而提高钢的韧性。钢中碳含量一定时，随锰含量增加，钢的组织逐渐由珠光体型转变为马氏体型，最后进一步转变为奥氏体型，锰在钢中大部分可以溶于奥氏体中，形成置换固溶体，起到固溶强化作用。但是锰原子和铁原子的半径差较小，因此强化效果并不明显。还有少量锰可形成 $(Fe,Mn)_3C$ 型碳化物。

钢中锰含量在 14%以内时，强度、塑性及韧性随锰含量增加而提高，特别是低温冲击韧性提高的更快。但是锰不利于加工硬化，锰含量增大对耐磨性不利，当锰含量大于12%时，导致树枝晶形成，出现粗晶和裂纹倾向明显。通常高锰钢的锰含量为10%~14%，有时也可高达15%。锰含量对高锰钢力学性能的影响见表5-5。

表5-5　锰含量对高锰钢力学性能的影响

化学成分/%			力学性能			
C	Mn	Si	$\sigma_{0.2}$/MPa	σ_b/MPa	δ/%	ψ/%
1.30	8.7	0.46	362.85	436.40	6.0	17.0
1.16	12.40	0.44	402.07	465.82	6.0	13.5
1.24	13.90	0.63	405.98	470.72	6.6	15.5
1.20	14.30	0.52	426.59	490.33	5.0	16.0

锰含量对高锰钢冲击韧性的影响见表5-6。可见，随锰含量增加，冲击韧性明显提高，这是因为锰可以提高晶间结合力。另外，在低温条件下，随锰含量增加，冲击韧性提高得更快。锰含量较低时，有利于提高钢的加工硬化能力。当锰含量降到6%~8%时，钢的加工硬化能力明显提高。

表5-6　锰含量对高锰钢冲击韧性的影响

锰含量/%		7.2	8.6	9.5	11.0	12.2	13.8
m(Mn)/m(C)		7.5	9.1	10.0	11.5	12.8	14.5
a_K/J·cm^{-2}	20℃	62.76	95.12	130.43	185.35	225.55	272.62
	-40℃	19.61	37.27	64.72	116.70	142.20	176.52

铸件凝固过程中，高锰钢中的锰作为过热敏感元素能够促使奥氏体树枝晶的生长，使得液态高锰钢趋于糊状凝固。冷却收缩过程中，由于高锰钢钢液导热性差，尤其是薄壁铸件会形成非常高的温度梯度，极易产生热裂。因此，锰含量也不宜过高。

钢中锰含量的选择和碳含量选择原则相似，主要取决于工况条件、铸件结构的复杂程度、壁厚等几个关键因素。厚壁铸件为保证热处理不致析出碳化物，一般要求锰含量高些。结构复杂、受力状况复杂的铸件也希望锰含量高些，来保证材料的塑性和韧性，以不至于工件在使用过程中发生断裂。同时也是为了防止在铸造过程中出现裂纹。在强冲击的工况条件下工作的高锰钢铸件也要求锰含量高些，这样保证在强冲击下稳定的奥氏体形成加工硬化。在以上几种情况下，一般要求锰含量不低于12%~12.5%，相反，如果在非强冲击条件下薄壁铸件及简单铸件可以适当降低锰含量。

C　硅

在铸件凝固过程中，硅有排挤磷、碳固溶和促进成分偏析的作用。高锰钢中硅含量为0.3%~0.8%，硅通常不作为合金元素加入，而是在常规范围内起辅助脱氧作用，其含量在不高于1%时，对材料的力学性能没有明显影响。含量在0.19%~0.76%范围内，随硅含量增加，铸态晶界碳化物量增多变粗，碳化物溶解后，晶界残存显微疏松，容易形成显微裂纹源。

硅在高锰钢中可以固溶于奥氏体，起固溶强化作用。同时硅又改变碳在奥氏体中的溶解度。因此硅对钢的力学性能和耐磨性的影响比较复杂。

硅在高锰钢结晶时有促使形成粗大枝晶的作用，并使钢的晶粒粗化。硅含量高，铸态碳化物必然多，给热处理带来困难，使热处理时间延长或是被迫提高热处理温度，致使晶粒变得粗大。由于温度的提高，金属表面严重脱碳，甚至在表层内沿晶界氧化。硅促使铸态组织中碳化物数量增加，使钢在高温时性能变差，低温时变脆。因此，容易在应力作用下产生裂纹。

D 磷

磷在高锰钢中是有害元素。磷在奥氏体中溶解度低，易形成脆性的磷共晶——呈低熔点共晶形态分布在晶界和枝晶间，大幅度降低高锰钢的力学性能和耐磨性能。由于磷共晶成分熔点很低，在结晶凝固、冷却收缩过程中又分布在枝晶之间和初晶晶界上，极易产生热脆，即仅在热处理温度条件下磷共晶就能熔化，从而在晶界和枝晶间产生裂纹。另外，磷还能溶于奥氏体晶格中增加奥氏体的脆性。

磷的偏析和钢中的碳含量有关。钢中碳含量和磷含量相互间存在一定的关系。根据长期积累的经验，矿山破碎机械设备中高锰钢铸件中适宜的磷含量和碳含量之间有以下关系：

$$C\% = 1.25 - 2.5P\%$$

式中，C%和P%分别为钢中碳含量和磷含量。

如果超出关系式所限制的范围，铸件就容易出现裂纹。国内外都是根据铸件的用途、重要性、工件结构特点等来确定其磷含量范围的。

E 硫

高锰钢中的硫大部分与锰结合生成高熔点硫化锰，且该硫化锰大部分进入熔渣之中，钢中残留硫量很低。残留硫量多数以球形的硫化锰夹杂形态存在，对钢的性能影响不大。因此，国内外各种标准中规定硫含量低于0.05%，而在实际生产中能够达到更低数值。

F 铬

铬为体心立方晶体结构，原子半径为1.28×10^{-10}m。由于铁的原子半径跟铬非常接近（为1.27×10^{-10}m），所以铬和铁可以形成连续固溶体。铬固溶于奥氏体后，能提高钢的屈服强度，但使伸长率有所降低。铬含量小时对抗拉强度影响不大，但当含量高时，使抗拉强度有所降低。

加铬的高锰钢如果用于非强冲击磨料磨损工作条件下，材料的耐磨性无明显变化。用于强冲击磨料磨损工作条件下，材料的耐磨性有明显提高。在高锰钢中加入1%~2%的铬用来做挖掘机的铲齿或圆锥式破碎机的轧臼壁、破碎壁，可以明显提高其耐磨性，延长使用寿命。

铬的含量一般为1.5%~2.5%。与普通高锰钢相比较，加铬高锰钢的屈服强度及初始硬度较高，但塑韧性降低。

G　钼

钼在奥氏体锰钢冷凝时，部分固溶于奥氏体中，部分分布在碳化物中。钼能改善奥氏体沿树枝晶发展的倾向，并能提高奥氏体的稳定性。钼能抑制碳化物的析出和珠光体的形成。因此，钼的加入，对提高大截面铸件的抗裂纹能力和水淬质量均有良好的效果，对焊接、切割或温度高于275℃时防止脆化也有良好的效果。钼在显著提高钢屈服强度的同时，韧性不降低，甚至还有所提高。钼在钢中的含量一般小于2%。

钼对高锰钢力学性能的影响在铸态时由于减少晶界碳化物从而表现为降低脆性。经热处理后，钢中含钼低于2%时屈服强度提高，而抗拉强度和塑性并不降低。加钼后可以使用水韧处理使钼固溶于奥氏体中起合金化作用。也可使用沉淀强化处理，使奥氏体中析出弥散分布的碳化物，使钢强化以提高耐磨性。

由于铬可促使铸态组织中析出大量碳化物，而钼的作用与此相反，因此常在含铬的高锰钢中同时加入钼，以减少大断面件组织中碳化物的数量，从而减少铸态组织的脆性。钼还可以细化水韧处理后钢的显微组织，在其他化学成分相同、热处理方法和工艺相同的情况下，含钼的高锰钢在热处理后的晶粒比较细。

总之，钼对高锰钢是一种有益的元素，实践证明，含钼的高锰钢在较恶劣的磨料磨损工况条件下具有良好的耐磨性。

H　镍

镍固溶于高锰钢奥氏体中，对奥氏体的稳定性有着重要作用。在300~500℃间能抑制针状碳化物析出，提高了高锰钢的脆化温度，使高锰钢对切割、电焊及工作温度的敏感性降低。

镍含量增加对屈服强度影响较小，使抗拉强度略下降、塑性上升、加工硬化速度变慢。常温时随着镍含量增加，高锰钢的冲击韧性反而有所降低。镍的这种作用与硅类似，它能减少碳在奥氏体中的溶解度，相对促使碳化物析出。从而使高锰钢的冲击韧性降低。

镍可以改善钢的加工性能，如锻造性能、焊接性能，减少铸件裂纹。它稳定奥氏体的作用，可以使钢在热处理过程中防止冷速缓慢或水韧处理时温度过低等原因而引起碳化物析出。因此在高锰钢中加镍可以简化生产工艺。

镍不影响钢的加工硬化性能和耐磨性，因此不能用加镍的方法提高耐磨性能。但是镍如果和钛、铬、硼等同时加入钢中，可以提高钢的基体硬度，在非强冲击磨料磨损工作条件下，可以提高耐磨性。

镍对铸件结晶组织也有影响。在钢中加入 0.9%~3.25%的镍可消除低倍组织中的穿晶，可以细化晶粒。

总之，镍对提高力学性能、改善工艺性能有明显效果。

I 钒

钒在高锰钢中部分固溶于基体，其余以碳化物形式存在。钒能有效细化晶粒，增加碳化物硬质点，使高锰钢屈服强度显著提高，但塑性下降。钒的加入也使硬度提高，冲击韧性下降。但是，由于钒具有明显细化晶粒的作用，加入适当的钒还可以改善钢的塑性和韧性，这种作用特别是在钒、钛同时加入时效果最为明显。

钒能显著地提高高锰钢的屈服强度，钒钢经变形后可以得到更高的硬度，提高钒钢的耐磨性。钒的加入对钢的冲击韧性不利。含钒钢在低冲击磨料磨损条件下耐磨性有所提高，在高冲击磨料磨损条件下性能良好，尤其在钒和钛共同加入的条件下，耐磨性有较大幅度的提高。在圆锥式破碎机上和挖掘机铲齿上使用这种含钒高锰钢时得到很好的效果。在锤式破碎机上使用时，在加钛已提高耐磨性的基础上，加钒可以再提高耐磨性 20%~30%。

钒属于体心立方结构。原子半径为 1.41×10^{-10}m。加钒后可以用水韧处理，使钒固溶于奥氏体中，以提高钢的耐磨性。加钒后也可以使用沉淀强化的处理方法，这是提高耐磨性的有效途径。

高锰钢中钒含量一般均在 0.5%以下。加钒后铸态组织中的碳化物较分散，且数量多而尺寸较小。晶界上的碳化物数量减少而晶内的碳化物数量增多。由于钒的作用使奥氏体的分解过程延迟。

J 钛

钛能细化铸态组织，防止热处理脆裂。碳在奥氏体锰钢中主要形成碳化钛和氮化钛质点，能提高加工硬化能力，并抵消磷元素的危害。钛含量一般为 0.05%~0.10%，钛含量超过 0.4%时，使高锰钢脆化，耐磨性降低。

钢中加入一定量的钛时，强度、塑性和韧性均有所提高。但当钛含量超过 0.4%时，对钢的力学性能有明显不利作用，塑性和韧性都有明显下降。

钛含量对耐磨性的影响与钢的使用条件有关。钛含量在 0.06%~0.12%时，耐磨性能可以提高，用于矿山挖掘机的铲齿具有明显效果。

钛细化组织的作用和铸件壁厚有关。铸件壁薄凝固速度快时，细化作用最明显。壁厚增加，凝固速度减慢，细化作用减弱。钛的细化作用在钛含量低（0.1%左右）时最明显，钛含量高时作用减弱。

在高锰钢中加钛可以起到细化结晶组织、消除柱状晶、提高力学性能和耐磨性的作用。

K　铌

铌使高锰钢强度明显提高，屈服强度提高将近1倍。在受到冲击载荷时，钢的强化速度提高很快，因而很耐磨。加铌后，高锰钢即使在铸态下也有很好的耐磨性能。这与在高锰钢中形成大量弥散分布的碳化物有关。

铌能阻碍碳扩散和碳化物聚集，在热处理后，含铌高锰钢在加热时强度下降速度较缓慢。强度明显下降的温度可提高200℃。用含铌高锰钢制作挖掘机的铲齿，耐磨性较一般高锰钢的高70%~80%。这种钢用于低冲击磨料磨损工作条件下的工件如履带板，由于钢中有大量含铌的碳化物，耐磨性较一般高锰钢要好。

钢中加铌后可细化晶粒，减少铸态组织中网状碳化物数量。

L　铝

铝的脱氧能力很强，高锰钢中加铝是作为脱氧剂加入的。脱氧产物为 Al_2O_3，其熔点为2050℃。氧化铝在结晶过程中难以形成晶核而起到细化组织的作用。一般地，在高锰钢中加0.15%Al，在脱氧良好的钢中有利于提高钢的抗裂能力和冲击韧性。

加入过多的铝对铸造工艺、力学性能有不利影响。在锰含量高的钢中，铝脱氧能力有所下降。铝含量大于0.3%时，使钢的晶粒粗大和高温流动性降低。铝含量大于1%时，钢的冲击韧性、塑性有明显下降。

钢中磷含量较高时，提高铝含量能减少磷的有害作用，因为铝和磷可以形成熔点为1800℃的化合物，该化合物主要位于奥氏体晶体内，这就减少了奥氏体晶界上磷共晶的数量。尽管这种磷化铝在热处理过程中高温保温阶段可以分解，形成复杂成分的磷化物共晶，但是这种共晶位于奥氏体晶内而非析出在晶界，不会影响晶间强度。无论是高温或低温，加铝会提高钢的冲击韧性。但是，如果钢中磷含量属正常值范围，增加铝含量反而使冲击韧性降低。这是因为铝的有利作用是通过形成磷化铝从而减少磷共晶来实现的。因此，在钢中加铝必须根据钢中的磷含量，表5-7是加铝量的推荐值。

表5-7　钢中磷含量与加铝量的关系

钢中磷含量/%	<0.07	0.07~0.10	0.10~0.12	0.12~0.15
铝加入量/kg · t^{-1}	0.5~0.8	1.2~1.6	1.8~2.8	3.0~3.5

常温时钢的冲击韧性随着铝加入量的增加而降低。

M　硼

硼是表面活性元素，主要存在于晶体缺陷位置，并富集于奥氏体晶界处。硼使钢的密度提高（可以达到7.81~7.85g/cm^3）。硼含量高时，钢的抗拉强度和塑性均下降，但屈服强度变化不大。

当硼含量达到0.05%时，出现含硼化铁的脆性共晶组织，使高锰钢受力时沿晶界破坏。硼对高锰钢冲击韧性的影响与钢的冶炼方法也有关系。在脱氧良好的电炉钢中加入硼总是使冲击韧性降低。在脱氧程度较差的平炉钢中加硼(0.0025%）和未加硼的相比较，可以使冲击韧性有所提高。但加硼量多时冲击韧性也降低。这种不同冶炼方法生产的钢的差别显然是和硼与氧的强化合能力有关。硼在脱氧程度低的钢中起了辅助脱氧的作用。

硼对钢的耐磨性无明显影响，在低冲击磨料磨损条件下硼含量较高时，可以提高耐磨性。钢中硼含量小于0.005%时有细化组织作用。硼含量过高时反而使晶粒粗化。通常铸钢的晶粒度是不均匀的。硼更促使不均匀性增加。因为微量硼在钢中的分布不可能非常均匀。钢中硼含量高时，局部区域硼的含量可以很高，能够形成含硼的共晶，其中有硼化铁（Fe_2B）、碳化物和 γ 相。这种共晶组织很脆，严重恶化钢的性能。

硼对钢的结晶组织有明显影响。高锰钢在一次结晶时容易形成柱状晶组织，尤其是金属型浇注，浇温高时往往可以发展成为穿晶组织。但在钢中加入0.005%~0.006%的硼就可以消除柱状晶。即使在浇注温度较高时也可以得到细等轴晶组织。

N 稀土元素

稀土（Rare Earth，简称 RE）元素在元素周期表中属于镧系元素，原子序数为57~71。通常还包括化学性质极其相似的钇(Y)、钪(Sc）共17个元素构成稀土元素。其中La(镧)、Ce(铈)、Pr(镨)、Nd(钕）这4个元素归纳为轻稀土。其他13个元素归纳为重稀土。稀土元素的外层电子结构相同，性质极其相近，很难分离。在冶金工业中使用的大多为混合稀土金属或混合稀土的硅铁合金。加入稀土元素后，高锰钢的强度和塑性均能提高，但稀土元素若过量，性能也有所下降。加入稀土元素一般有一个最佳值，在这个最佳稀土元素含量下，高锰钢的表层硬度达到最大值。稀土元素对高锰钢的加工硬化能力的改善，大大提高了其耐磨性。稀土元素在钢中还有净化钢液的作用。

另外，高锰钢中大部分非金属夹杂物是 MnO、FeO、锰的固溶体、铁锰硅酸盐等。这些夹杂物熔点都较低，又分布在晶界上，导致力学性能下降，使热处理出现热脆。加入稀土元素后，由于夹杂物熔点升高，其在钢凝固前自身已是固态，因此大大提高了其在钢的晶粒内分布的数量。夹杂物的弥散均匀分布改善了高锰钢的力学性能和耐磨性。稀土元素使高锰钢中的非金属夹杂物尺寸变小，均布程度加大。另外，稀土元素的加入还使钢的脱硫率提高（达50%以上）。

稀土元素使高锰钢铸态组织中碳化物数量减小，使晶界上碳化物的形状转向不连续的团块状。同时，稀土元素也使晶内碳化物形状由针状转向块状。这是因为稀土元素和碳之间可以形成 RC、RC_2、R_2C_3 等几种类型的碳化物，它们的熔点一般在 2000℃以上，这些碳化物在奥氏体析出碳化物之前早已存在，因而在冷却过程中形成析出碳化物的弥散性的结晶核心，这种外来形核作用增加了晶内碳化物的数量，减少了晶界上析出的碳化物数量。

稀土元素使高锰钢的断裂特征发生改变。未加稀土元素的高锰钢往往具有晶界断裂特征。加入稀土元素后，晶界细而干净，断裂转为晶内断裂，断口很细、无裂纹，高锰钢的断裂转为明显的晶内断裂特征。

稀土元素使高锰钢的形变层韧性得到改善，提高硬化层与其下基体的结合能力，降低硬化层在冲击载荷下断裂的可能性，对提高高锰钢的抗冲击、抗磨料磨损是有益的。稀土元素与其他合金元素的结合作用往往收到好的效果，如稀土元素和钛的综合加入，可以使板锤的寿命提高 30%。

稀土元素还能明显改善钢的铸造性能，适量加入稀土元素可大大改善液态钢水的流动性。这本质上与稀土元素的细化组织、去除有害成分及改善夹杂物分布等作用有关。

5.2.2 高锰钢的铸造

铸造高锰钢由于碳、锰含量高，和普通的铸钢相比具有良好的流动性，因此充型能力比较强，能生产形状复杂和不同壁厚的各种铸件。在铸造过程中，高锰钢存在着热应力、缩松、冷裂、热裂、气孔等问题，要保证铸件质量，达到生产要求，就需全面考虑高锰钢的特性、铸造工艺以及影响高锰钢铸造质量的因素。在确定铸造工艺时，应广泛采用一定的方法和措施，如造型材料的确定、工艺参数选择、浇注系统、冷铁使用、工艺补缩与冒口以及逐渐的修补清理工艺等。

5.2.2.1 造型材料

A 石英砂

采用普通碳钢铸件的造型材料生产高锰钢钢件生产中多采用石英砂，但必须使用由碱性耐火材料制备的涂料，因为高锰钢出钢后经过二次氧化，在钢水表面有较多的 MnO，它在高温下呈碱性，很容易和石英砂或是含有酸性耐火材料的涂料如石英粉等发生化学反应：

$$MnO + SiO_2 = MnO \cdot SiO_2 \tag{5-1}$$

反应产物是低熔点的化合物，这种低熔点化合物凝固时使砂粒牢牢依附于铸件表面形成化学粘砂；低熔点化合物的产生也促使钢水向型砂砂粒缝隙中渗透，造成机械黏砂。只有采取以上措施，才能防止钢水表面氧化物和铸型之间的作用。

B 镁砂

镁砂是碱性耐火材料，作为型砂可以根本解决黏砂和铸件表面质量问题。镁砂的导热性能好，能增加铸件结晶凝固时的冷却速度，改善结晶组织，提高性能，也可以使用中性的高耐火度的材料，如铬铁矿砂、铬镁砂等，这些材料比较昂贵。采用石英砂干型、碱性耐火材料的涂料，可以解决一些铸钢厂生产部分高锰钢铸件使用石英砂作铸型用砂的问题。

C 石灰石砂

另一种使用比较多的就是石灰石砂，近年来石灰石砂铸造高锰钢件取得良好效果。若以水玻璃为黏结剂的石灰石砂作型芯，可以得到光洁的内腔；作型砂可以得到光洁的外表面，清砂也比较容易。不过也有个别厂家使用白云石砂，白云石砂也是一种碱性耐火材料。

在涂料方面，绝大部分厂家使用镁砂粉涂料，个别厂家使用高铝矾土涂料或耐火度更高的铬英石粉涂料，但也有个别厂家仍使用含有石英粉的涂料。

5.2.2.2 铸型的选择

铸型可分为砂型、挂砂金属型和金属型 3 种。具体确定何种铸型，要根据铸钢的特性以及生产条件等因素进行综合考虑。

A 砂型

砂型用于单件小批和结构复杂件。一般采用硅砂或石灰石原砂配制成水玻璃砂或黏土干模砂成型铸造。

B 挂砂金属型

挂砂金属型用于重复生产，壁厚均匀的回转体类大型铸件，采用挂砂 10~15mm 或挂涂料 2~3mm 的成型金属型，其壁厚为相应铸件壁厚的 0.8~1.2 倍。

C 金属型

金属型用于批量大、结构简单的中小铸件。金属型工作壁厚为相应铸件壁厚的 0.6~0.8 倍。

5.2.2.3 工艺参数的确定

（1）浇注位置及分型面选择铸件的使用面和加工面，应尽量处于浇注时的下铸型或下侧立面，铸件的重要部位要全部或大部分处于同一半铸型内，分型面和分模面一致且尽可能为同一平面。

（2）加工余量铸件加工余量可参考表 5-8 规定，结合生产实际加以选择和调整。

表 5-8 高锰钢加工余量（YB 3210—82） （mm）

公称尺寸	≤500	501～1000	>1000
加工余量	3～5	5～7	7～8

（3）尺寸公差的选择外侧装配面宜用负公差，内侧装配面宜用正公差。

（4）加工孔的铸制铸件有特殊要求，需钻孔、攻丝时，可预先铸入相应尺寸大小的碳素钢芯棒，以利加工。

（5）收缩铸造收缩率随铸件大小、壁厚和结构复杂程度而不同，同一铸件的各个方向往往也有差别。高锰钢件很难加工，通常都是直接装配使用，铸件尺寸的偏差、平面度的误差、铸孔尺寸的偏差等都会影响装配，甚至使铸件报废。因此为了得到符合尺寸偏差的铸件，准确控制铸件收缩率是一个很重要的问题，为此必须研究尺寸收缩的规律，确定必要的工艺参数：

1）线收缩：收缩分自由（不受阻）线收缩和受阻线收缩，受阻线收缩率低于自由线收缩率，其阻力来自于铸型和砂芯。以中碳钢（C＝0.2%～0.5%）和低合金钢在生产实践中总结的经验数据，得出壁厚、铸件尺寸和铸造收缩率之间的关系，用于高锰钢时应将查出的铸造收缩率值乘以修正系数。高锰钢铸件在砂型铸造条件下的铸造收缩率为2.6%～2.7%，但它随铸件尺寸和壁厚的不同而改变。壁越厚，金属对铸型的热作用越强，铸型材料受热后使其强度对铸件收缩的抗力会减小，铸件在铸型中有更大的收缩余地，收缩率高，反之则收缩率低；铸件尺寸越大，收缩时受到铸型和铸件自身所构成的阻碍越大，收缩率越低，反之形状简单的小件收缩率高。

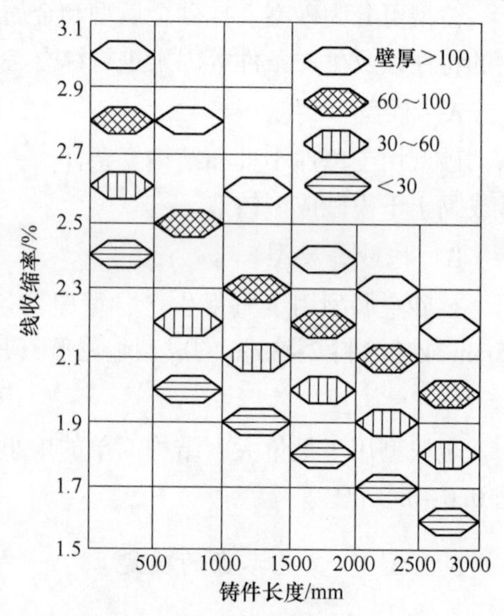

图 5-1 高锰钢铸件线收缩率

图 5-1 为高锰钢干模砂铸型时的受阻线收缩率，水玻璃快干砂由于收缩阻力较小，则线收缩率要比图中规定数据提高 20%。铸件内径线收缩率见表 5-9，铸件内径因砂型制造过程常偏大，故线收缩率小于外模。高锰钢在切削过程中易加工硬化，导致机加工十分困难，所以高锰钢尽可能不经机加工，为保证铸件能直接安装，铸件外形宜采用负公差，内孔尺寸宜采用正公差。一般装配小孔公差见表 5-10，以此做模样，不用另加收缩率。

表 5-9 铸件内径（砂型）线收缩率

铸件壁厚/mm	收缩率/%	铸件壁厚/mm	收缩率/%
30 以下	1.3	60~100	1.8
30~60	1.5	>100	2.2

表 5-10 小铸孔公差 （mm）

孔 径	≤30	30~100
公 差	+2	+3~+5

总体来讲，高锰钢有较大的线收缩率，对于小件可取 2.4%~3.0%，对于大件可取 2.4%~2.5%，中小型的板形铸件可取 2.5%~3.0%，在砂型铸造条件下，一般铸造线收缩率选 2.6%~2.7%。同一个铸件，不同部位、不同方向线收缩不一样，正确选择线收缩率还待生产实践的总结。

2）体收缩：高锰钢体收缩值较大，在制定铸造工艺时必须足够重视，如铸件在液态和凝固收缩时得不到足够的金属液体补缩，则会产生缩孔或疏松。

在过热度为 50~70℃时浇注，体收缩仪中所测得的各种钢的体收缩系数见表 5-11。

表 5-11 各种钢的体收缩系数

牌 号	ZG20 ZG25 ZG30 ZG35 ZGCr8 Ni9Ti	ZG20CrMo ZG30CrMo ZG35CrMo ZG30CrMnSi ZG35CrMnSi	ZG45 ZG55 ZG1Cr13 ZG2Cr13 ZG40Mn2 ZG15CrMoV	ZG70Cr	ZGCr25Ni2	ZGMn13
体收缩系数/%	0.041	0.045	0.049	0.054	0.057	0.067

注：测定时钢水的过热度为 50~70℃，需保持稳定。

钢水浇入铸型以后，在液态下收缩和凝固期收缩得不到补缩时产生缩孔，完全凝固以后的固态下收缩会使缩孔的体积有所减小，但缩孔体积的相对值，即缩孔体积和铸件体积的比值并不改变，比较各种钢的体收缩值时必须保持钢水的过热度恒定。当过热度相同时，缩孔和疏松的体积只决定于材料的体收缩特性。

5.2.2.4 冒口

高锰钢极易产生缩孔，需要设置冒口来增强补缩能力。当冒口从顶部进行补缩时，冒口的直径应为铸件壁厚的 2.5~3.0 倍，冒口高度应为冒口直径的 1.5 倍；以边冒口进行补缩时，边冒口直径为铸件壁厚的 2.5~3.0 倍，冒口高度为冒口直径的 2 倍；边冒口为两个铸件共用时，应适当加大冒口，冒口直径为铸件壁厚的3倍以上。冒口的直径和高度等参数确定之后，与一般钢铸件的工艺设计一样，采用铸件的工艺出品率去校核，若工艺出品率过低或过高，应重新修正铸件的工艺设计。

另外，高锰钢铸件冒口的切割很困难，因而不能像一般钢铸件那样使用大冒口来改善铸件的补缩，为此不得不采取各种工艺措施改善高锰钢铸件的补缩条件，如使用发热剂、绝热冒口、冒口和冷铁配合、浇注时补浇冒口等。

高锰钢铸件常采用细颈冒口和易割冒口，主要是为了减少去除冒口的机械加工工作量。易割冒口仅通过易割片上的孔使冒口和铸件相连并进行补缩，冒口截面上的其余部分和铸件的本体之间则被耐火材料制成的易割片分开。它是由耐火材料烧制而成，有较高的强度，也可以用强度高的芯砂制作。用耐火材料烧制者厚度可小些。易割冒口有多种类型，可以是顶冒口，从顶部补缩；也可以制成侧冒口。由于易割片的厚度很小，很快就会被浇入铸型的钢水加热到钢水的温度，例如直径为100mm的小暗冒口的易割片在2.5min内即可加热到1460℃。由于耐火材料吸收一部分热量，影响了冒口中金属的补缩效果，因此易割冒口较相同条件的普通冒口的尺寸稍大些（可增大10%~15%）。易割冒口处于补缩孔处的金属温度最高，此处易产生疏松，因此使用时要注意。有些壁厚均匀的中、小型高锰钢件可以使用无冒口的铸造工艺，这可以节约冒口金属，更重要的是简化铸造工艺，尤其是减少了切割冒口的工序。

如前文所述，高锰钢熔炼时一般采用加冒口的方法进行补缩，但是也可以使用无冒口铸造工艺，当工艺控制得当时，壁厚均匀铸件的体收缩可以不产生缩孔，而以轴线疏松的形式出现。当壁厚减薄到一定程度时，无论是否达到疏松带，易损都需更换，因此，即使存在轴线疏松也不影响铸件的使用。使用无冒口铸造工艺的条件是，首先铸件断面必须均匀、无热节，如杆形件、板形件等；其次是铸造工艺要控制得当，使铸件同时凝固。浇注系统的设置应使金属分散引入型腔，不使金属引入处成为热节。使用无冒口铸造时应尽量降低浇注温度，浇注温度越低，型腔中钢水的平均温度越低，液态下体收缩可以减少。无冒口铸造时型腔排气困难，铸造工艺方面应加强排气措施。

5.2.2.5　冷铁

冷铁可局部提高铸型的冷却能力，控制铸件的凝固速度。冷铁按使用方法可分为内冷铁和外冷铁，外冷铁又分为直接冷铁和间接冷铁。冷铁的主要作用有：防止在冒口难以补缩的部位产生缩孔；加强铸件端部的冷却效果，促使顺序凝固；防止或减轻偏析；防止产生裂纹。

A　内冷铁高锰钢

内冷铁高锰钢的一次结晶组织对冷却速度非常敏感，通常冷铁表面的钢水受到激冷作用会形成一薄层等轴晶，此时金属内温度梯度较大。随着凝固的进行，树枝晶从等轴晶层上向前生长，并且生长速度逐渐变慢，此时在冷铁之外存在一个液、固两相区，在两相区中液相数量逐渐减少，冷铁的温度则逐渐上升，直到接近于钢水的固相线温度。随着时间的延长，金属中温度分布曲线逐渐降低且趋于平缓，冷铁外的结晶前沿处仍有少量的晶体从液体中产生，但由于冷铁已被加热，不再具备吸收热量的能力，此时冷铁外在凝固初始阶段形成的凝固层有些被熔化，甚至冷铁也已被部分或全部熔化，此时内冷铁的冷却作用已全部消失，凝固的进行只依靠铸型型壁的冷却作用，这个阶段是否出现与内冷铁材料的熔点及尺寸有关。

内冷铁材料的熔点高、断面尺寸大，而浇入的钢水温度低，元素扩散速率较慢，在使用的内冷铁周围会形成柱状晶区，使铸件断面上既有从铸型型壁一侧生长的柱状晶，又有从内冷铁一侧形成并向外生长的柱状晶。平行的柱状晶之间以及内外两个方向生长的柱状晶带之间必然有夹杂物、杂质的富集区，形成显微缺陷较多的区域，严重恶化性能，容易出现裂纹。

高锰钢很少使用内冷铁，虽然碳钢内冷铁的使用比较普遍，特别是在大型铸件中。但碳钢内冷铁和铸件金属的化学成分、物理性能相差过大，很难保证冷铁和铸件金属之间熔合良好，铸造时容易出现裂纹。碳钢的熔点远高于高锰钢。冷铁和高锰钢铸件金属之间难以熔合。碳钢的收缩系数远低于高锰钢，冷却收缩时两种金属之间收缩速度和收量的差别会产生内应力，导致铸件凝固后冷却过程中出现裂纹，特别是在水淬时冷却速度快，很容易开裂。故在高锰钢铸件中使用内冷铁就会产生裂纹。

在实际应用中，理想的情况是使用和铸件金属成分相同的高锰钢内冷铁，而且需要专门铸造高锰钢内冷铁。这在生产中有时很困难的，而且铸造冷铁尺寸不合适时也很难加工。在使用高锰钢内冷铁时，由于高锰钢的浇注温度低，钢的导热性差，也不容易完全熔合。

B 外冷铁高锰钢

外冷铁高锰钢铸造一般采用外冷铁，以控制凝固顺序，细化基体组织，防止疏松，还可以改善结晶组织，提高铸件致密度和性能。外冷铁在高锰钢中应用较为普遍，和冒口配合可以得到较为致密的铸件。

直接（不隔砂）外冷铁用于铸件壁厚35~60mm、厚度均匀、质量不大于100kg、结构简单的板状铸件，如衬板、齿板等。一般不用冒口，只在其下型（使用面上）直接放置成型外冷铁，与浇冒口配合，扩大冒口有效补缩距离，提高补缩效率，造成冒口方向的顺序凝固。

间接（隔砂）外冷铁用于铸件壁厚大于100mm的铸件，为避免使用直接外冷铁时在冷铁之间出现裂纹或冷铁熔焊在铸件上的缺陷，改用隔砂10~15mm的隔砂外冷铁。

外冷铁尺寸和铸件相应截面厚度的关系，可参考表5-12数据。冷铁的技术要求是：直接外冷铁工作面应光洁，无铁锈；使用时应刷涂料，并与铸型一起烘干，外冷摆放间距为20~25mm，纵横间隙应互相错开，避免因形成规整的冷却弱面导致冷却冷铁间铸件形成裂纹。

表5-12　外冷铁尺寸与铸件相应截面厚度的关系

冷铁类别	材　料	铸件相应截面厚度	冷铁厚度 T	冷铁长度 L
直接外冷铁	铸钢，锻钢	δ	$(0.6\sim1.0)\delta$	$(2\sim2.5)T$
间接外冷铁	铸钢，铸铁	δ	$(0.8\sim1.1)\delta$	$(2\sim2.5)T$

为使冷铁激冷能力呈梯度分布，一般外冷铁用边做成45°斜面。高锰钢铸件经常使用外冷铁，外冷铁能加大冷却速度，强化传热方面，但使用不当时会形成柱状晶，如浇注温度过高还会形成穿晶。一般情况下，外冷铁一定要覆砂。

5.2.2.6　浇注系统

高锰钢通常采用开放式浇注系统，避免型腔内部局部过热，以防止热节的形成或阻碍铸件收缩，避免引发裂纹。

一般简单薄壁件采用同时凝固原则，宜以较多扁薄截面的内浇口，均匀、分散、平稳地导入钢液，不设置冒口，但需在内浇口的对面或侧面多开设出气孔。

对于厚大铸件采用顺序凝固原则，尽可能用隔片冒口，内浇口切向进入冒口，以提高冒口钢水温度，增加冒口补缩效率，但应避免因温差大而引起过大的内应力，使铸件产生变形和裂纹。另外，当隔片冒口不能满足铸件补缩需要时，则采用切割冒口。冒口位置一般应避开铸件使用面和加工面，并尽量采用边、侧冒口。

在进行浇注系统的设计时，通常要以浇注包的类型为依据。如果用塞杆包，钢液从包的底部由液口进入铸型，钢液洁净，对浇注系统无挡渣要求，浇注系统设计成开放式，使钢液平稳地流入铸型。转包浇注，钢液与浮渣容易同时流入铸型，故需要对浇注系统提出挡渣要求，所以浇注系统设计成封闭式或半封闭式。半封闭式的浇注系统既能起到挡渣作用，又能使钢液平稳地充型，减少铸造缺陷。

在常规铸钢件生产中，小于或等于200kg的铸钢件一般可采用转包浇注，而大于200kg的铸钢件一般采用塞杆包浇注。小于或等于200kg铸钢件转包浇注的浇注系统尺寸可查阅相关技术手册，但大于200kg的铸钢件转包浇注的浇注系统，则需要根据流体力学理论进行初步设计和计算，并经过多次生产实践的验证和修正，才能确定。

5.2.2.7 浇注工艺

高锰钢铸件浇注温度不宜过高，其原则是保证得到良好铸件外形的前提下，尽量降低浇注温度。浇注温度也不宜过低，过低会造成铸件轮廓不清晰、浇注不足以及因排气不良形成气孔等缺陷。浇注温度过高会造成粗晶组织和柱晶组织，碳化物粗大以及出现显微疏松等一系列组织缺陷，降低铸件强韧性，增加铸件裂纹，降低耐磨性，增加铸件在服役中的先期断裂等一系列事故可能。

当浇注温度相同，铸件壁厚相同时，铸型蓄热能力和导热性的差异也会改变钢液温度在型腔内的分布特性。在冷却速度很快时，从型壁到中心钢液温度梯度大，型壁传热方向性强，有利于柱状晶区形成。当冷却速度慢时，钢液在型腔内温度分布的梯度小，型壁传热方向性也弱，有利于等轴晶形成。随着铸型冷却能力的提高，有利于柱状晶形成，尤其是浇注温度较高时，柱状晶发展得更严重，并形成穿晶组织。

浇注温度受出钢温度限制，出钢温度=浇注温度+出钢时包中温降+镇静时包中温降。浇注时间视铸件具体情况而定。对薄壁件、复杂件宜采用快速浇注，以避免浇不足。如铸型上表面有较大平面（如衬板、齿板），也宜采取快速浇注，以免铸型上表面长时间被钢液高温烘烤而产生起皮、夹砂等铸造缺陷。一般中小件浇注时间参考表 5-13。

表 5-13 铸件浇注时间

铸件质量/kg	浇注时间/s
<100	<10
100~300	<20
300~500	<30
500~1000	<60
>1000	全流浇注

钢液倾入浇包后要带渣镇静，这时非金属夹杂物将上浮至渣中被吸收，钢液变得洁净。表 5-14 给出镇静时间。镇静完毕后方可浇注。塞杆包一般钢渣混出，包顶部覆盖一层厚厚的高温熔渣，采取镇静净化工艺绝无困难。但对于感应炉冶炼转包混注，镇静工艺有困难，主要是炉渣少且温度低，很难覆盖全包钢液，即使镇静也不能全面捕获钢液中非金属夹杂。为此，出钢完毕后在包中钢液面上立即覆盖一层（厚约 20~30mm）膨化珍珠岩，珍珠岩熔点低（1300℃），熔化后形成熔渣，吸收钢液中上浮的非金属夹杂，到达镇静时间后立即扒渣，浇注时在包嘴盖上一块硅酸铝耐火纤维挡渣。

表 5-14 包中钢液质量与镇静时间的关系

包中钢液质量/t	1	3	5	10
镇静时间/min	4	6	8	10

钢水一般从炼钢炉倾入陶瓷塞杆底注钢包中，然后再浇入铸型，浇注时为了不使上箱和型芯受到钢水的浮力作用而抬起，应加压铁固定。尽可能贯彻“低温快浇”原则。严格控制出钢浇注温度，要有足够的浇注速度，减少浇注过程中钢水的二次氧化，并要与浇注温度、铸型结构、浇注系统的布置相适应。另外，为改善流动、充型和补缩状况，增加钢液上升速度，减少夹渣，对有大表面积的铸件，如斗底门等，宜采用倾斜浇注。

5.2.2.8　冷却工艺

铸件在浇注凝固后，必须及时松箱，拆除砂箱紧固螺栓和吊走压铁，以减少收缩阻力，这对于减少铸件裂纹大有好处。必要时还需要将冒口附近的型砂去掉，以免过大地阻碍铸件收缩，导致裂纹产生。当然，松箱也不宜过早，过早会导致铸件变形。铸件壁厚和松箱时间的关系如图 5-2 所示。

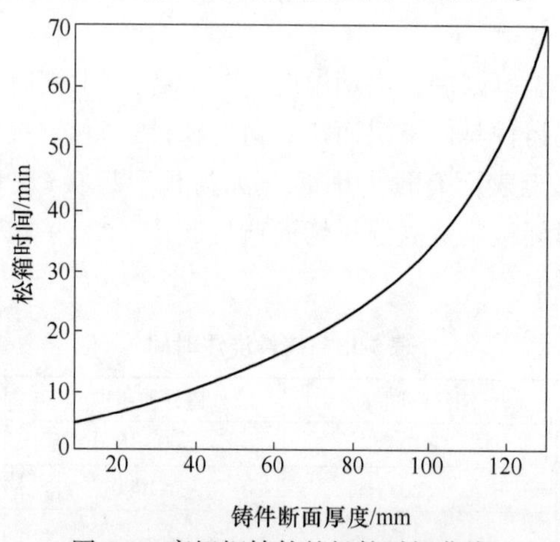

图 5-2　高锰钢铸件的松箱时间曲线

高锰钢导热性能差，收缩大，铸态强度低，铸造应力大，故高锰钢落砂出箱时间应比碳钢件长，特别是形状复杂厚大铸件，出箱温度应低于 200℃。对于形状简单的铸件，出箱时间可适当缩短。一般情况下，简单、薄壁铸件的出箱温度应低于 400℃。一般复杂程度的铸件，其出箱时间可以参考前苏联诺契克工厂的经验公式：

$$\tau = (2.5 + 0.075\delta)K$$

式中，τ 为从浇注到出箱的时间，h；δ 为铸件代表性壁厚，mm；K 为与浇注温度 t 有关的系数。

当 $t \leqslant 1400$℃时，$K=1.00$；$t=1400 \sim 1450$℃时，$K=1.10$；$t=1455 \sim 1460$℃时，$K=1.153$；$t>1465$℃时，$K=1.25$。高锰钢铸件出箱时间与铸件质量和壁厚的关系见表 5-15。

表 5-15 高锰钢铸件出箱时间与质量和壁厚的关系

铸件质量/kg	铸件壁厚/mm			铸件质量/kg	铸件壁厚/mm		
	<30	30~75	75~150		<30	30~75	75~150
	出箱时间/h				出箱时间/h		
<50	4	8	12	1000~1200	16	32	38
50~200	6	12	14	1200~1400	18	36	44
200~400	10	16	18	1400~1600	20	40	48
400~600	12	18	22	1600~1800	22	42	52
600~800	12	22	26	1800~2000	24	42	56
800~1000	14	26	32				

5.2.2.9 铸件的清理

高锰钢铸件在开箱之后，需要进行切割与清理。由于高锰钢在性能和组织上的特殊性，如钢的导热性低、线膨胀系数大、铸态组织中有大量网状碳化物、性能很脆、铸态切割时极易开裂等，使切割产生一系列的问题和困难。采用悬挂砂轮机进行冷态切割，去除浇口、冒口及飞边毛刺较为理想，但有着生产效率低、劳动强度大及工作环境差等特点，所以一般采用氧-乙炔火焰进行热态切割。

高锰钢铸件经过热处理后塑性、韧性大为提高，但采用氧-乙炔火焰进行热态切割时，铸件受热又会使碳化物析出，导致切口附近钢的成分、组织和性能有较大的变化，使钢变脆，也容易开裂。高锰钢铸件在切割之后的表面常常有网状裂纹，深度大约在 5mm 以下，高锰钢的切割工艺是较难的。

铸态下由于组织和性能极其不均匀而很难切割。在铸态下进行切割，切割后放入炉中加热到 1050℃ 保温水淬，也会发现切口处会有裂纹。将铸件预热到 300~800℃进行热状态下的切割，切割、空冷后，观察切口表面没有裂纹，但在热处理之后，切口表面仍出现网状裂纹。这两种情况下的裂纹虽然都是在热处理后才出现，但实际上在铸态下切割时已经形成，经过热处理，切口成分、组织以及性能的特殊性，使其焊接和焊补比较困难。高锰钢的线收缩率较普通碳钢大 1 倍多，而导热性能却远远低于一般的钢种。在焊接和焊补之后，其热影响区范围内的组织发生较大的变化，有大量碳化物析出，使金属变脆，冲击韧度明显下降，即使焊后立即水淬也难以达到材料原有的性能。

高锰钢铸件焊补时，必须尽量使焊补的金属冷凝时也得到奥氏体组织。只有在焊接金属冷凝后成为奥氏体组织并且尽量减小热影响区，减少奥氏体组织的分解量，减少焊接金属热裂的条件下才能够保证高锰钢铸件在焊补后的质量。在高锰钢铸件焊补时，应注意以下几个问题：

（1）高锰钢铸件焊补时不能用一般碳钢件焊条，否则在焊缝处会形成马氏体组织。焊条的成分应保证焊缝、过渡区均为奥氏体组织。生产中常选用锰含量较高的焊条或是低磷的镍锰焊条。

（2）焊条直径应较小，电流尽量小，电流应稳定，以保证焊透，减小热影响区的宽度和深度。焊条直径和电流之间有表5-16中所给出的关系。使用直流焊接时，焊条应接于正极，否则铸件受热严重，难以焊透。

表5-16　焊条直径和电流大小的关系

焊条直径/mm	2	2.6	3.3	4.1	4.9	6.4
电流/A	30~50	55~80	75~100	100~150	150~190	175~225

（3）在焊缝处进行锤击，这可以造成金属内部的压应力。在一定程度上可以抵消拉应力的作用，减少热裂的可能。

（4）焊补铸件表面缺陷之前，应将表面清理干净，打磨掉一层，表面不可有锈蚀、油污等。铸件应先经过水韧处理，在焊补之前不可预热。

5.2.3　高锰钢的热处理

高锰钢热处理的目的就是根据其化学成分和使用要求，选择最佳热处理工艺以求得理想的组织和性能。可以说适当的化学成分和热处理是保证高锰钢的组织和性能的前提，当化学成分改变时热处理工艺也应适当调整。高锰钢的热处理工艺有两种：其一为单一固溶处理，即水韧处理，这种热处理是将高锰钢加热到A_{cm}以上温度保温一段时间，使铸态组织中碳化物溶解，得到化学成分基本均匀的单相奥氏体组织，然后淬入水中快速冷却，得到过冷奥氏体固溶组织；其二为固溶+时效处理，即经固溶处理的高锰钢再在一定温度下进行人工时效，使碳化物在奥氏体基体上弥散析出，碳化物是硬质点抗磨相，弥散析出时只要形状、大小、分布合理，就不会降低高锰钢韧性，反而能提高高锰钢抗磨料磨损的能力。

5.2.3.1　水韧处理工艺

A　水韧处理温度

高锰钢加热温度的确定，应从碳化物的充分溶解、奥氏体适宜的晶粒度、钢中化学成分尽可能均匀等前提出发，从而得到最佳的力学性能，防止过热组织出现。

渗碳体型碳化物的溶解过程是碳化物中的碳向奥氏体扩散的过程，原来渗碳体相的铁原子经分解后自扩散并形成面心立方的奥氏体。$(Fe,Mn)_3C$型碳化物中碳原子和其他原子之间作用力较弱，扩散过程容易进行，溶解速度较快。

对于含有铬、钼、钒、钛等碳化物形成元素的高锰钢，在组织中会有特殊碳化物，其溶解较困难，温度要高些。上述合金元素在钢中存在的形式与这些元素和碳之间的结合能力有关，也与合金元素在奥氏体中的溶解度及在渗碳体型碳化物中的溶解度有关。例如铬含量低于3%时，它可以固溶于奥氏体中，也可以形成铬的碳化物（其中有一定数量的铁）。钛、钒、锆等容易形成特殊碳化物，它们在 $(Fe,Mn)_3C$ 中溶解度很小。这些元素的碳化物在钢的组织中往往成为独立的相，在这种特殊的碳化物中不含铁。碳化物溶解时，有碳原子的扩散，有合金元素原子的扩散以及铁原子的自扩散，这几个过程都是比较慢的。碳原子和钒、钛原子的结合力较强，使碳的扩散过程难以进行，由于上述原因，加入上述合金元素的高锰钢的加热温度应较一般的高锰钢提高30~50℃。

图5-3示出了不同碳含量对水韧处理温度的影响（钢的成分：11.8%Mn，0.68%Si，0.012%S，0.086%P，保温时间1h）。冲击韧度随着碳含量的增加在各种温度下都下降，其中降低最多的是1250℃线，在这么高的温度下，碳含量增加时出现了过热组织，奥氏体晶界上出现碳化物。800℃、950℃时的冲击韧度明显低于1050℃、1150℃和1250℃，其中1150℃效果最好。

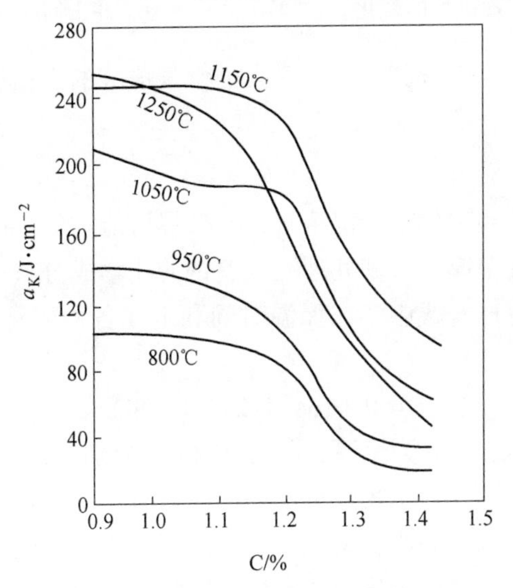

图5-3 不同碳含量高锰钢在不同固溶处理温度时的冲击韧度

图5-4是以20℃和-40℃的冲击韧度作为钢冷脆性指标测得的曲线。综合图5-3和图5-4可知，1050℃和1150℃的水韧处理温度对较宽范围的碳含量（0.9%~1.4%）都是适宜的。高锰钢晶粒在高温下容易长大，温度在1120℃以上有明显长大趋势，当温度高于1150℃时组织明显粗大。图5-5所示为不同水韧温度对高锰钢冲击韧度和硬度的影响。

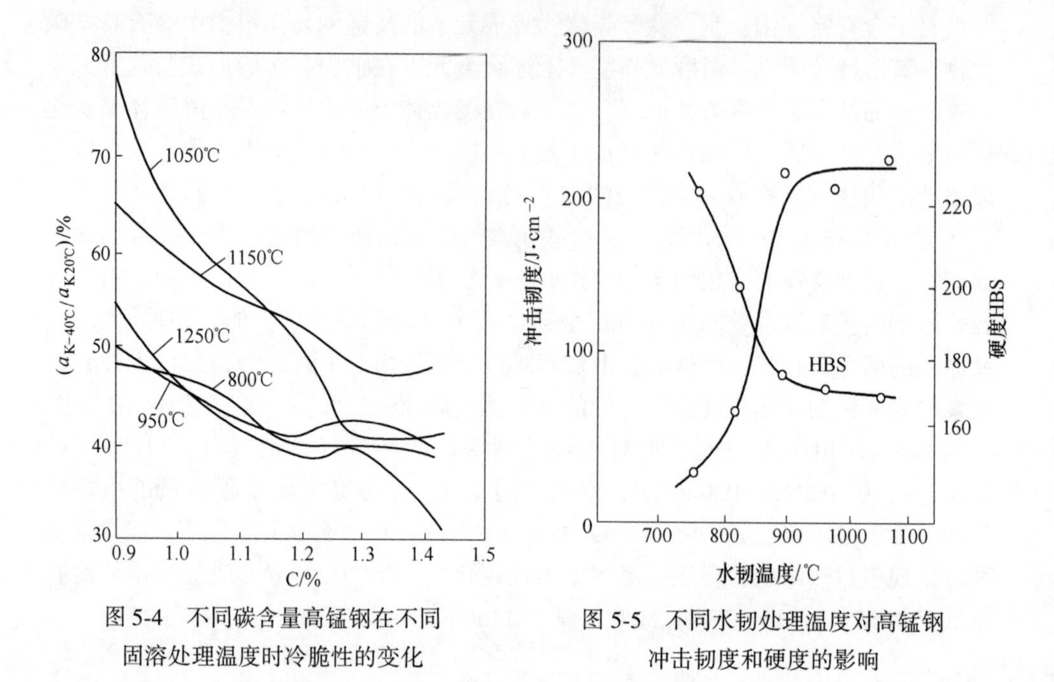

图 5-4　不同碳含量高锰钢在不同固溶处理温度时冷脆性的变化

图 5-5　不同水韧处理温度对高锰钢冲击韧度和硬度的影响

长期实践表明，对不含其他合金元素的常规成分的高锰钢，其水韧处理温度以 1050~1100℃最为合适。

B　水韧处理保温时间

在保温阶段内希望碳化物全部溶解，成分尽可能均匀。确定保温时间要考虑的主要因素有：铸件壁厚、水韧处理温度、钢的化学成分、铸件结构特点、铸件结晶凝固特点等。生产实践中，在保温时间和上述各种因素之间建立定量关系，其经验公式为

$$\tau = 0.016\delta[1.27(C + Si)] \tag{5-2}$$

式中，τ 为保温时间，h；δ 为壁厚，mm；C 和 Si 分别为钢中碳和硅含量,%。

钢中碳和硅含量高，碳化物数量增加的原因有：钢中铝、钒、钛合金使碳化物难以溶解；枝晶间偏析的块状碳化物难以溶解；浇注温度高，析出粗大块状或晶间网状碳化物。以上这些碳化物的数量、形状、溶解难易程度等不利于自身溶解时，保温时间也要适当延长。

在较低温度下，含有合金元素的渗碳体型碳化物和合金元素的特殊碳化物经长时间保温，也难以完全溶解或根本不溶解。这时，为使铸态组织中碳化物完全溶解，提高温度比延长保温时间要好。

C　水韧处理的加热速度

加热时在温度低于400℃的范围内，铸态组织中没有明显变化。450℃左右开

始有针状碳化物析出。500℃时碳化物数量明显增加。大约在550℃时碳化物析出数量最多。到600℃时针状碳化物的长度逐渐变短但片尾变得宽厚。700℃以上铸态组织中的碳化物逐渐溶入奥氏体中。开始时是晶内针状碳化物先溶解。800℃时晶内碳化物大部分消失了，只是在晶界上和晶界附近尚有未溶的碳化物。850℃以上晶界上的碳化物因逐渐溶解而变细、变窄成为断网状。900℃以上晶界上残余的碳化物逐渐消失并成为孤立的集聚状态。这种未溶的碳化物随着温度的升高而逐渐缩小，950℃以上即全部溶入奥氏体中。

在加热过程中，在550~560℃发生共析转变，形成珠光体。开始时在碳化物周围的奥氏体分解。以后逐渐扩大范围。开始时形成的珠光体是层片状，温度升高时趋于粒状化。加热到共析转变温度以上，珠光体型的组织会发生奥氏体重结晶。这个过程是一个在相界面上奥氏体核心形成和长大的过程。由于重结晶的过程奥氏体晶粒可以有一定程度的细化，但是在通常的热处理升温条件下，铸态组织中的奥氏体不可能完全分解，因此这个细化作用是不明显的。而且经过高温保温阶段之后往往高锰钢的晶粒还有所长大，甚至在热处理之后的组织较铸态还要粗大。

由于高锰钢的导热性差、线膨胀系数大，加以铸态组织中有大量的网状碳化物，钢的性能很脆，加热时很容易因应力而开裂。特别是在铸件中有残余应力时，此种应力和加热时的临时应力往往符号相同，互相叠加，应力值大为增加，在应力的综合作用之下使铸件出现裂纹。为此必须注意铸件入炉温度和加热温度。

入炉温度取决于高锰钢件的尺寸、重量、结构的复杂程度和钢中碳含量等因素。加热过程中温度低于700℃时最危险，因低温时钢的性能很脆。

升温到650~670℃时保温一段时间，以便使温度均匀，消除部分应力，保温时间长短视铸件大小而定，一般在1~3h。简单的小铸件也可以不保温。

加热速度根据具体情况，低者可以低于59℃/h，甚至厚大件可以在35~50℃/h，多数件可以在80~100℃/h。温度升高到650~670℃以上的金属已处于塑性状态，这时可以快速升温，例如可以以70~90℃/h甚至150℃/h的速度升温。由于高锰钢的导热性能是随温度的升高而提高的，所以700℃以上允许以更快的速度升温，以缩短热处理时间。

为防止形成裂纹，碳含量、磷含量和升温速度之间应综合予以考虑。在700℃以下，升温速度和碳、磷含量之间的关系如图5-6所示。碳磷含量增加时，升温速度应相应降低。图5-6中横坐标给出的是升温速度应降低的百分数。

D　*水韧处理后的冷却*

高锰钢经高温保温阶段后，要以尽量快的速度冷却，以使高温得到的单一奥氏体组织保持到常温，通常采用的方法是水淬。高锰钢在960℃以后可能会析出

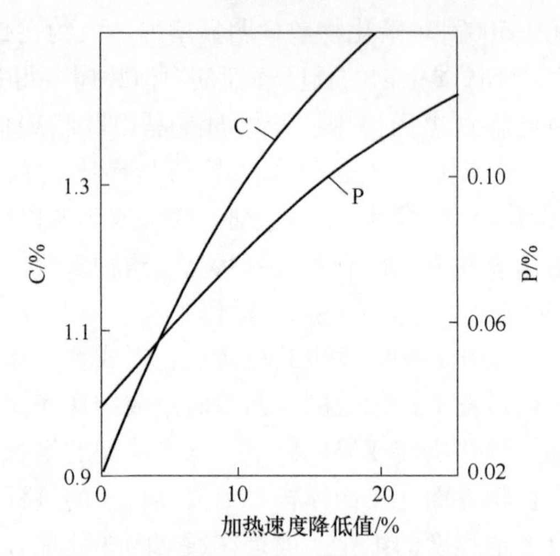

图 5-6　碳、磷含量和加热速度之间的关系

共析碳化物。但在该温度下冷却速度很快时，连续冷却曲线可以避开奥氏体的等温转变C曲线，与共析转变C曲线和碳化物析出曲线均不相交，这样就可以得到单相奥氏体组织。

高锰钢铸件加热到最高温度保温后，水淬前如果温度过低，组织中会析出碳化物。析出碳化物首先在晶界上出现。这种碳化物在水淬时被保留下来，除非经过重新加热处理否则不可能消除。析出碳化物使钢的性能变脆。当它的数量较多时，在激冷的收缩应力作用之下会使铸件在晶界处出现淬火裂纹。因此，高锰钢铸件在出炉后应尽快水淬。出炉至水淬的时间间隔在生产条件下要求不超过20~30s。

水淬时，冷却速度不足也会在冷却过程中在奥氏体中析出碳化物。用高锰钢制作电铲铲齿，为保证得到单相奥氏体组织，水淬时冷速应达到30℃/s。水淬池中水量应为所处理高锰钢铸件质量的8倍以上。一般生产中规定，水淬前水温低于30℃，水淬之后水温低于60℃。为使水淬时有更好的散热条件，常在水淬时向池内吹入压缩空气。或是设法使铸件在水池中往返移动，以加快传热过程。水淬池中应定期更换冷却水，并设法使水循环流动。

水韧处理后，可根据铸件要求和复杂程度适当进行回火，但回火温度不应超过250℃。

E　水韧处理中的晶粒细化

晶粒越细，抗拉强度越高，塑性越好。高锰钢的铸态组织粗大，不均匀固溶处理后也常常是粗大的组织，晶粒度一般均在1级左右，甚至较1级还粗。同时晶粒很不均匀，在同一截面不同部位的晶粒度可以相差1~2级。细化结晶组织，是提高高锰钢力学性能的有效途径之一。由于高锰钢的一次结晶组织对浇注温度极为敏感，浇注温度又大部分偏高，结晶组织粗大，比较难控制，为此通过热处理改变二次结晶组织，即进行细化晶粒热处理。

细化晶粒热处理是使珠光体型组织升温进行奥氏体重结晶的过程，使晶粒得到细化。当温度超过 A_1，在渗碳体（高锰钢中含锰的渗碳体）和铁素体的界面上开始出现奥氏体的核心。形核的速度取决于温度和珠光体组织的分散度。分散度越高，相界面积越大，形核概率越高。奥氏体核心形成之后在铁素体方向上长大，其长大的过程是靠渗碳体和铁素体的相界面向铁素体中推进、铁素体不断向奥氏体中溶解而实现的。在渗碳体方向则是由渗碳体的不断溶解和奥氏体与渗碳体的界面不断向渗碳体方向的推进来完成的。这样奥氏体的核心不断长大，而铁素体和渗碳体不断减少。

在奥氏体形核和长大过程中，不断地进行铁原子和碳原子的扩散。在奥氏体向渗碳体一侧长大的过程中由于渗碳体的不断溶解，奥氏体中的碳含量不断增加。奥氏体向铁素体一侧生长时，由于铁素体不断向奥氏体内溶解，使奥氏体的碳含量降低。根据平衡图，奥氏体必须同时向两个方向长大。试验证明，由于晶格结构特点和化学成分的差别，奥氏体在铁素体一侧的生长速度更快一些。铁素体先消失，这时会有少部分渗碳体残留下来，尤其是当高锰钢中含有其他形成碳化物的合金元素时，这个现象就更明显些。由于和渗碳体相邻的部位碳的浓度高，而原来存在铁素体的部位碳的浓度低，在奥氏体中进行碳的扩散。这个扩散过程使和渗碳体相邻的奥氏体的碳浓度降低，渗碳体即不断溶解。在奥氏体化过程完成时，奥氏体的成分是不均匀的，还存在化学成分的持续扩散，但是其速度是较缓慢的。奥氏体中碳的浓度差越小时，扩散过程越慢，在钢中有其他合金元素时，化学成分均匀化过程就更慢。在一般生产条件下达到元素化学成分的完全均匀是不现实的。

综上所述，通过重结晶使晶粒细化时，下列因素决定着奥氏体的晶粒度：

（1）珠光体型组织的数量和分布。在高锰钢铸态组织中珠光体量较少。为细化晶粒，在铸件冷却过程中，应使奥氏体充分分解，形成大量的珠光体，这样可以有更多的相界面，同时珠光体分散度越高，重结晶时奥氏体的核心数越多，晶粒越细。

（2）奥氏体的温度和时间。奥氏体的温度高，奥氏体型和珠光体型组织的自由能差值大，有利于扩散过程的进行。但是温度也有利于奥氏体晶粒的长大，这是其不利的一面。奥氏体化时间越长，使奥氏体晶粒有充分长大的机会，考虑到高锰钢晶粒容易长大的特点，温度不可过高，时间不宜太长。

（3）其他因素。如钢中含有的其他合金元素的种类和数量、钢的脱氧状况以及铸态组织的粗细等。

细化晶粒第一阶段：将具有铸态组织的高锰钢加热到 500~550℃，保温一段时间，使奥氏体分解。铸态组织是多相的不均匀组织。奥氏体的化学成分偏析大。因此奥氏体分解过程是较快的。分解的速度取决于温度的高低。如480℃时40%的奥氏体分解需50h，500℃时只需10h，550℃时只需3h。

通常有40%~50%的奥氏体发生转变即可达到重结晶后细化组织的目的。保温时间延长，虽然可使分解的量增加，但转变的速度降低，而且效果不明显。

钢中含有形成碳化物的合金元素如铬、钼、钒等元素时，由于其阻碍碳的扩散，使奥氏体的分解速度降低。为达到相同的转变量，则所需的保温时间明显延长。例如钢中铬含量从0.06%增加到0.13%时，虽然增加量不大，但却使转变时间由10h延长到30h。

细化晶粒第二阶段：奥氏体重结晶后的加热和高温保温后的水淬。在升温和保温阶段，碳化物溶解，得到均匀的单相奥氏体。通过急冷使细化的奥氏体组织保留到常温。

一般加热到1000~1050℃保温后水淬即可。细化了的奥氏体组织加热时长大倾向明显，约在1050℃开始有长大趋势。这个温度明显低于一般固溶处理后粗大的奥氏体晶粒开始长大的温度。所以要防止晶粒长大，对一般高锰钢经过重结晶之后的保温温度不可过高，1020~1050℃即可。经过细化晶粒可使奥氏体晶粒细化2级左右。

由于晶粒细化，钢的力学性能有较大提高，尤其是低温冲击韧性有明显改善。但不同成分、不同冶炼炉次和不同结构尺寸其效果不同，见表5-17。

表5-17　粗细晶粒对奥氏体锰钢的力学性能影响

平板厚度/mm	晶粒类型	σ_b/MPa	δ/%	ψ/%
50	粗	635	37	35.7
	细	820	45.5	37.4
83	粗	620	25.0	34.5
	细	765	36.0	33.0
140	粗	545	22.5	25.6
	细	705	32.0	28.3
190	粗	455	18.0	25.1
	细	725	33.5	29.2

注：试样成分12.7% Mn，1.10% C，0.50% Si，0.043% P，经1040℃加热水淬。

5.2.3.2　水韧处理过程中高锰钢的组织转变

A　奥氏体共析转变

高锰钢凝固是连续冷却的过程。当冷速足够大时，冷却曲线可以不与共析转变 C 曲线相交。从理论上讲，冷却下来可以得到只有碳化物和奥氏体的组织。若想凝固之后得到无碳化物的单相奥氏体组织，必须以很高的冷却速度才能达到。在 950℃以上以何种冷却速度进行冷却对组织的形成无影响。在 950℃以下，即从开始析出碳化物的温度起，必须保证足够大的冷却速度才能抑制碳化物的析出。实际生产条件下难以分级冷却，而且也难以做到通过很大的冷却速度使铸件在 950℃以下冷却时，钢中的碳全部固溶于奥氏体中。因此，碳的脱溶析出几乎是不可避免的。

共析转变首先是在晶界和晶内碳化物的周围进行。在这些区域的奥氏体中，碳、锰含量低，容易分解。其次是在这种位置提供了珠光体组织形核的界面，奥氏体分解产物的分散度和转变的温度有关。例如 600℃时形成的珠光体的片间距约为 0.08~0.1μm，500℃时形成的珠光体的片间距则只有 0.02~0.05μm。根据测定，高锰奥氏体的共析转变在 500℃时速度最快。温度再低虽然自由能差值更大，但由于碳扩散的速度减慢，转变速度变慢，所以到 380℃左右曲线逐渐变得平直。

奥氏体中碳的脱溶析出是以渗碳体型碳化物形式出现。它的数量和冷却速度有关。冷却速度越快，数量越少。因此化学成分相同的薄壁铸件较厚大铸件中碳化物的数量要少。同一铸件、同一截面上表面部分的冷却速度快，组织中的碳化物少，中心部分由于冷却速度慢，碳化物数量多，而且冷却速度慢时碳的扩散条件也好些，聚集程度也高些。

B　共析前碳化物的析出

由于碳在奥氏体中溶解度随温度的降低而减少，冷却时奥氏体中将有碳析出。Fe-Mn-C 三元系的 A_{cm} 温度随碳含量的增加而提高，因此由奥氏体中析出碳化物的起始温度是随碳含量的增加而提高的。在常规的高锰钢化学成分范围内，奥氏体的稳定温度应在 950℃以上，碳化物开始析出温度在 950~960℃。

析出过程首先在晶界处起始。由于晶界处碳含量较高，缺陷较多，扩散过程容易进行，所以在晶界处析出碳化物的条件比较有利，其次是在枝晶间碳含量较高的区域也比较容易。析出的碳化物属于渗碳体类型，其中锰含量稍高。因此，铸态组织常常是在晶界处有大量的碳化物，晶内碳化物则常分布在枝晶偏析的区域。

在碳化物析出过程中，碳化物周围的奥氏体中会发生贫碳和贫锰现象，而且主要是贫碳，这使奥氏体的稳定性降低。从 Fe-Mn-C 三元相图可以看出，Mn 为 13.0%时，共析转变温度在 600~630℃，随钢的化学成分的改变而有所变化。锰含量增加，共析转变温度降低。Mn 为 20.0%时可以降到 450℃左右。

析出碳化物的数量和钢的化学成分有关，主要决定于钢中碳和硅的含量。两者的含量越高，数量越多。其次，析出碳化物的数量和冷却速度有关，冷却速度越慢，析出过程进行越充分，数量也越多。

不同温度时析出的碳化物特征是不同的。高温区内首先是在奥氏体晶界上析出，形成连续网状。如果在高温区内保持一段时间，则碳化物有集聚的趋势。在低温区，往往形成针状碳化物。这种针状碳化物沿晶界向晶内生长或是在晶内析出，有时有一定的方向性。这说明它是沿奥氏体的某些晶面析出的。实际上它是片状的。这种碳化物的出现是因为低温时，碳化物沿一定晶面生长可以减少形成时的界面能并减少了碳的扩散距离。这和温度低时碳的扩散能力下降也是有关系的，因为形成集聚的块状碳化物需要更充分的扩散过程，这在温度低时是比较困难的。

铸态组织是在较快的连续冷却过程中形成的。因此必然兼有两种形态的碳化物出现，即晶界连续网状（有时局部有块状）碳化物和晶界及晶内的针状碳化物，有时晶内也有部分块状碳化物，这取决于冷却速度。

高锰钢的铸态组织由奥氏体、碳化物和共析类型组织所组成。各个相的相对数量及其分布特征都由化学成分和冷却条件而定。由于铸件在结晶凝固以后的冷却速度远远超出平衡条件下的冷却速度。奥氏体不可能完全分解，因化学成分和冷却速度的差别，所形成的组织是各种各样的。尤其是当钢中含有其他合金元素时，对碳化物的析出和奥氏体的分解都有影响，这时的铸态组织会有明显的变化。

5.2.4 高锰钢的组织

高锰钢的铸态组织由奥氏体基体、晶界连续网状碳化物和晶内针片状碳化物及少量的珠光体和磷共晶组成，典型的高锰钢 ZGMn13-4 的显微组织如图 5-7 所示[6]。高锰钢很脆，一般不在铸态下使用。高锰钢使用状态为水韧固溶处理态，为单一奥氏体组织。经热处理后韧性大幅度提高，满足服役条件。

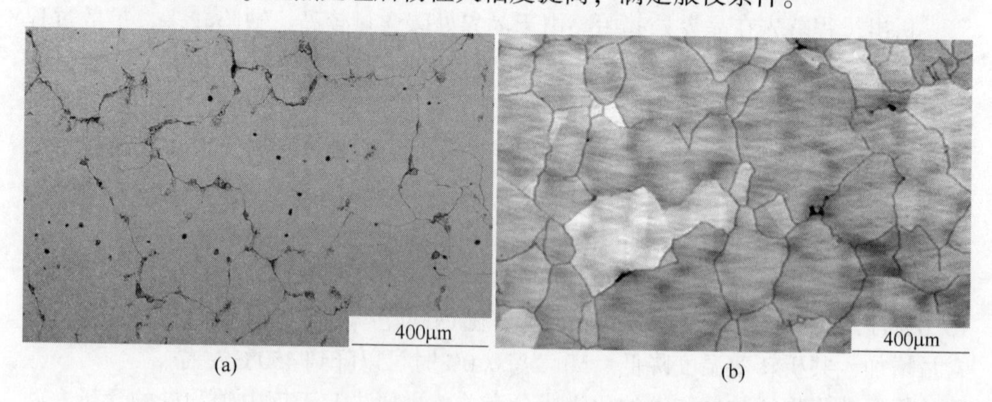

图 5-7　ZGMn13-4 球磨机衬板水韧处理前后的显微组织
（a）铸态组织；（b）固溶处理的组织

事实上，如果单纯按照 Mn 含量来区分钢的种类来说，比高锰钢的 Mn 含量更高的是 TWIP 钢，它的主要成分是 Fe，添加 15%~30%的 Mn，并加入少量的 Al 和 Si，也有再加入少量的 Ni、V、Mo、Cu、Ti、Nb 等元素。TWIP 钢的强度可以达到 600~1000MPa，伸长率可以达到 60%~95%。人们利用的是它的高强度和高塑性，主要目的是让汽车更加安全和轻量化。但是，它作为耐磨材料来说并不占优势，在该方面的研究也很少。例如，典型的 Fe-22Mn-1.5Si-1.5Al-0.4C TWIP 钢的显微组织主要由奥氏体组成[7]，如图 5-8 所示。

图 5-8　Fe-22Mn-1.5Si-1.5Al-0.4C TWIP 钢的固溶态显微组织

5.2.5　高锰钢的加工硬化机理

对于高锰钢的加工硬化机制，出现过不同的理论：

第一，位错堆积理论。这种理论认为，高锰钢在经受强力挤压或冲击作用下，晶粒内部产生最大切应力，使许多互相平行的平面之间，产生相对滑移，结果在滑移界面的两方造成高密度的位错，而位错阻碍滑移的进一步运动，即起到位错强化的作用，其结果是增加了钢抵抗变形的能力和提高钢的硬度，高锰钢表面层在变形后产生大量的滑移线，即产生大量位错的痕迹。高锰钢加工硬化后显微组织的特点是出现许多滑移带。作为这种理论的证明，形变产生的组织被加热到高温（500℃以上）时，已经形成的滑移线不复存在。钢的硬度又恢复到原来的水平，这表明大量的位错已经消失，因此位错理论的观点已被公认。

第二，形变诱导相变论。这种理论认为，高锰钢中的奥氏体处于相对稳定的状态，在受力而发生变形时，由于应变诱导的作用，发生奥氏体向马氏体的转变，在钢的表面层中产生马氏体，具有高的硬度。作为这种理论证明的有关晶体结构的 X 射线分析表明，在铸件表面层中，确实有马氏体存在。但是形变诱导相变的可能性方面还有争议，因为在高的含碳量条件下，奥氏体应当是很稳定的。是否会产生大量的马氏体相变还有待于进一步的研究。

新近的研究发现滑移带细化是高锰钢加工硬化的主要原因[8]。总的来说，到目前为止高锰钢的加工硬化机理尚没有统一的、全面的总结性结论。

5.2.6 Mn17 耐磨高锰钢

Mn13 系列耐磨铸钢对于厚大断面件，水韧处理后内部常出现碳化物而使韧性下降；低温条件下使用的 Mn13 系列铸钢也常常出现脆断现象；而且存在耐磨性不足、屈服强度降低的问题。Mn17 耐磨高锰钢 Mn 为 16%～19%，在一定程度上解决了上述问题。有资料表明，用于北方的 ZGMn18 铁道叉寿命比 ZGMn13 提高 20%～25%，ZGMn18Cr2 风扇磨（S36. 50）冲击板的使用寿命高于 ZGMn13。

Mn13 系列高锰钢经过百余年的发展已经比较成熟，而常被人们称为超高锰钢的 Mn17 系列高锰钢，其研发和工业应用近些年才引起人们的注意。其重要的标志是 ISO 奥氏体锰钢件标准中列入了 GX120Mn17 和 GX120MnCr17-2 两个超高锰钢牌号。

具有典型化学成分的 Mn17 高锰钢经 1050～1100℃ 水韧处理后，其力学性能见表 5-18。在 Mn13 钢的基础上增加锰量，提高了奥氏体的稳定性，阻止碳化物的析出，进而提高了钢的强度和韧性；增加锰量，进一步扩大了 γ 相区，增大了奥氏体固溶碳和铬等元素的能力，进而可提高钢的加工硬化能力和耐磨性。

表 5-18 Mn17Cr2 耐磨铸钢的力学性能

性能	σ_b/MPa	$\sigma_{0.2}$/MPa	δ/%	ψ/%	HBS	a_{KV}/J · cm^{-2}
参数	≥750	≥430	≥30	≥30	200～240	≥100

5.3 高合金耐磨铸钢

高锰钢具有良好的韧性，但在冲击力不大的工况条件下，由于冲击力不足而不能产生加工硬化，使其耐磨性不能得到充分发挥。在实际应用中，除高锰钢外，由于碳素钢和合金耐磨钢具有良好的耐磨性和韧性，生产工艺简单，且合金元素含量低，价格较便宜等优点，使这类耐磨钢也很受用户欢迎。

5.3.1 耐磨钢中合金元素的作用

合金元素在钢中的作用与其在钢中的存在形式有直接关系。合金元素在钢中一般溶于铁素体或结合于碳化物中，也有的合金元素进入非金属夹杂物或金属间化合物中，还有的处于游离状态。通常形成的化合物存在于晶界，也可以碳化物的形态出现在非金属夹杂物中。

常用合金元素在钢中的存在形式及所起作用的基本参数，是研究合金元素在钢中作用的基础，主要影响参数有如下几个：

（1）D_{12}——配位数为 12 时，合金元素的原子直径。

（2）$(D-D_{Fe})/D_{Fe}$——合金元素与 Fe 的欠配合度参量。其值越大时，造成的晶格畸变越大，越不易形成固溶体，固溶越小。欠配合度大小还表现出合金元素在铁素体中产生强化作用的程度，欠配合度越大，则强化作用越大。

（3）$X-X_{Fe}$——电负性差值，表示合金元素原子与铁原子之间化学结合力大小。差值越大，则它们之间的结合力越强，越易形成化合物。反之越易形成固溶体。

（4）ΔG_{298K}，ΔG_{900K}——在 298K 和 900K 温度条件下，生成化合物（氮化物、碳化物）反应的标准生成自由能（单位 J）。ΔG 为负值时，化合物才能生成，ΔG 值越负（绝对值越大），则生成化合物的热力学驱动力越大，生成的化合物也越稳定。

5.3.1.1 合金元素的作用

（1）强化铁素体。固溶于铁素体中的合金元素均能在不同程度上提高钢的屈服强度、抗拉强度及硬度。其中合金元素在提高强度的同时使塑性降低，因此对钢的冲击韧性也带来不同的影响。例如，P、Si、Mn 强烈提高铁素体的强度和硬度，而 Cr、Mo、V、W 则较弱，Si、Mn 强烈降低铁素体的塑性和冲击韧性，但少量的 Mn、Cr、Ni 能使塑性和冲击韧性稍有提高。

（2）细化珠光体。多数合金元素使共析碳含量降低，促进珠光体含量增加。一些合金元素如 Mn、Ni 使共析温度降低，使珠光体分散度增加，细化珠光体，有利于钢的强度提高。某些合金元素的碳化物或氮化物能在钢液凝固过程中成为非均质晶核，促进晶粒细化，使钢的强韧度提高。常见合金元素对钢晶粒粒度的影响见表 5-19。

表 5-19 常见合金元素对钢晶粒粒度的影响

元素	Mn	Si	Cr	Ni	Cu	Co
影响	有所粗化	影响不大	细化	影响不大	影响不大	影响不大
元素	W	Mo	V	Al	Ti	Nb
影响	细化	细化	显著细化	细化	强烈细化	细化

（3）改善钢的低温韧性。凡是能细化晶粒、细化组织的合金元素都能使钢的冲击吸收功提高，使钢临界韧性——韧脆转变温度（Ductile Brittle Transition Temperature，简称 DBTT）降低，使低温韧性提高。Mn、Ni 虽对晶粒度影响不大，甚至有粗化现象，但 Mn、Ni 的加入，使珠光体组织细化，使低温韧性提高。

（4）提高耐磨性。作为抗磨用途的钢需要高的硬度和一定的韧性储备，以抵抗磨损。有代表性的是马氏体抗磨钢和高锰钢，合金元素在这两种钢中的作用见表 5-20。

表 5-20　合金元素在抗磨钢中的作用

元素	马氏体抗磨钢	高 锰 钢
Mn	降低临界冷却速度，促进马氏体形成，钢中的 Mn 含量为 1.3%~1.8%	（1）促使钢形成高韧度的奥氏体；（2）与碳配合，使钢具有加工硬化能力，提高抗磨性，钢中 Mn 含量为 10%~14%
Si	促进马氏体形成，提高钢的屈服强度。钢中 Si 含量为 0.7%~1.0%	脱氧剂，超过 0.5%时，促进碳化物粗化，降低耐磨性，控制 Si 含量为 0.3%~0.8%
Cr	增加淬透性，促进马氏体形成，钢中 Cr 含量为 0.5%~1.0%	提高屈服强度，防止变形，提高耐磨性
Mo	增加淬透性，促进马氏体形成，钢中 Mo 含量为 0.25%~0.75%	减少碳化物，促进碳化物弥散析出，改善抗磨性
Ni	增加淬透性，促进韧性马氏体形成，钢中 Ni 含量为 1.4%~1.7%	用于大断面零件，阻止碳化物析出，易获得单相奥氏体组织
C	基本元素，促进马氏体钢硬度增加，降低钢的韧性，钢中 C 含量为 0.3%~0.6%	与 Mn 配合（Mn/C=8~11），促进加工硬化，提高钢的抗磨性

5.3.1.2　合金元素与碳的相互作用

一种金属元素与碳形成的碳化物称为二元碳化物，如 $Cr_{23}C_6$。两种以上金属元素与碳形成的复合碳化物称为多元碳化物，如 Fe_3W_3C。合金元素溶入渗碳体中称为合金渗碳体。在钢中，当合金元素含量很少时，常形成合金渗碳体，合金元素置换渗碳体中的铁原子。合金元素含量增多时，才能生成合金碳化物。按照合金元素与钢中碳的相互作用分为两类：

（1）非碳化物形成元素。这一类元素包括镍、硅、铝、钴、铜等。这类元素主要与铁形成固溶体，此外，还有少量形成非金属夹杂物和金属间化合物，如 Al_2O_3、AlN、SiO_2、FeSi、N_3Al 等。另外，硅不仅不与碳形成碳化物，而且在含量高时，还可能使渗碳体分解，使碳游离而呈石墨状态存在，即有石墨化作用。

（2）碳化物形成元素。这一类元素包括钛、铌、锆、钒、钼、钨、铬、锰等。它们一部分与铁形成固溶体，一部分与碳形成碳化物。各元素在这两者间的分配，取决于它们形成碳化物倾向的强弱以及钢中存在的碳化物形成元素的种类和含量。

碳化物形成元素形成的碳化物的稳定程度由强到弱的排列为：钛、锆、钒、铌、钨、钼、铬、锰、铁。这些元素形成碳化物时，碳首先将其电子填入元素的次 d 电子层，从而使形成的碳化物具有金属键结合的性质，具有金属的特性。

5.3.1.3 合金元素对相图的影响

由于合金元素的晶格类型和晶格常数与铁不同，故铁中加入合金元素后，会使钢中各相，特别是固溶体相的晶格类型或晶格常数发生变化，并使 $Fe\text{-}Fe_3C$ 系相图上的相区界线及相变临界点位置发生变化。

A 对γ相区的影响

常用合金元素对γ相区影响可分为两类：一类为扩大γ相区，一类为缩小γ相区。扩大γ相区的元素有 Mn、Ni、Cu、C、N 等，尤其是 Ni、Mn 两元素超过一定含量后能封闭α相区，甚至使α相区消失，得到单一的γ相区。缩小γ相区即为扩大α相区的元素有 Si、Cr、W、Mo、P、V、Ti、Al、Nb、Zr、B 等，其中 Si、Cr 等元素超过一定量后，γ相区将被封闭，甚至γ相区不存在，得到单一的α相区。

B 对 *S* 点的影响

某些合金元素如 Ni、Si、Co 等能溶于铁中形成固溶体，并且不形成任何碳化物，它们能使共析体碳含量减少。Mn、Cr 等元素大部分固溶于铁素体中，少部分生成碳化物（合金渗碳体或合金碳化物），而碳化物又能参与生成共析体，也使共析体的碳含量减少。一些能生成稳定碳化物的合金元素如 W、Mo、V、Ti、Nb，在铁素体中固溶度很小，所生成的碳化物不参与形成共析体，它们将使共析体碳含量增多。同时，合金元素对共析温度也有所影响，例如，Mn、Ni 使共析温度降低，Cr、Si 则使共析温度升高。

5.3.1.4 稀土在耐磨钢中的作用

在钢液中加入稀土，会发生一系列冶金过程行为，归纳为净化钢液，如脱氧、脱硫，除去钢中的气体（H_2、N_2），并使成分趋于均匀，减少枝晶偏析，改善金属夹杂的形貌、大小、分布，并使晶粒细化。因此，钢中加入稀土后，能改变夹杂形状（球状），使夹杂变得细小并弥散分布于晶内，由于稀土的加入对硫化物夹杂的形状、大小、分布有所改善，有助于冶金质量的提高，对诸多使用性能带来益处。

稀土对铸态晶粒也具有显著的影响，研究发现，加入稀土能细化晶粒，抑制柱状晶区的发展，甚至消除柱状晶区。稀土细化晶粒的原因如下：稀土为表面活性元素，降低钢液的表面张力，阻碍晶粒长大；稀土夹杂可作为非自发形核核心，促进晶核形成，细化晶粒；稀土的固氢作用，消除了微小的氢气泡作为柱状晶发育的引领相，阻碍柱状晶的生长。

5.3.2 耐磨高合金钢

随着我国基础设施建设的加速及对“一带一路”战略的实施，在矿山开采、物料破碎、搅拌、制粉等环节对抗磨材料的需求越来越大。经过几十年的研究试验，我国在抗磨材料的熔炼、造型、制芯、热处理等工艺方法上有了突破性进展，可生产出满足市场需求的产品。

耐磨高合金钢主要用于磨料磨损、高速摩擦磨损、腐蚀磨损、高温磨损等工况。用于大型球磨机衬板（如湿法球磨机衬板）、高速线材轧机辊环及导辊，以及火电厂锅炉喷燃器火嘴、水泥厂回转窑出料管、冷却机箅板及钢铁厂导位板等。

5.3.2.1 ZG55Cr25Ni3MnSiMoRE

A 化学成分

ZG55Cr25Ni3MnSiMoRE 的化学成分见表 5-21。

表 5-21 ZG55Cr25Ni3MnSiMoRE 的化学成分 （%）

成分	C	Cr	Ni	Mo	Mn	Si	RE	S	P
含量	0.3~0.8	22~28	1.0~6.0	0.3~0.7	0.3~1.2	0.3~1.2	0.02~0.2	≤0.02	≤0.02

B 力学性能与金相组织

ZG55Cr25Ni3MnSiMoRE 力学性能见表 5-22。铸态金相组织为奥氏体+铁素体。

表 5-22 ZG55Cr25Ni3MnSiMoRE 的力学性能

常温试验					高温试验
σ_s/MPa	σ_b/MPa	δ/%	ψ/%	a_{KU}/J · cm^{-2}	800℃高温瞬时强度/MPa
525	655	5.5~6.0	4.5	19	124

C 工艺特性

出钢温度为 1600~1620℃，浇注温度为 1570~1590℃。

D 工艺性对比试验

用 ZG55Cr25Ni3MnSiMoRE 制作的喷燃气器火嘴，在包头第二热电厂 410t/h 锅炉运行 16000h 以上，使得寿命比 1Cr18Ni9Ti 不锈钢板组焊火嘴提高 5 倍。在丰镇发电厂 670t/h 锅炉运行 11000h 以上。工业试验效果表明耐高温性能好；抗高温磨损性能好，适于 1200℃长期服役条件，火嘴无变形，烧损少；材质焊接性好，抗冷热疲劳性好，无开裂现象。

5.3.2.2 ZGCr13SiMo

A 化学成分

ZGCr13SiMo 的化学成分见表 5-23。

表 5-23 ZGCr13SiMo 的化学成分 (%)

成分	C	Cr	Mn	Si	Mo	Ni	P	S
含量	1.2~1.6	11.0~15.0	0.4~1.0	0.3~0.8	0.15~0.50	0.15~0.50	≤0.05	≤0.05

B 力学性能与金相组织

ZGCr13SiMo 力学性能和显微组织见表 5-24。

表 5-24 ZGCr13SiMo 的力学性能与显微组织

处理状态	硬 度	冲击韧度/J·cm^{-2}	金 相 组 织
铸态	HRC 34	7.84	奥氏体+共晶碳化物+二次弥散碳化物
退火	HBW 273~285	—	珠光体+共晶碳化物+二次弥散碳化物
淬火+回火（淬火介质：油）	HRC 53~60	3.92~5.89	马氏体+共晶碳化物+二次弥散碳化物+残余奥氏体

C 耐磨性

970℃油淬、480℃回火工艺处理的 ZGCr13SiMo 与水韧处理后的高锰钢的耐磨性对比试验，在 ML-P 型磨损试验机上进行。转盘转速为 60r/min，螺距为 2mm，螺旋轨迹长为 14.13m，选用砂纸为 SiC180 号，载荷为 22N。磨损试验结果见表 5-25。

表 5-25 磨损试验结果

材 料	四次磨损平均失重/g	磨损率/mg·m^{-1}
高锰钢	0.0365	2.58
ZGCr13SiMo	0.0350	2.47

D 工艺特性

出钢温度为 1460~1500℃，浇注温度为 1370~1400℃，铸造线收缩率为 1.8%~2.0%。

E 工业性对比试验效果

ZGCr13SiMo 钢衬板于 1985 年 5 月 16 日部分装机于河北省冀东水泥厂 4.5m×15.11m 球磨机第二仓，在日本石川岛播磨重工株式会社的 CIX-2L 钢衬板进行工业性对比试验，在第二仓中段与日本衬板各 16 块拼成四方形。在实际运转 2620h 后对磨耗进行测定，该衬板磨损量为 0.51g/t 水泥，而日本衬板磨损量为 0.55g/t 水泥。该衬板的耐磨性为日本衬板的 1.08 倍。

5.3.2.3 ZGW6Mo5Cr4VAlRE

A 化学成分

ZGW6Mo5Cr4VAlRE 是一种高速钢，其化学成分见表 5-26。

表 5-26 ZGW6Mo5Cr4VAlRE 的化学成分 (%)

成分	C	Si	Mn	Mo	W	Al	Cr	V	RE（加入量）	S	P
含量	1.4~2.2	≤0.4	≤0.4	4.5~6.5	5~8	0.6~1.0	3.5~4.2	2.5~4.0	0.12~0.20	≤0.035	≤0.035

B 力学性能与金相组织

ZGW6Mo5Cr4VAlRE 硬度不低于 HRC 63，$a_K \geqslant 15J/cm^2$。金相组织为回火马氏体+碳化物+残余奥氏体。

C 工艺特性

出钢温度为 1580~1620℃，浇注温度为 1450~1480℃，辊环离心铸造工艺参数见表 5-27，辊环外径为 280mm，内径为 160mm，高为 120mm。

表 5-27 辊环离心铸造工艺参数

工 艺 参 数	实际值	工 艺 参 数	实际值
铸型预热温度/℃	260~300	铸型转速/$r \cdot min^{-1}$	700~790
涂料厚度/mm	1.2~1.8	钢液浇注温度/℃	1450~1480
浇注时铸型温度/℃	160~220	钢液浇入铸型至离心机间隔时间/min	15~18

D 工业性对比试验效果

ZGW6Mo5Cr4VAlRE 钢辊环在高速线材厂预精轧锻轧机上进行了生产试验，效果为：每生产 1000t 钢约磨损轧辊环 0.28~0.36mm，轧制后轧槽表面光滑、磨损均匀、耐磨性好，各项指标均接近硬质合金辊环，但价格仅为其 1/5~1/4，使用寿命比合金铸铁辊环提高 6~7 倍，可显著提高轧机作业率，降低人工劳动强度，具有较好的经济效益。

抗磨材料在水泥建材、冶金矿山、工程机械等行业中的需求逐步上升，传统的高锰钢材料使用已越来越少，使用最高的高铬铸铁也正面临新材料——高钒材料的挑战。目前抗磨材料从层次上看基本是：高锰钢→马氏体-贝氏体钢→高钒材料→其他新兴材料。因此，此处所列几种常见的耐磨高合金钢也会随着科技的发展得以更新。

5.3.3 抗磨耐蚀不锈钢

当零件在腐蚀性环境或高温下运转时，常用不锈钢来制作。传统上应用的不锈钢按成分和组织可分为五大类：

（1）以铬为主要合金元素的铁素体不锈钢，如 ZG0Cr17Ti、ZGCr25Ti 等。

（2）以铬为主要合金元素的马氏体不锈钢，如 ZG1Cr13、ZG2Cr13 等。

（3）以铬、镍为主要合金元素的奥氏体不锈钢，如 ZG1Cr18Ni9、ZG1Cr18Ni12Mo2Ti 等；以铬、锰为主要合金元素的奥氏体不锈钢，如 ZGCr17Mn13Mo2N 等。

（4）奥氏体-铁素体复相不锈钢，如 ZGCr21Ni5Ti 等。

（5）沉淀硬化型不锈钢，如 ZG0Cr17Ni7Al、ZG0Cr15Ni7Mo2Al 等。

铁素体不锈钢的抗擦伤能力很差，又不能通过热处理强化，因此，很少用它来制作要求耐磨的结构零件。从耐磨性考虑用得较多的是奥氏体不锈钢和马氏体不锈钢，特别是后者。下面分别以两种典型的不锈钢钢种为例进行简单的介绍。

5.3.3.1 铬镍钼马氏体不锈钢

铬镍钼马氏体铸造不锈钢的典型钢种是：ZG0Cr13Ni4MoRE 及 ZG0Cr13Ni6MoRE，后者较前者仅镍含量高些。ZG0Cr13Ni4MoRE 的化学成分为：C≤0.6%，Mn 0.5%~0.8%，Si≤0.6%，Cr 12.0%~14.0%，Ni 3.8%~4.5%，Mo 0.5%~0.7%，P<0.035%，S≤0.035%，以及加入 RE 0.2%。相应的热处理工艺为：950~1100℃正火，625℃第一次回火，600℃第二次回火。钢的组织为呈板条状的低碳马氏体及分布于马氏体板条间的少量残余奥氏体。

ZG0Cr13Ni4MoRE 热处理后的力学性能可达到 $\sigma_s = 480 \sim 502\text{MPa}$，$\sigma_b = 720 \sim 750\text{MPa}$，$\delta = 16\% \sim 22\%$，$\psi = 31\% \sim 64\%$，$a_K = 110 \sim 115\text{J/cm}^2$。还具有高的硬度，在带有泥沙的水流冲刷下，具有良好的抗磨耐蚀性。这种钢的铸造性能较好，在冷却过程中也不易变形与开裂，适合于铸造结构复杂、断面厚度相差大的铸件。其碳含量低，因而焊接性能较好。这种钢已用于铸造重达数十吨的整体铸造水轮机转子和重达十余吨的单体铸造水轮机叶片，经使用性能良好。

5.3.3.2 析出硬化型铸造不锈钢

析出硬化型铸造不锈钢典型的钢种是 ZG17-4MoPH（PH 为析出硬化的英文简写）。其化学成分为：C≤0.07%，Si≤1.0%，Cr 15%~17%，Ni 3.5%~4.5%，Cu 2.5%~3.5%，Mo 0.4%~0.6%，S≤0.03%，P≤0.035%。热处理工艺为：1050℃固溶，空冷；然后在 500~600℃保温 1~4h 进行时效。时效温度根据对强度和韧性的要求选定。当要求高强度时，选择低温度。

ZG17-4MoPH 在用一般炼钢方法和砂型铸造时，由于钢中夹杂物多和晶粒粗大，性能很差，尤其是韧性较低，易于脆断。采用电渣重铸方法可得到夹杂物含量较低的细晶粒组织，使钢具有高强度、高硬度，又有相当好的韧性。采取 1050℃固溶处理后，在 500℃进行时效。其力学性能为 $\sigma_{0.2} = 1348\text{MPa}$，$\sigma_b = 1548\text{MPa}$，$\delta = 16\%$，$\psi = 36\%$，$a_K = 58\text{J/cm}^2$，HBW 404。

由图 5-9 可见，固溶处理后，随时效温度变化，其力学性能也变化，随时效温度升高伸长率变化很小，而屈服强度、抗拉强度、断面收缩率和冲击韧度变化都很大。这样可根据使用时对性能的要求，确定时效温度。钢的金相组织为板条状的低碳马氏体、分布于板条间的少量残余奥氏体、弥散分布的微细的富铜析出相。这种钢铸造成的水轮机叶片，在夹带大量泥沙的高速水流的冲击磨损下，具有很强的抗磨耐蚀性能。

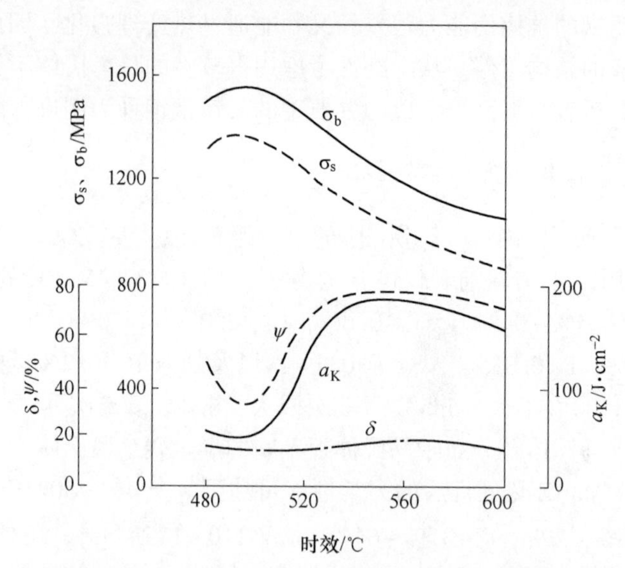

图 5-9 ZG17-4MoPH 的时效温度与力学性能的关系

5.4 中合金耐磨铸钢

中、低合金耐磨钢中，通常含有硅、锰、铬、钼、钒、钨、镍、钛、硼、铜、稀土等元素。美国很多大中型球磨机的衬板都用铬钼硅锰或铬钼钢制造，而美国的大多数磨球都用中高碳的铬钼钢制造。在较高温度（例如200~500℃）的磨料磨损条件下工作的工件，或由于摩擦热使表面经受较高温度的工件，都可采用铬钼钒、铬钼钒镍或铬钼钒钨等合金耐磨钢。这类钢淬火后，经中温或高温回火时，有二次硬化效应。

5.4.1 耐磨中合金钢

耐磨中合金钢是适用于中小冲击磨料磨损工矿条件下的一类材料。热处理可采用空冷淬火、油冷淬火、喷雾冷却淬火等多种形式，工艺简单，操作方便。显微组织以马氏体为主，钢的强韧性很好，屈服强度高，硬度较高，在使用中有抗断裂、不变形、耐磨损的特点。在水泥厂、发电厂、铁矿、金矿、铜矿、石墨矿的设备中，用来制作球磨机衬板、锤式破碎机锤头、反击式破碎机板锤、掘进机盘形滚刀刀圈等，取得了良好的使用效果与经济效益。

5.4.1.1 ZG35Cr4Mo1W1SiV

A 化学成分

ZG35Cr4Mo1W1SiV 的化学成分见表 5-28。

表 5-28 ZG35Cr4Mo1W1SiV 的化学成分 （%）

成分	C	Cr	W	Mo	V	Si	Mn	P	S
含量	0. 20~0. 50	3. 00~5. 00	0. 50~1. 50	0. 50~1. 50	0. 30	0. 60~1. 00	0. 40~0. 80	≤0. 04	≤0. 04

B 力学性能与金相组织

ZG35Cr4Mo1W1SiV 硬度为 HRC48，冲击韧度 $a_{KU}=31J/cm^2$，金相组织为回火马氏体+粒状碳化物。

C 工艺特点

热处理工艺为淬火加热温度 900~1060℃，保温 2h，空冷；回火加热温度 490℃，保温 24h，空冷。

ZG35Cr4Mo1W1SiV 回火后的硬度、抗拉强度、伸长率、冲击韧度与 ZG1Cr13 和 KmTBCr26 相比，结果见表 5-29。

表 5-29 ZG35Cr4Mo1W1SiV 的力学性能

试　样	抗拉强度/MPa	伸长率/%	硬度 HRC	冲击韧度 a_{KU}/J · cm^{-2}
ZG25Cr4Mo1W1SiV（实验室）	760	29	51	33
ZG25Cr4Mo1W1SiV（铸件附铸）	750	20	48	31
ZG1Cr13	618	16	32	78
KmTBCr26	560	—	58	7. 6

D 工业性能对比试验效果

热油泵过流器件用 ZG35Cr4Mo1W1SiV 制造的两台油浆泵，在石化公司生产现场使用，泵的工作寿命为 20~21 个月，在高温热油状态下不破裂。而用 ZG1Cr13 的使用寿命仅为 3~4 个月，其使用寿命提高 4 倍以上。

5. 4. 1. 2 ZG40Cr3Si1MnMoV

A 化学成分

ZG40Cr3Si1MnMoV 的化学成分见表 5-30。

表 5-30 ZG40Cr3Si1MnMoV 的化学成分 （%）

成分	C	Si	Mn	Cr	Mo	V	P	S
含量	0. 35~0. 45	1. 0~1. 6	0. 8~1. 4	2. 5~3. 5	适量	适量	<0. 04	<0. 04

B 力学性能与金相组织

ZG40Cr3Si1MnMoV 硬度大于 HRC 45，冲击韧度 $a_{KU}>45J/cm^2$，金相组织为回火马氏体+残余奥氏体。

C 耐磨性

在920℃条件下淬火，250℃回火的ZG40Cr3Si1MnMoV试样与高锰钢试样，在动载试验机上进行磨损试验，试验结果见表5-31。

表5-31 耐磨性试验结果

牌　号	时间/h	冲击吸收功/J	磨损前质量/g	磨损后质量/g	磨损率/%
ZG40Cr3Si1MnMoV	1.0	0.1	28.399	28.285	0.401
ZGMn13	1.0	0.1	29.287	29.102	0.632

D 工艺特性

出钢温度为1560~1590℃，浇注温度为1500℃。

淬火温度对力学性能的影响：在不同温度下淬火，在250℃同一温度下回火的力学性能见表5-32。可见，920℃淬火，250℃回火力学性能最佳。

表5-32 淬火温度对力学性能的影响

淬火温度/℃	冲击韧度 a_{KU}/J · cm^{-2}	硬度 HRC
铸态	27	48
880	139	52
920	198	52
950	110	53
1000	125	46

E 工业性能对比试验效果

装机试验在天津蓟县水泥厂ϕ1250mm×1000mm反击式破碎机上进行，试验结果见表5-33。

表5-33 对比试验结果

牌　号	使用时间/h	破碎量/t	原重/kg · 件$^{-1}$	现重/kg · 件$^{-1}$	失重/kg · 件$^{-1}$	磨耗/g · t^{-1}
ZGMn13	918	3.00×10^4	36.20	29.00	7.20	0.24
ZG40Cr3Si1MnMoV	3060	10.50×10^4	36.60	29.17	7.43	0.071

5.4.1.3 5Cr5MoV

A 化学性能与金相组织

5Cr5MoV钢的化学成分见表5-34。

表 5-34　5Cr5MoV 的化学成分　(%)

成分	C	Mn	Si	Cr	Mo	V	P	S
含量	0.3~0.6	0.2~0.8	0.2~1.2	4.0~6.0	1.0~2.0	0.8~2.0	≤0.03	≤0.08

B　力学性能与金相组织

5Cr5MoV 的力学性能见表 5-35。金相组织为回火马氏体+少量细小颗粒碳化物。

表 5-35　钢的力学性能

类别	σ_b/MPa	$\sigma_{0.2}$/MPa	δ/%	ψ/%	a_{KU}/J · cm^{-2}	硬度 HRC
A1	2010	1980	5	6	18	55~57
A2	1960	1900	5.5	7	20	53~55

C　工艺特性

盘形滚刀刀圈是隧道全断面掘进机（TMB）抗磨损部件。该钢种是制造盘形滚刀刀圈材料。

刀圈制造工艺路线：坯料准备→锻造→退火→粗车→淬火→回火→清理→精加工。

坯料准备按设计成分，用电弧炉熔炼浇成钢锭；对钢锭电渣重熔，制成电渣锭；再经锻造开坯，制成圆棒，将圆棒切割成短棒料。

锻造采用阶梯升温加热坯料，控制始锻温度和终锻温度，锻造后缓冷，锻料不得有夹层、折叠、裂纹、锻伤、结疤、夹渣、白点等缺陷，用锻模保证锻件的外形尺寸。

锻件车削前等温退火，保证获得均匀的珠光体与铁素体组织。淬火+回火是保证刀圈性能的关键工序。

D　工业性对比试验效果

在西安-合肥线的磨沟岭隧道和桃花铺隧道的隧道全断面掘进机上进行批量试验。在磨沟岭隧道装机试验 3 组共 18 个 5Cr5MoV 钢刀圈，掘进距离和时间分别为 935.5m、357.6h，964.5m、370.4h，976.8m、375.8h，3 组刀圈与进口刀圈的磨损情况分别为+4%，+1%，-4.47%（+表示磨损量比进口刀圈高，-则表示低），无一刀圈断裂。以上数据表明，试验刀圈已经达到进口刀圈质量水平。随后在该隧道投入 100 余件刀圈进行生产试验，掘进性能都达到了进口刀圈质量水平。

耐磨中合金钢的种类很多，其应用范围也较为广泛，此外仅以部分中合金钢的化学成分及相应的热处理工艺为例进行简要说明，以供参考。

5.4.2　耐磨中锰钢

耐磨中锰钢 Mn 5%~9%，C 1.05%~1.40%，经过水韧处理后基体组织为奥氏体基体，但有较多的碳化物。加入钼可以抑制铸态组织中碳化物的析出。与 Mn13 钢相比，中锰钢的含锰量降低、奥氏体稳定性下降，使其在非强烈冲击工况下的耐磨性高于 Mn13 高锰钢。适用于冲击不太大的磨损工况。

通过调整材质化学成分，可以使奥氏体具有较低的稳定性，在非强烈冲击工况下，极易产生加工硬化。加入 Nb、N 元素，能够形成各种碳化物、氮化物，提高奥氏体中锰钢的屈服强度。加入一定量的 RE 和 Si-Ca 复合变质剂，可以细化组织，使碳化物、夹杂物球化，从而提高韧性。这样得到的奥氏体中锰钢耐磨件具有较高的屈服强度和韧性，且原始表面硬度高、耐磨性十分优异。

5.4.2.1　化学成分的选择

A　碳

碳是奥氏体锰钢的主要元素之一，其作用主要有两个方面：一是促进形成奥氏体单相组织；二是固溶强化，以保证高的力学性能。随着碳的增加，碳的固溶强化作用增加，提高了奥氏体锰钢的强度、硬度和耐磨性。碳对钢的冲击韧性影响很大，通常 C 在 0.8%~1.15%的范围内影响很小，大于 1.15%以后冲击韧性明显降低。当金属中加入合金元素后，部分形成高硬度的碳化物，也有利于提高耐磨性。

B　锰

锰在奥氏体锰钢中的作用为扩大奥氏体区，稳定奥氏体组织，锰和碳都使奥氏体稳定性提高。当钢中碳含量一定时，随着锰含量的增加，钢的组织逐渐由珠光体型变为马氏体型并进一步转为奥氏体型。随着锰含量的增加，钢的强度、硬度、韧性增加。但其加工硬化能力降低：锰、碳元素的合理配合决定了中锰钢的组织性能。从基体组织碳化物形成、加工硬化综合考虑，锰含量 Mn 为 6.0%~9.0% 为宜。

C　硅

硅具有强化固溶体作用，使屈服强度提高，对冲击韧性影响不大，但它封闭奥氏体相区，并促进石墨化。当 Si 大于 0.6%时，不仅易使奥氏体锰钢产生粗晶，而且降低碳在奥氏体中的溶解度，促使碳化物沿晶析出，降低钢的韧性和耐磨性，增加钢的热裂倾向，因此应控制 Si 在 0.6% 以下。

D　合金化

合金化的目的在于强化基体，减少晶界碳化物，阻止位错运动，从而提高钢的强度和耐磨性。由于固溶体溶质原子的尺寸、弹性模量与铁有差异，因而与铁有交互作用，这种交互作用的能量越负，则这种原子越易偏聚在位错上形成“气团”锁住位错使其难以运动，因而形变不易进行，从而提高屈服强度。由原子尺寸差异引起的交互作用能与可压性差异引起的交互作用能综合作用结果表明，在600℃下合金元素与铁中位错的结合强弱顺序为：$\mathrm{Co<Ni<Cr<Mn<V<Mo<W<Nb}$。

E　变质剂

通过在钢内加入微量元素来细化组织，进一步脱氧和改善夹杂物大小、数量和分布，从而提高钢的综合力学性能，达到中锰钢变质的目的。具体作用如下：

（1）稀土容易在晶界上偏聚与其他元素交互作用，引起晶界的结构、化学成分和能量的变化，并影响其他元素的扩散和新相的成核与长大，从而改善铸态组织，抑制晶粒的长大倾向，影响组织转变等，通常加入量控制在 RE 为 0.3% 左右。

（2）硅-钙可以提高钢的塑性和耐磨性，减少氧、氢、硫等含量，减小铸件裂纹敏感性，钙与硅的亲和力高于锰，因而能形成复杂成分的固态硫氧化物，能把 Al_2O_3转变为铝酸钙的球形质点，SiO_2可作为团球形、层片状、共晶体的非自发核心，从而控制钢中的共晶体数量、分布和形态，硅-钙加入量低于 0.5%。

（3）氮原子半径为 0.8×10^{-10}m，可以在奥氏体中形成间隙式固溶体，使钢强化，提高钢的强度和塑性。氮可以细化结晶组织，它与铌有很强的结合力，形成高熔点的化合物，可以成为奥氏体锰钢的结晶核心，起到细化晶粒的作用。另一方面，它可作为表面活性元素，对结晶过程有一定的影响，N 的加入量控制在 0.3% 以下。

5.4.2.2　中锰钢组织及性能

奥氏体中锰钢的基体组织主要受碳、锰含量控制。在 900℃以上，钢的组织为单一奥氏体。低于 *ES* 线后，开始析出碳化物 $(Fe,Mn)_3C$，在 650℃时，发生共析转变 $\gamma\rightarrow\alpha+(Fe,Mn)_3C$。当冷却速度较快时，碳化物的析出温度降低，析出的数量也减少，共析转变不完全。铸态条件下，中锰奥氏体的组织为奥氏体+碳化物+珠光体，未变质的中锰钢铸态组织粗大，碳化物连续分布在晶界，珠光体片较大。

在中锰钢加入一定数量的铌、氮变质剂，经变质处理后，铸态组织细小，晶界基本没有碳化物析出，珠光体细小，碳化物粒化。中锰钢经 1050℃保温后水淬可获得单一奥氏体组织，其晶粒粗大，一般在 2~3 级。变质中锰钢经热处理后，组织明显细化，可达 6~7 级，而且在奥氏体基体上分布着细小碳化物。研究发现，铸态和热处理后组织细化，是由于 NbN、Nb_2C 非自发形核和稀土抑制晶粒长大综合作用的结果。碳化物粒状化是由于 Nb 和 C、N 有很强的结合力，原有

的 Fe_3C 转变为 Nb_2C，细小弥散地分布在金属基体中。

稀土具有较大原子半径，在铁中溶解度很小。由于具有很大的电负性，它们的化学性质很活泼，能在钢中形成一系列稳定化合物，成为非自发结晶核心，从而起到细化晶粒的作用。另外，稀土是表面活性元素，可以增大结晶核心形成速度，阻止晶粒生长，在过冷液体中进行结晶时，结晶核心产生的速度由下式决定：

$$I = K_0 \exp\left(\frac{-\Delta G_A - \Delta G^*}{RT}\right) \tag{5-3}$$

$$\Delta G^* = \frac{1}{3}\left(\frac{16\pi\sigma_{LS}^3 T_0^3}{L^2 \Delta T^2}\right) \tag{5-4}$$

式中，ΔG_A为原子扩散能；K_0为动力学常数；R 为 Bolzman 常数；T 为热力学温度；ΔG^*为临界核心形成功；σ_{LS}为液体和晶体界面上表面能；L 为熔化热；ΔT为过冷度；T_0为理论结晶温度。

从上述公式可以看出，结晶核心形成多少决定于表面张力和过冷度，稀土是表面活性元素，降低表面张力，提高晶粒形成速度。而且结晶过程中，由于稀土元素在基体和其他相中分配系数小（<0.02%），其表面活性大大增加，往往吸附在晶体生长边缘。选择吸附的结果，正在长大的晶体与钢液界面形成一层吸附薄膜，阻碍了晶体长大所需的原子扩散，从而降低了晶体长大倾向，进而使钢的组织得到细化。

5.4.2.3　中锰钢中的夹杂物

普通奥氏体中锰钢主要用铝脱氧，其非金属夹杂物主要类型是 Al_2O_3、MnO、FeO、MnS 以及它们的复合夹杂物，其数量多，尺寸大，形态多为不规则多角形，而且分布于晶界，降低钢的力学性能，特别是降低韧性。通过变质处理，可以改变钢中夹杂物类型，使其成为高熔点类球状夹杂物，减少它们对力学性能的危害。

A　对夹杂物数量的影响

加入不同变质剂，夹杂物数量都得到不同程度的降低，从表 5-36 中可知，其中 Nb+RE+N+Si-Ca 效果最佳，氧化物总量从原来的 0.035%降到 0.007%，硫化物总量从原来的 0.029%降到 0.010%。这是由于钙的熔点是 850℃，沸点是 1440℃，蒸气压很高，在 1525℃时，可达 3.9466MPa。当金属液浇入铸型中，钙迅速大量蒸发，使钢液剧烈搅动，使钢中夹杂物碰撞，聚合上浮。此外 Al_2O_3 夹杂物生成 CaO-Al_2O_3复合夹杂物，此类低熔点夹杂物被排除出去，从而减少了钢液中夹杂物。

表 5-36 不同变质剂对夹杂物含量的影响 (%)

变质剂	氧化物总量	硫化物总量	稀土化合物总量	铌化物总量
未变质	0.035	0.029	0	0
RE+N+Si-Ca	0.011	0.018	0.013	0
Nb+RE+Si-Ca	0.009	0.015	0.014	0.006
Nb+RE+N+Si-Ca	0.007	0.010	0.011	0.005

B 对夹杂物形状的影响

铝脱氧未经变质时，夹杂物的大小、形貌、占视场面积的百分比都很大。当用 Nb+RE+N+Si-Ca 处理后夹杂物尺寸变小，占面积的百分比也小（表 5-37）。这说明经复合变质处理后，钢液得到净化，未排除的夹杂物也变得圆整，从而减少对基体的割裂作用。中锰钢控制硫化物夹杂形态，稀土加入量必须保证 RE>0.15%，形成高熔点稀土硫化物，因其尺寸小，分布在枝晶之间，从而成为球状或类球状夹杂物。

表 5-37 不同变质剂对夹杂物形状的影响

变质剂	宽度 /μm	高度 /μm	长度 /μm	圆度 /mm	占视场百分比 /%
未变质	4.89	5.35	7.65	1.43	0.978
RE+N+Si-Ca	4.04	4.25	5.46	1.28	0.549
Nb+RE+Si-Ca	3.61	3.80	4.13	1.09	0.413
Nb+RE+N+Si-Ca	1.83	1.97	2.03	1.04	0.212

C 对夹杂物类型的影响

对铝脱氧的普通奥氏体锰钢，其夹杂物的主要类型为 Al_2O_3、MnS、FeO、MnO，当用 Si-Ca 脱氧后，原有的 Al_2O_3、FeO、MnO 大大减少，生成 CaO-Al_2O_3 复合夹杂物，这类夹杂物熔点低，在炼钢温度下成为液体，从钢中排除去，从而减少钢中夹杂物数量。稀土加入后形成稀土硫化物，从而实现了 MnS 类型向稀土硫化物转换。稀土夹杂物多为六方晶系，配位数为 12，与奥氏体相同或相近，所以当其与生长着的晶体接触时，界面能较小，易于被捕获而进入晶体内，限制其长大，因而表现出尺寸小而圆整。

5.4.2.4 中锰钢的加工硬化

中锰钢的加工硬化速度提高很快，特别是变质处理后，加工硬化效果更显著。而高锰钢在非强烈冲击工况条件下，其加工硬化不显著。

中锰钢表面在外力作用下除高密度位错外，还产生了大量的应变诱发马氏体。而高锰钢在外力作用下，在奥氏体基体上分布着大量位错，没有发现应变诱发马氏体。变质中锰钢在不同外力时间条件下，表面分布着大量位错，随着作用时间延长，位错密度增加。位错相互作用，也产生了大量层错。当外力作用到一定时间时，表面硬度大大提高，除高密度位错和层错外，还存在第二相微粒阻止位错运动，并形成了应变诱发马氏体。应变诱发马氏体的形态为板条状和针状，其亚结构为位错型和孪晶型。在外力作用过程中，板条状应变诱发马氏体在高密度位错区形核长大，当作用力增加，位错相互作用，出现机械孪晶，随之又产生针状应变诱发马氏体。综上所述，高锰钢的加工硬化是高密度位错作用的结果。中锰钢的加工硬化是高密度位错、第二相微粒强化和应变诱发马氏体相变综合作用的结果。

5.4.3 耐磨中铬钢

5.4.3.1 成分特点及金相组织、力学性能

表 5-38 为中铬耐磨钢铸件的牌号和化学成分，表 5-39 为金相组织和力学性能。耐磨中铬钢是中碳马氏体（含有一定量的贝氏体）铸钢。铬元素能够提高中碳钢的淬透性，适用于空淬；且珠光体区与奥氏体区分离，淬火中得到马氏体基体的同时也能得到一定的贝氏体基体，提高钢的耐磨性，提高钢的强韧性。加入少量钼元素可以提高钢的淬透性。

表 5-38 中铬耐磨钢铸件的牌号和化学成分 （%）

材 料	C	Si	Mn	Cr	Mo	Ni	S	P
ZG30Cr5Mo	0.20~0.35	0.4~1.0	0.5~1.2	3.8~6.0	0.2~0.8	≤0.5	≤0.04	≤0.04
ZG40Cr5Mo	0.36~0.45	0.4~1.0	0.5~1.2	3.8~6.0	0.2~0.8	≤0.5	≤0.04	≤0.04
ZG50Cr5Mo	0.46~0.55	0.4~1.0	0.5~1.2	3.8~6.0	0.2~0.8	—	≤0.04	≤0.04
ZG60Cr5Mo	0.56~0.70	0.4~1.0	0.5~1.2	3.8~6.0	0.2~0.8	—	≤0.04	≤0.04

表 5-39 中铬钢的金相组织和力学性能

材 料	金相组织	σ_b/MPa	σ_s/MPa	a_{KN}/J·cm^{-2}	HRC
ZG30Cr5Mo	M+B+A′	≥1200	≥800	≥35	≥40
ZG40Cr5Mo	M+A′	≥1500	≥900	≥25	≥44
ZG50Cr5Mo	M+A′+K	≥1300	—	≥20	≥45
ZG60Cr5Mo	M+A′+K	≥1200	—	≥15	≥50

5.4.3.2 中铬钢热处理工艺

中铬钢一般都是采用高温空淬+低温回火的热处理工艺。铸钢件空淬热处理的应力较小，不易淬裂；使用中安全性较高，不易破裂。

5.4.3.3 中铬钢的应用

耐磨中铬钢主要应用于球磨机衬板、锤破机中小型锤头和耐磨管道等非大冲击磨损工况的耐磨件。用于中小型水泥球磨机和火电厂磨煤机的中铬铸钢衬板的使用寿命可到达普通高锰钢的2倍左右。

5.5 低合金耐磨铸钢

在耐磨低合金钢中常加入的合金元素是Mo、Cr、Mn、Ni、Si等，目的是提高淬透性、强度、韧度和耐磨性。低合金耐磨铸钢以其高强韧性、高硬度著称，因此在耐磨钢铸件中的重要性日益增强。其强度和硬度高于耐磨锰钢，在非大冲击磨损的情况下可以代替锰钢；其塑性、韧性高于耐磨铸铁，在一定冲击载荷的磨损工况下，使用寿命高于耐磨铸铁。

5.5.1 化学成分与性能

耐磨低合金钢的合金成分总量小于5%，其主要合金元素有锰、硅、铬、钼、镍等。对于耐磨钢，最主要的性能是硬度，还要有一定的强度和韧性。耐磨低合金钢一般都采取热处理，以形成珠光体、贝氏体或马氏体。耐磨低合金钢的化学成分与性能见表5-40和表5-41，表中所列的钢号都是我国研制和应用的。与国外的耐磨低合金钢相比较，有相当一部分钢号加入了稀土元素，稀土的加入改善了钢的组织，提高了力学性能和耐磨性。另外有些低合金钢还加入了硼，以提高其淬透性。

5.5.2 化学成分的选择

5.5.2.1 碳

碳含量对耐磨低合金铸钢组织和性能影响较大，耐磨低合金铸钢一般都在淬火回火状态下使用，在其他合金元素不变的前提下，改变碳含量，其组织和性能会发生根本性的变化。水淬耐磨低合金钢的碳含量一般不可低于0.27%，碳含量小于0.27%会使得淬火后硬度较低，耐磨性不足。碳含量大于0.33%时，硬度增加不多，但韧性急剧下降。当耐磨钢的碳含量大于0.38%时，水淬出现淬火裂纹，恶化耐磨钢的使用性能。所以，水淬耐磨低合金钢的最佳碳含量范围可控制

表 5-40　常见耐磨低合金钢的化学成分　(%)

品　种	C	Si	Mn	Cr	Mo	P	S	其他
ZG42Cr2MnSi2MoCe	0. 38~0. 48	1. 5~2. 0	0. 8~1. 1	1. 8~2. 2	适量	≤0. 055	≤0. 035	Ce 0. 05~0. 08
ZG40CrMn2SiMo	0. 38~0. 45	0. 9~1. 5	1. 5~1. 8	0. 9~1. 4	0. 2~0. 3	≤0. 04	≤0. 04	
ZG40CrMnSiMoRE	0. 35~0. 45	0. 8~1. 2	0. 8~2. 5	0. 8~1. 5	0. 3~0. 5	≤0. 04	≤0. 04	RE 0. 04
ZG70CrMnMoBRE	0. 65~0. 75	0. 25~0. 45	1. 0~1. 5	1. 0~1. 5	0. 3~0. 4	≤0. 03	≤0. 03	B 0. 0008~0. 0025 RE 0. 06~0. 20
ZG31Mn2SiRE	0. 26~0. 36	0. 7~0. 8	1. 3~1. 7	—	—	≤0. 04	≤0. 04	RE 0. 15~0. 25
ZG75MnCr2NiMo	0. 70~0. 80	0. 40~0. 50	0. 8~1. 0	2. 0~2. 5	0. 3~0. 4	≤0. 12	≤0. 12	Ni 0. 6~0. 8
ZG35Cr2MnSiMoRE	0. 28~0. 35	1. 1~1. 4	0. 8~1. 1	1. 8~2. 2	0. 3~0. 4	≤0. 03	≤0. 03	RE 0. 05
ZG28Mn2MoVB	0. 25~0. 31	0. 3~1. 8	1. 4~1. 8	—	0. 1~0. 4	≤0. 035	≤0. 040	B 0. 001~0. 005 V 0. 06~0. 12
ZG20CrMn2MoBRE	0. 20	0. 5	2. 0	1. 0	0. 3	≤0. 030	≤0. 035	B 0. 0004 RE 0. 05
50Mn2B	0. 45~0. 60	1. 0	2. 2~2. 8	—	—	≤0. 035	≤0. 065	B 0. 0005~0. 0035
45Mn2	0. 42~0. 49	0. 17~0. 37	1. 4~1. 8	—	—	≤0. 035	≤0. 035	
GCr15	0. 95~1. 05	0. 15~0. 35	0. 25~0. 45	1. 40~1. 65	≤0. 10	≤0. 025	≤0. 025	
50Cr	0. 48~0. 53	0. 15~0. 50	0. 4~0. 9	0. 70~0. 90	—	≤0. 035	≤0. 040	
40Cr	0. 38~0. 43	0. 15~0. 50	0. 4~0. 9	0. 70~0. 90	—	≤0. 035	≤0. 040	

表 5-41 常见耐磨低合金钢的性能

材料牌号	热处理方法	抗拉强度/MPa	伸长率/%	冲击韧度/$J \cdot cm^{-2}$	硬度 HRC	金相组织	应用情况
ZG42Cr2MnSi2MoCe	油冷淬火回火	1745		33.3	51~57	回火马氏体+残余奥氏体（4.9%）	球磨机衬板，超过日本 KX601 衬板技术水平
ZG40CrMn2SiMo	油冷淬火回火	1100~1700		30~70	50~55	马氏体+贝氏体（10%~15%）	球磨机衬板
ZG40CrMnSiMoRE	油冷淬火回火	1600		60~80	50~53	马氏体+贝氏体+回火屈氏体	磨煤机衬板，使用寿命比高锰钢提高 1.6 倍
ZG70CrMnMoBRE	水淬空冷	1727	2.4	22.5	53	马氏体+贝氏体	铁矿山球磨机衬板，比高锰钢耐磨性提高 40%以上
ZG31Mn2SiRE	水淬回火	1171~1356	5~10	≥10.6	43~52	马氏体+贝氏体	水泥磨衬板，耐磨性比高锰钢提高 1~1.6 倍；采石颚式破碎机齿板，耐磨性与优质高锰钢相同而成本低 10%
ZG75MnCr2NiMo	退火后调质处理	858.7		8.8	HB345		EM-TO 中速磨煤机空心大钢球
ZG35Cr2MnSiMoRE	水淬低温回火	1372	2	>19.6	50	马氏体	矿山球磨机衬板，铲车斗齿，犁尖
ZG28Mn2MoVB	水淬低温回火					马氏体	ϕ5.5m×1.8m 铁矿球磨机衬板，比高锰钢使用寿命提高 30%~50%
ZG20CrMn2MoBRE	水淬回火						锤式破碎机锤头，使用寿命与高锰钢相同
50Mn2B	轧后空冷堆放自回火			>19.6	≥52	贝氏体	轧制成 ϕ60 以下磨球，在磨煤机中比原碳素钢球耐磨性提高 2 倍
45Mn2	形变热处理			50~52			ϕ60 ~ 100mm，水泥磨球，消耗量 150g/$t_{水泥}$
GCr15	油淬回火				52~55		ϕ60 ~ 100mm，水泥磨球，消耗量 85g/$t_{水泥}$
50Cr	锻热淬火				56~63		ϕ60~110mm 磨球
40Cr	锻热淬火				56~58		ϕ50~80mm 磨球

在 C 0.28%~0.33%，这时低合金耐磨钢既可获得较高的硬度（HRC 49~51），同时又可获得最佳的强韧性配合。

5.5.2.2　硅

硅是缩小 γ 相区的元素，使 A_3点上升，A_4点降低，S 点左移，几乎不影响 M_s 点。Si 虽然升高 A_3，有利于 γ→α 转变，但由于 Si 能溶于 Fe_3C，使渗碳体不稳定，阻碍渗碳体的析出和聚集，因而提高钢的淬透性和回火抗力。但硅对淬透性的影响远低于 Mn、Cr。大部分 Si 溶于铁素体中，强化作用很大，能显著提高钢的屈服强度、屈强比和硬度，它比 Mn 钢的强度更大，耐磨性更好。当 Si<1.0%时，并不降低塑性；当 Si<1.5%时，不增加回火脆性。在马氏体耐磨钢中，一般 Si≤1.5%。否则，钢的韧性大大降低，并增加回火脆性。Si 强烈降低钢的导热性，促使铁素体在加热过程中晶粒粗化，增加钢的过热敏感性和铸件的热裂倾向。一般低合金马氏体耐磨钢中的硅含量可控制在 Si 0.8%~1.4%。

在中低碳贝氏体钢中，硅具有强烈抑制碳化物析出的作用。硅强烈抑制碳化物析出使富碳奥氏体具有高的稳定性。由于硅对碳化物析出的阻碍作用，可以消除渗碳体的有害作用。硅在贝氏体铸钢中也存在不利影响，特别是对铸态组织，由于钢液的树枝状结晶方式，使枝干和枝间存在着明显的成分不一致，枝晶干的碳、硅、锰、铬含量较低，转变时先形成贝氏体和马氏体。而枝晶间的碳、硅、锰、铬含量较高，使 B_s 和 M_s 都低于钢成分所确定的值。所以，在铸态组织枝晶间存在相当数量的块状残余奥氏体，这对贝氏体钢的冲击韧性是有害的。在中低碳贝氏体钢中，硅的含量应控制在 Si 1.6%~2.0%范围内。

在高碳贝氏体钢中，硅的作用与中低碳贝氏体钢类似，只是硅的范围提高了。高碳贝氏体钢的硅含量一般可控制在 Si 2.5%~2.7%。

5.5.2.3　锰

锰是主要的强化元素，大部分溶入铁素体，强化基体，其余 Mn 生成 Mn_3C，它与 Fe_3C 能相互溶解，在钢中生成 $(FeMn)_3C$ 型碳化物。Mn 使 A_4点升高，A_3点下降，并使 S 点、E 点左移，所以可增加钢中珠光体的数量。由于 Mn 降低 γ-Fe→α-Fe 相变温度和 M_s温度，降低奥氏体分解（析出碳化物）速度，因而大大提高钢的淬透性。但 Mn 属于过热敏感性元素，淬火时加热温度过高，会引起晶粒粗大。Mn 含量过高，易形成多晶型组织，出现大量网状铁素体，增加钢的回火脆性倾向，并会导致钢淬火组织中残余奥氏体量增加，所以耐磨低合金钢中锰含量一般控制在 Mn 1.0%~2.0%。

5.5.2.4　铬

铬是耐磨钢的主要合金元素之一，与钢中的碳和铁形成合金渗碳体（$(FeCr)_3C$）和合金碳化物（$(FeCr)_7C_3$），能部分溶于固溶体中，强化基体，提高钢的淬透性，尤其与锰、硅合理搭配，能大大提高淬透性。Cr具有较大的回火抗力，能使厚断面的性能均匀。在耐磨低合金钢中Cr的含量不宜太高，否则会导致淬火、回火组织中残余奥氏体量增加。一般可控制在Cr 0.5%~1.2%。

5.5.2.5　钼

钼在耐磨低合金钢中能够有效地细化铸态组织。热处理时，能强烈抑制奥氏体向珠光体转变，稳定热处理组织。在Cr-Mo-Si耐磨低合金钢中，加入钼能急剧提高其淬透性和断面均匀性，防止回火脆性的发生，提高回火稳定性，改善冲击韧性，增加钢的抗热疲劳性能。但由于钼价格昂贵，故根据零件的尺寸和壁厚，加入量一般控制在Mo 0.2%~1.2%。

5.5.2.6　镍

镍和碳不形成碳化物，但和铁以互溶的形式存在于钢中的α相和γ相中，使之强化，并通过细化α相的晶粒，改善钢的低温性能，能强烈稳定奥氏体，提高钢的淬透性而不降低钢的韧性。镍也是具有一定耐腐蚀能力的元素，对酸、碱、盐及大气都具有一定的耐腐蚀能力，含镍的低合金钢还有较高的耐腐蚀疲劳性能。但镍价格昂贵。只能根据耐磨零件的大小及工况条件来确定其使用量，通常加入量Ni 0.4%~1.5%，在含铬的耐磨钢中，镍的加入量一般控制在Ni/Cr≈2。

5.5.2.7　铜

铜和碳不形成碳化物，它在铁中的溶解度不大，和铁不能形成连续的固溶体。铜在铁中的溶解度随温度的降低而剧降。可通过适当的热处理产生沉淀硬化作用。铜还具有类似镍的作用，能提高钢的淬透性和基本电极电位，增加钢的耐腐蚀性。这一点对湿磨条件下工作的耐磨件尤其重要，耐磨钢中铜的加入量一般为Cu 0.3%~1.0%。过高的铜含量对耐磨铸钢无益。

5.5.2.8　微量元素

在耐磨低合金铸钢中加入微量元素是提高其性能最有效的方法之一，我国有丰富的钒、钛、硼及稀土资源，一些铁矿石中就含有丰富的钒和钛。耐磨低合金铸钢中加入钒、钛可细化铸态组织，产生沉淀强化作用，增加硬质点相的数量，弥补碳含量低造成的硬度不足。硼可提高钢的冲击韧性，增加钢的淬透性。稀土不仅可有效细化铸态组织，净化晶界，改善碳化物和夹杂物的形态及分布，提高耐磨低合金铸钢的抗疲劳性及抗疲劳剥落性，并使耐磨低合金铸钢保持足够的韧性。微量元素的加入量可根据工况条件和生产成本决定，一般钛可控制在Ti 0.02%～0.1%；稀土控制在RE 0.12%～0.15%；硼可控制在B 0.005%～0.007%；钒控制在V 0.07%～0.3%。

5.5.3 低合金钢的热处理

低合金耐磨铸钢按含碳量和热处理方式分为三类，及水淬热处理低碳马氏体耐磨钢，油淬、空淬热处理低合金耐磨钢和正火热处理的低合金耐磨铸钢。

5.5.3.1 水淬耐磨钢

这种钢是含碳量为C为0.2%～0.35%的多元低合金铸钢，主要牌号有ZG30CrMnSiMo、ZG30CrMn2Si、ZG30CrNiMo。经过水淬和回火处理后，硬度高、耐磨性好，具有较好的强韧性配合，使用中不易发生变形和开裂，广泛用于挖掘机、装载机及拖拉机的斗齿、履带板，中小型颚板、板锤、锤头，球磨机衬板等。水淬耐磨铸钢具有良好的韧性和较低成本的优点，可适用于大、中型耐磨件的制造。在实际应用中，采用水淬热处理的钢种有很多，现以几种常见的耐磨低合金钢为例，进行相关热处理工艺说明。

A ZG31Mn2SiREB

ZG31Mn2SiREB的化学成分范围见表5-42，该耐磨钢的热处理工艺采用：奥氏体化温区1000～1050℃，保温时间根据炉装量确定，一般可控制在2.5～3.5h内，水冷淬火，回火温度为200℃，保温3～4h。

表5-42 ZG31Mn2SiREB铸钢的化学成分 (%)

成分	C	Si	Mn	S	P	RE	B
含量	0.25～0.35	0.8～1.1	1.0～1.6	≤0.03	0.1～0.15	0.1～0.15	0.005～0.007

该耐磨钢的淬火回火组织由不同比例的板条马氏体和片状马氏体组成，板条马氏体所占比例较大，且板条马氏体间存在有残余奥氏体薄膜，在马氏体晶内、晶界上分布有回火碳化物和球状夹杂物。这种组织具有良好的硬度和强韧性配合，适用于非强烈冲击工况。

B ZG30CrMn2SiREB

ZG30CrMn2SiREB的化学成分范围见表5-43。为了使ZG30CrMn2SiREB铸钢

在非强烈冲击条件下获得最佳的韧性储备，在1050℃淬火，150~200℃回火，可获得最大的冲击韧度。因此，该铸钢的最佳热处理工艺可确定为：在650℃均热1h，然后加热至1000~1050℃，根据装炉量可确定保温时间，一般确定为2.5~3.5h，回火温度为150~200℃，回火时间3h。

表5-43 ZG30CrMn2SiREB铸钢的化学成分 (%)

成分	C	Si	Mn	S	Cr	P	RE	B
含量	0.27~0.33	0.8~1.1	1.0~1.5	≤0.03	0.8~1.2	≤0.03	0.1~0.15	0.005~0.007

该马氏体耐磨钢的淬火回火组织主要由板条马氏体+少量残余奥氏体+回火碳化物+球状碳化物组成，板条马氏体细小且排列整齐。该铸钢经1050℃淬火，在150~200℃回火处理后，不仅具有高的硬度，而且具有高的强韧性和断裂韧性，因此，可应用于各类非强烈冲击条件下工作的耐磨件。

C ZG30CrMnSiNiMoCuRE

耐磨铸钢件不仅承受矿石的冲击磨损，而且受到矿浆的腐蚀磨损，矿山湿磨条件下矿浆的腐蚀磨损作用是铸钢件磨损的重要原因之一。ZG30CrMnSiNiMoCuRE耐磨耐蚀钢的化学成分范围见表5-44，经1000~1050℃淬火，200℃回火处理后，达到最佳的强度、硬度和韧性的配合，可适用于生产中型以下矿山耐磨件。

表5-44 ZG30CrMnSiNiMoCuRE铸钢的化学成分 (%)

成分	C	Si	Mn	Cr	Ni	Mo	Cu	RE
含量	0.3~0.35	0.8~1.2	0.8~1.3	0.8~1.2	1.0~1.2	0.2~0.5	0.5~1.5	0.1~0.2

该耐磨耐腐蚀钢的组织为一定比例的高密度位错马氏体和片状马氏体的混合物和碳化物，板条马氏体占多数，板条马氏体束细小，发展齐整。片状马氏体被板条马氏体所包围，碳化物以细小的球状，弥散分布在晶内和晶界上。由于钢的力学性能取决于其组织组成物的性能，ZG30CrMnSiNiMoCuRE耐磨耐蚀钢的组织为高密度位错型板条马氏体，这决定了其有高的强韧性。

D ZG30CrMnSiMoTi

ZG30CrMnSiMoTi的化学成分范围见表5-45。在900℃、950℃、1000℃奥氏体化淬火+250℃回火处理后，随着淬火温度的提高，ZG30CrMnSiMoTi耐磨钢的屈服强度和冲击韧度均有提高，但对抗拉强度和硬度影响不大，伸长率降低。可见提高淬火温度能在不降低硬度的情况下提高ZG30CrMnSiMoTi耐磨钢的冲击韧度。

表 5-45　ZG30CrMnSiMoTi 铸钢的化学成分　(%)

成分	C	Si	Mn	Cr	Mo	Ti	S，P
含量	0.28~0.34	0.8~1.2	1.2~1.7	1.0~1.5	0.25~0.5	0.08~0.12	≤0.04

该耐磨钢是针对矿山球磨机衬板的工况条件而研究的一种水淬+回火耐磨钢，具有合适的金相组织，因此具有较高的本体硬度和韧性。

E　ZG28Mn2MoVBCu

ZG28Mn2MoVBCu 的化学成分范围见表 5-46，经 880℃淬火+200℃回火后，抗拉强度、硬度和冲击韧度均比较低。提高淬火温度，使钢在 1000℃淬火+200℃回火后，ZG28Mn2MoVBCu 耐磨铸钢的抗拉强度、硬度和冲击韧度都得到明显提高。因此，选择 1000℃淬火+200℃回火作为 ZG28Mn2MoVBCu 耐磨钢的热处理工艺。

表 5-46　ZG28Mn2MoVBCu 铸钢的化学成分　(%)

成分	C	Si	Mn	Mo	V	Cu	B	S，P
含量	0.25~0.31	0.3~0.4	1.4~1.8	0.2~0.4	0.08~0.12	0.2~0.4	0.002~0.005	≤0.03

ZG28Mn2MoVBCu 耐磨钢是针对大直径自磨机衬板而研究的一种水淬+回火耐磨钢，它经淬火和低温回火后可获得板条马氏体+残余奥氏体组织，具有较高的本体硬度和韧性配合，可适用于制造自磨机衬板。

5.5.3.2　油淬和空淬耐磨钢

水淬耐磨铸钢虽然具有良好的韧性和较低成本的优点，可适用于大、中型耐磨件使用，但由于水淬耐磨铸钢的碳含量较低，淬火后零件的硬度较低，因此，钢的耐磨性不足。为了满足低冲击、高耐磨性工况条件下零件的要求，采用增加碳含量，提高硬度，适当地牺牲韧性，并通过变质处理的方法改善组织提高零件耐磨件能。增加碳含量虽可以提高钢的硬度和耐磨性，但淬火时易产生淬火裂纹，降低工件的使用寿命，因此采用油淬。这种钢是含碳量大于 0.35%的多元低合金铸钢，主要有铬钼钢、铬镍钼钢、铬锰硅钼钢三类。根据合金含量的不同，经过油淬或空淬和回火处理后，可得到强韧性较好、硬度高、耐磨性好的马氏体钢，由于球磨机衬板、中小型颚板、锤头、板锤等。但其韧性低于上述水淬热处理低合金马氏体耐磨钢，应用时必须考虑工况的冲击载荷。

A　34SiMnCr2MoV

34SiMnCr2MoV 耐磨钢是针对工程机械的各类齿尖、挖掘机斗齿、铲齿而研制的一种新型耐磨材料。对齿尖材料的性能主要有五方面要求：高强度、高硬度；一定的韧性、塑性；良好的抗回火软化性；良好的模锻工艺性；热处理工艺稳定性。必须综合考虑，以确定新材料成分（表 5-47）。另外，高强韧齿尖是采用模锻成型。因此，新材料设计还必须考虑其锻造性能。对 34SiMnCr2MoV 耐磨钢的热加工工艺见表 5-48。

表 5-47 34SiMnCr2MoV 铸钢的化学成分 （%）

成分	C	Si	Mn	Cr	Mo	V	P	S
含量	0.3~0.4	0.8~1.4	1.0~1.6	1.5~2.5	0.5~1.0	0.1~0.5	<0.03	<0.03

表 5-48 试验钢热加工工艺规范

项 目	加热温度/℃	始锻温度/℃	终锻温度/℃	冷却方法
钢坯	1140~1180	1100~1150	>850	砂冷火坑冷
钢锭	1120~1150	1080~1120	>850	砂冷或坑冷

34SiMnCr2MoV 耐磨钢在 1000℃加热淬火的金相组织为板条状马氏体，因此试验钢有较好的韧塑性。较高的淬火温度可以使板条间存有残余奥氏体膜，这种组织具有很好的强韧性，并具有很好的抗回火软化能力。该耐磨钢在 1000℃淬火、230℃回火或 550℃回火后，具有良好的强韧性配合。

B ZG38SiMn2BRE

ZG38SiMn2BRE 耐磨钢具有耐磨性优良、强度高、合金含量少、成本低等特点，可替代高锰钢作为耐磨衬板材料，解决了高锰钢衬板因屈服强度较低、抵抗变形能力差、易使衬板变形等问题，其耐磨性是高锰钢衬板的 1.5 倍。具体化学成分范围见表 5-49。

表 5-49 ZG38SiMn2BRE 耐磨钢的化学成分 （%）

成分	C	Si	Mn	B	RE	S	P
含量	0.35~0.42	0.6~0.9	1.5~2.5	0.001~0.003	0.02~0.04	<0.04	<0.04

ZG38SiMn2BRE 耐磨钢的热处理工艺是根据中碳马氏体钢的相变临界点，确定奥氏体化温度为 850℃，保温时间为 1h，在水玻璃溶液中淬火，然后进行 200℃、250℃回火处理，回火时间为 2h。

ZG38SiMn2BRE 耐磨钢的铸态组织由块状铁素体+珠光体组成。经 850℃淬火、200℃回火后的显微组织为回火马氏体 M′+残余奥氏体 A′。

C ZG50SiMnCrCuRE

ZG50SiMnCrCuRE 耐磨钢是针对中、小型球磨机衬板在湿式腐蚀磨损工况条件下而研制的一种新型耐磨材料，具体化学成分范围见表 5-50。

表 5-50　ZG50SiMnCrCuRE 耐磨钢的化学成分　（%）

成分	C	Si	Mn	Cr	Cu	S	P	RE
含量	0.45~0.55	0.6~1.2	1.3~1.8	1.5~2.5	0.5~1.0	<0.03	<0.03	0.1~1.5

该耐磨钢衬板经高温淬火加低温回火后，再经一次常温淬火加低温回火后，衬板具有较理想的性能。所以采用的热处理工艺为：650℃均热后升至 1000℃，保温 2h 淬火，200℃回火；然后再进行一次常温热处理，即加热至 650℃均热后升至 820℃后，再保温 2h 油淬，230℃回火。

采用上述工艺，先进行一次高温淬火，可使合金元素充分扩散和均匀化，使一些微量元素溶于奥氏体中。这种钢的马氏体组织在低温回火时有一韧性极大值，可利用提高奥氏体化温度的办法使韧性极大值再增高。由于未溶第二相质点的数量、大小和形状都影响马氏体的韧性，所以提高奥氏体化温度，第二相质点能减少，显然对提高淬火马氏体的强韧性有利。但是由于锰的存在，使钢的过热倾向严重，奥氏体晶粒在高温下易于长大，所以淬火后得到粗大的马氏体组织，这不利于综合力学性能的提高。因此，再采用二次油淬，可使粗大马氏体明显减少，这对强度和韧性是有利的。

D　ZG50SiMnCr2Mo

ZG50SiMnCr2Mo 耐磨钢是针对锤式破碎机锤头而研制的一种具有良好耐磨性的耐磨材料，它适用于生产中、小型锤式破碎机锤头，具体化学成分范围见表 5-51。

表 5-51　ZG50SiMnCr2Mo 耐磨钢的化学成分　（%）

成分	C	Si	Mn	Cr	Mo
含量	0.45~0.53	0.8~1.0	1.0~1.4	2.0~3.0	0.2~0.4

为了使 ZG50SiMnCr2Mo 耐磨钢获得足够的耐磨性，发挥合金元素的作用，对铸件进行淬火+回火热处理。当铸钢件分别进行风淬和水淬时，发现水淬的铸件，即使经过回火处理，其韧性仍很低，而且大部分出现显微裂纹，而风淬未出现裂缝，经回火处理韧性也较好，因而铸件的淬火确定为风淬。当锤头风淬温度为 820℃时，硬度为 HRC 42；温度提高到 920℃时硬度为 HRC 53；淬火温度升到 970℃，硬度反而下降至 HRC 48。因而选定 920℃为合适的淬火温度。

E　Cr-Ni-Mo 耐磨铸钢

Cr-Ni-Mo 耐磨铸钢是针对锤式破碎机锤头而研制的一种新型耐磨材料，锤头的工况条件极其复杂，锤头的大小、破碎物料的岩相特性及块度的大小均影响锤头材质的选择，而合适的材质会取得良好的使用效果。通过化学成分及热处理工艺的调整，可以使 Cr-Ni-Mo 耐磨低合金铸钢的硬度和冲击韧度在较大的范围内变化，以适应不同工况条件对材料硬度和韧性的要求，具体化学成分见表 5-52。

表 5-52　Cr-Ni-Mo 耐磨铸钢的化学成分　（%）

成分	C	Si	Mn	Cr	Ni	Mo	S	P
含量	0.3~0.7	0.8~1.2	1.0~1.5	1.5~2.5	0.5~1.5	0.2~1.0	<0.04	<0.04

Cr-Ni-Mo 耐磨铸钢的组织和性能取决于其化学成分和热处理工艺，在化学成分一定的条件下，主要取决于热处理工艺，即淬火温度、淬火介质和回火温度。为简化热处理操作，适应中、小型企业的生产，选择空冷淬火。随淬火温度的提高，Cr-Ni-Mo 低合金耐磨铸钢的冲击韧度提高，在 920℃ 硬度最高，940℃ 时硬度有所下降。当回火温度提高至 350℃ 后冲击韧度下降。500℃ 回火时，冲击韧度和硬度均降至最低点，说明此时出现回火脆性。回火温度超过 500℃，冲击韧度和硬度均有所提高，硬度提高是由于碳化物析出引起的二次硬化造成的。所以回火温度通常选择在 350℃ 以下。由此可见，该钢种的淬火加热温度以 920~950℃ 为宜，回火温度通常选择在 300~350℃。

5.5.3.3　正火处理低合金珠光体耐磨钢

正火处理低合金珠光体耐磨钢是含碳量为 0.55%~0.9% 的高碳铬锰钼钢，典型的牌号为 ZG85Cr2MnMo。经过正火和回火处理后，可达到珠光体基体。这类钢具有良好的韧性和抗疲劳性能，高的加工硬化能力；只含有较少的不昂贵的合金元素且不需经过复杂的热处理，从而具有较低的生产成本。此类耐磨钢用于一定冲击载荷的磨料磨损工况，如 E 型磨煤机的空心大磨球及球磨机衬板。

5.5.4　低合金贝氏体耐磨钢

（1）贝氏体显微组织：贝氏体是奥氏体在中温区的共析产物，是由含碳过饱和的铁素体与碳化物组成的机械混合物，其组织和性能都不同于珠光体。贝氏体的组织形态是比较复杂的，随着奥氏体成分和转变温度不同而变化。在中碳钢和高碳钢中，贝氏体具有两种典型形态：一种是羽毛状的上贝氏体，它形成于中温区的上部；另一种是针片状的下贝氏体，它形成于中温区的下部。

在上贝氏体中，过饱和铁素体呈板条状，一排排的由晶界伸向晶内，在铁素体条之间，断断续续地分布着细条状渗碳体。在下贝氏体中，过饱和铁素体呈针片状，比较散落地成角度分布。在铁素体片内部析出许多 $\varepsilon\text{-Fe}_xC(Fe_{2\sim3}C)$ 小片，小片平行分布，与铁素体片的长轴成 55°~69°取向。

在低碳钢和低碳、中碳合金钢中，还会出现一种粒状贝氏体，它形成于中温区的最上部大约500℃以上和奥氏体转变为贝氏体最高温度（B_s点）以下的范围内。在粒状贝氏体中，铁素体呈不规则的大块状，上面分布着许多粒状或条状的小岛，它们原是富碳的奥氏体区，随后有的分解为铁素体和渗碳体，有的转变成马氏体，也有的不变化而残存下来。所以，粒状贝氏体形态多变，很不规则。

上贝氏体有些像条状马氏体，下贝氏体则很像片状马氏体。同时，片状马氏体的亚结构是精细孪晶，下贝氏体中则没有精细孪晶，而具有高密度位错胞的亚结构。

（2）贝氏体的力学性能：其力学性能主要取决于其组织形态。贝氏体是铁素体和碳化物组成的复相组织，其各相的形态、大小和分布都影响贝氏体的性能。贝氏体组织形态与其形成温度有关。一般来说，随着贝氏体形成温度的降低，贝氏体中铁素体晶粒变细、碳含量变高；而贝氏体中渗碳体尺寸减小，数量增多，其形态也由断续的杆状或层状向细片状变化。因此，贝氏体强度和硬度增加。

不同的贝氏体组织，其性能大不相同。其中，以下贝氏体的性能最好，具有高的强度、高的韧性和高的耐磨性。从贝氏体形成过程进行分析，越是靠近贝氏体区（中温区）上限温度形成的上贝氏体，韧性越差，强度越低。而在中温区下部形成的下贝氏体，强度、硬度和韧性都提高。在实际生产中采用等温淬火，都是为了得到下贝氏体，以提高强韧性和耐磨性。

一般而言，下贝氏体的性能比片状马氏体好，而上贝氏体的性能则不如条状马氏体。所以，低碳钢不适于等温淬火，中碳、高碳钢的等温淬火效果很好。

5.5.4.1　贝氏体耐磨钢

A　50SiMn2Mo 贝氏体耐磨铸钢

50SiMn2Mo贝氏体耐磨铸钢是针对冶金、水泥等行业使用的球磨机、破碎机上的磨球、锤头、衬板、颚板等耐磨件而研究的新型耐磨材料。50SiMn2Mo贝氏体耐磨铸钢的化学成分范围见表5-53。

表5-53　50SiMn2Mo耐磨铸钢的化学成分　（%）

成分	C	Si	Mn	S	P	Mo	B，V，RE
含量	0.4~0.6	1.5~2.0	2.0~3.0	<0.035	<0.04	0.2~0.5	微量

将成分C 0.53%、Si 1.51%、Mn 2.1%、Mo 0.21%的铸钢加热到850~900℃，取出自然冷却至室温，然后在250℃回火3h，可得到以贝氏体为主的组织。金属薄膜透射电镜分析表明，该类贝氏体板条中存在高密度的位错，板条间含有奥氏体膜，这种奥氏体膜中由于有较高的碳含量，具有高的稳定性。正是这

种贝氏体形态，使该钢具有良好的强韧性配合。

贝氏体耐磨铸钢可在大尺寸范围内获得较为均匀的力学性能，不仅具有高的强度和硬度，而且还具有较高的韧性。该钢种还可通过碳、硅、锰元素的合理调配，获得不同的强韧性配合，满足不同的使用工况要求。

B 50SiMn2Cr2RE 贝氏体耐磨铸钢

50SiMn2Cr2RE 贝氏体耐磨铸钢的成分范围见表 5-54。该种贝氏体耐磨铸钢的最佳热处理工艺为 900~930℃ 空冷（或风冷）250~300℃ 回火。组织为板条状贝氏体+富碳残余奥氏体+少量马氏体。50SiMn2Cr2RE 贝氏体耐磨铸钢经最佳热处理后，可获得优异的综合力学性能和高的耐磨性。

表 5-54 50SiMn2Cr2RE 耐磨铸钢的化学成分 (%)

成分	C	Si	Mn	Cr	S	P	RE	Mg
含量	0.4~0.6	0.8~1.5	1.5~2.0	1.0~2.0	≤ 0.03	≤ 0.03	≤ 0.03	≤ 0.03

50SiMn2Cr2RE 贝氏体耐磨铸钢经 930℃ 奥氏体保温，空淬后的金相组织主要由贝氏体+奥氏体+少量马氏体组成。在基本化学成分相同的情况下，随着碳、硅含量的不同，其基体组织形态存在着区别。在高碳低硅时，基体组织主要以贝氏体和片状马氏体为主。当降低碳含量，提高硅含量时，由于硅能最大限度地防止锰的偏析，抑制碳化物的析出，促进贝氏体转变，使得奥氏体以薄膜的形式出现，其组织主要以贝氏体和一定量的板条状马氏体组成，特别是随着硅含量的进一步提高，组织中主要是贝氏体。

C 70SiMn2Cr2MoBRE 贝氏体耐磨铸钢

70SiMn2Cr2MoBRE 贝氏体耐磨铸钢是针对球磨机衬板而研制的一种耐磨材料。该钢种具有优良的强韧性和优异的耐磨性，属于一种耐磨低合金铸钢，且成本低、制造工艺简单可行。70SiMn2Cr2MoBRE 贝氏体耐磨铸钢的化学成分范围见表 5-55。

表 5-55 70SiMn2Cr2MoBRE 耐磨铸钢的化学成分 (%)

成分	C	Mn	Si	Cr	Mo	B	RE	S	P
含量	0.6~0.9	1.2~1.8	≤1.0	1.5~2.0	0.2~0.6	0.004~0.008	0.12~0.2	≤0.04	≤0.04

为了保证该铸钢的性能，热处理采用高温箱式炉加热淬火，奥氏体化温度为 950℃±10℃，保温时间可根据零件大小、壁厚和装炉量一般定为 2~4h，然后进行空淬。对厚大件可采用分级淬火，回火温度为 250~300℃，保温 3~4h。这种钢在空淬条件下，获得贝氏体为主的组织，处理后的硬度大于 HRC 50，无缺口冲击韧度 a_K>20J/cm^2。

5.5.5 低合金马氏体-贝氏体复相耐磨钢

5.5.5.1 Si-Mn 耐磨钢贝氏体-马氏体钢

Si-Mn 耐磨钢贝氏体-马氏体钢具有优良的综合力学性能和耐磨性能，一直为人们所关注，但近年来多集中于空冷贝氏体钢的研究。结合控制冷却工艺和 Si、Mn 复合合金化，研制成功了成本低、性能优良的 Si-Mn 贝氏体-马氏体耐磨铸钢，并在生产中获得了应用，具体化学成分范围见表 5-56。

表 5-56 Si-Mn 耐磨铸钢的化学成分 (%)

成分	C	Si	Mn	S	P
含量	0.4~0.6	1.5~2.5	2.5~3.5	<0.06	<0.06

Si-Mn 贝氏体-马氏体耐磨钢的 TTT 曲线（图 5-10)，在 Si 和 Mn 的复合作用下，钢的珠光体转变区与贝氏体转变区分离，曲线上存在明显的贝氏体转变区域，贝氏体转变的鼻尖温度为 270℃，在此温度以上，随等温温度升高，贝氏体转变孕育期延长。贝氏体转变的温度范围为 400~235℃。同时珠光体和贝氏体转变均推迟，过冷奥氏体稳定性增加。通常 Si-Mn 贝氏体-马氏体耐磨铸钢经 800℃奥氏体化，淬火介质使用 50% KNO_3+50% $NaNO_2$ 混合盐，盐浴温度波动不超过 ±4℃，在 280℃等温 3h 处理后，可获得最佳的综合力学性能。

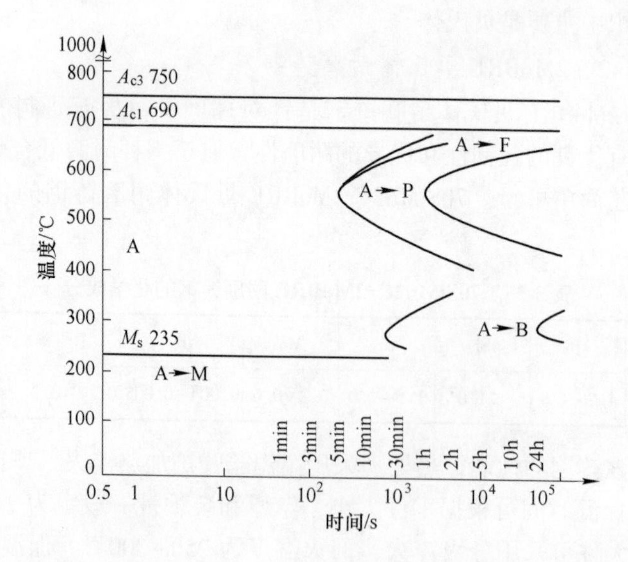

图 5-10 Si-Mn 贝氏体-马氏体耐磨钢的过冷奥氏体转变曲线

经过热处理后的 Si-Mn 耐磨钢，在 280℃等温时获得的组织中，贝氏体基体为针状的下贝氏体；在320℃等温时获得的组织中，针状的下贝氏体量减少，并有粒状化趋势；在360℃等温时获得的组织则基本呈颗粒状。在贝氏体-马氏体复相组织中，下贝氏体的含量对性能的提高起关键作用，其中贝氏体组织形态和贝氏体、马氏体及残余奥氏体三者相对含量的变化将直接影响到该钢种的力学性能。在实际应用中，等温温度为280℃时，可获得含量适当的下贝氏体-马氏体组织，最终获得综合性能优异的Si-Mn贝氏体-马氏体耐磨铸钢。

5.5.5.2 空冷马氏体-贝氏体耐磨铸钢

贝氏体组织有较高的硬度和韧性，而获得贝氏体组织，需要进行等温淬火或加入合金元素进行合金化。为使空冷条件下获得马氏体-贝氏体复相组织，获得具有优良力学性能和耐磨性的材料，对材料的化学成分、复合变质处理工艺应严格控制，以满足空冷下获得马氏体-贝氏体组织的要求，具体化学成分见表5-57。

表5-57 空冷马氏体-贝氏体耐磨铸钢的化学成分 (%)

成分	C	Si	Mn	Cr	Mo	Ni
含量	0.4~0.8	0.7~1.3	0.7~1.1	1.5~2.5	0.5~1.0	0.4~0.6

当淬火温度低于910℃，随淬火温度升高，硬度升高；淬火温度超过910℃时，硬度反而下降。在850~950℃时，低合金钢具有较高的淬硬件，再升温时，韧性下降。在回火处理时温度变化对马氏体-贝氏体低合金钢性能的影响如图5-11所示。可以看出，低合金钢在350℃左右回火时，硬度值和冲击韧度值均提高。

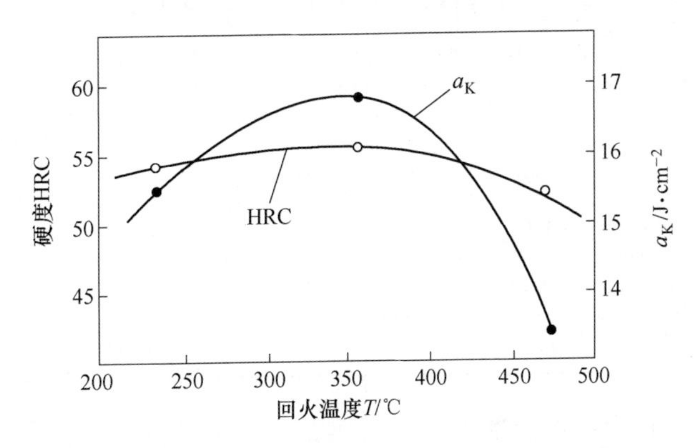

图5-11 回火温度对空冷马氏体-贝氏体耐磨铸钢性能的影响

冲击磨损条件下，主要存在四种磨损失效机制，即变形磨损、切削磨损、凿削磨损和疲劳磨损。空冷马氏体-贝氏体耐磨铸钢热处理后不仅硬度高，具有较高的抗切削磨损能力，而且韧性好，具有良好的抗变形磨损和疲劳磨损能力。高铬铸铁抗切削磨损能力优于低合金钢，但韧性低，在冲击磨损中因反复塑变而使其变形层变脆而呈薄片状剥落，因此，综合作用的结果使他的耐磨性略逊于低合金钢。高锰钢在低、中冲击条件下，加工硬化层薄，因而耐磨性较低。

5.5.6 国外常用的低合金钢

为了了解国外耐磨低合金钢的应用情况，现给出部分钢种的化学成分，供参考：

（1）Cr-Mo 系列耐磨低合金钢其化学成分见表 5-58。

表 5-58　Cr-Mo 系列耐磨低合金钢的化学成分

钢　种	化学成分/%							硬度 HB	显微组织
	C	Mn	Si	Cr	Mo	Ni	Cu		
Cr-Mo	0.63	0.71	0.58	2.30	0.34	—	—	280	P，K
Cr-Mo	0.88	0.95	0.72	2.44	0.35	—	—	343	P，K
Mn-Si-Cr-Mo	0.43	1.39	1.46	0.83	0.49	—	—	366	M，B
Mn-Si-Cr-Mo	0.63	1.44	1.48	0.83	0.49	—	—	620	M，B
Mn-Si-Cr-Ni-Mo	0.55	1.44	1.32	0.68	0.63	0.96	0.8	620	M，B

注：P—珠光体；K—少量碳化物；M—马氏体；B—贝氏体。

（2）日本部分耐磨低合金钢其化学成分见表 5-59 和表 5-60。

表 5-59　日本水泥磨机部分衬板的化学成分

工件名称	化学成分/%					力学性能
	C	Mn	Si	Cr	Mo	
一仓筒体衬板	0.42	1.00	1.73	1.56	0.41	HRC 52.5
一仓筒体衬板	0.39	0.92	1.61	1.70	0.39	$a_K = 1.75J/cm^2$
隔仓板	0.37	0.95	0.85	1.24	0.29	$\sigma_b = 1420MPa$，HBS410

（3）俄罗斯推土机用耐磨低合金铸钢其化学成分及不同热处理后的性能见表 5-61 和表 5-62。

表 5-60 日本推土机刀片挖掘机斗齿用钢的化学成分

钢种	化学成分/%								热处理	力学性能
	C	Mn	Si	Cr	Mo	V	B	Al		
1	0.30		1.75	0.5					980℃油淬，350℃回火后速冷	HRC46~52
2	0.28~0.36	1.0~1.5	1.9~2.4	0.4~1.0	0.1~0.3	0.03~0.15			退火后900℃油淬，300℃回火空冷	HRC50 $a_K=39.2\text{J/cm}^2$
3	0.30~0.38	0.8~1.5	1.7~2.2	1.0~1.5	0.3~0.5				退火后900℃油淬，300℃回火空冷	HRC50 $a_K=39.2\text{J/cm}^2$
4	0.30~0.38	0.8~1.5	1.7~2.2	1.0~1.5	0.3~0.5	0.04~0.3			退火后900℃油淬，300℃回火空冷	HRC50 $a_K=39.2\text{J/cm}^2$
5	0.25~0.38	0.8	1.6~2.6	<0.5	<0.3		0.004	Ti<0.15	退火后900℃油淬，300℃回火空冷	可衬焊HRC≥50，$a_K=29.4\text{J/cm}^2$，热处理性能好
6	0.4~0.6	≤1.2	1.8~2.6	≤3.0				0.1~0.5	淬火+回火	HBS320~430
7	0.31~0.45	0.6~1.2	0.5~1.2	1.0~2.0	<1.0	0.05~0.2	<0.01		900℃缓冷到600℃空冷	贝氏体耐磨铸钢耐海水腐蚀可焊

表 5-61　俄罗斯推土机用耐磨低合金铸钢的化学成分

钢种	C	Mn	Si	Cr	Mo	V	Al	Cu	Ca	S	P
A	0.33	0.99	0.93	1.01	0.34	—	0.20	0.36	0.10	0.02	0.04
B	0.38	1.20	0.78	1.08	—	—	0.10	0.11	0.10	0.02	0.04
C	0.46	0.81	0.72	1.28	0.16	0.10	0.11	0.40	0.12	0.02	0.03
推荐	0.3~0.45	0.8~1.2	0.7~0.95	0.9~1.3	0.1~0.25	0.05~0.17	0.05~0.20	0.25~0.50	0.05~0.15	<0.04	<0.04

表 5-62　俄罗斯推土机用耐磨低合金铸钢不同热处理后的性能

钢种	热处理工艺	力学性能						刀片性能		
		HB	σ_b/MPa	$\sigma_{0.2}$/MPa	δ/%	ψ/%	a_{KCV}/MJ·m^{-2}	表面 HRC	I/mm·(100h)$^{-1}$	K
A	压缩空气冷却正火	324	1250	1040	12	26	0.29	39.5	3.59	1.73
	水淬后 250℃回火	437	1600	1400	5	15	0.18	—	—	—
	水淬后 450℃回火	409	1480	1230	10	23	0.26	42.0	3.20	1.94
B	压缩空气冷却正火	328	960	890	8	22	0.20	35.0	4.70	1.29
	水淬后 250℃回火	505	1350	1204	7	14	0.19	—	—	—
	水淬后 450℃回火	388	1170	930	10	20	0.26	41.0	4.12	1.50
C	压缩空气冷却正火	415	1170	985	11	28	0.33	42.0	3.74	1.66
	水淬后 250℃回火	534	1500	1340	5	26	0.26	—	—	—
	水淬后 450℃回火	415	1470	1210	9	27	0.28	43.5	3.44	1.80
110-Г13Л	1100℃水淬处理	205	820	370	43	48	2.20	2.15	0.20	1.00

参考文献

[1] Matti Lindroos, Marian Apostol, Veli-Tapani Kuokkala, et al. Experimental study on the behavior of wear resistant steels under high velocity single particle impacts [J]. International Journal of Impact Engineering, 2015, 78: 114~127.

[2] Matti Lindroos, Vilma Ratia, Marian Apostol, et al. The effect of impact conditions on the wear and deformation behavior of wear resistant steels [J]. Wear, 2015, 328~329: 197~205.

[3] Wang T S, Lu B, Zhang M, et al. Nanocrystallization and martensite formation in the surface layer of medium-manganese austenitic wear-resistant steel caused by shot peening [J]. Materials Science and Engineering A, 2007, 458: 249~252.

[4] Niko Ojala, Kati Valtonen, Atte Antikainen, et al. Wear performance of quenched wear resistant steels in abrasive slurry erosion [J]. Wear, 2016, 354~355: 21~31.

[5] 谢敬佩. 耐磨奥氏体锰钢 [M]. 北京: 科学出版社, 2008.

[6] 郑红红, 赵爱民, 曹佳丽, 等. 水韧处理对高锰钢铸件组织与性能的影响 [J]. 金属热处理, 2014, 39 (2): 112~115.

[7] Mejía I, Bedolla-Jacuinde A, Pablo J R. Sliding wear behavior of a high-Mn austenitic twinning induced plasticity (TWIP) steel microalloyed with Nb [J]. Wear, 2013, 301: 590~597.

[8] Welsch E, Ponge D, Hafez Haghighat S M, et al. Strain hardening by dynamic slip band refinement in a high-Mn lightweight steel [J]. Acta Materialia, 2016, 116: 188~199.

6 耐磨复合材料

复合材料是由两种或两种以上不同化学性质或不同组织结构的物质，通过不同的工艺方法以微观或宏观的形式人工合成的多相材料。复合材料既可以保有各原材料的最佳特性，又可以形成组合后新材料的自身特性，明显优于原材料。

复合材料根据增强相和基体、复合方式、复合效果等不同可以有多种分类方法。根据作用不同，可以分为结构复合材料和功能复合材料；根据增强基体不同，可以分为金属基和非金属基复合材料，这是最常见的一种分类方法，如钢/铁基复合材料、铝/钛/铜及其合金复合材料、陶瓷基复合材料和橡胶基复合材料等。本章主要介绍不同增强基耐磨复合材料的成分特点、热处理工艺、显微组织、力学性能及应用等。

6.1 金属基耐磨复合材料

金属基耐磨复合材料（metal matrix wear resistant composites，MMWRCs）是以金属或合金为连续体，通过添加颗粒、纤维增强体从而增加材料耐磨性。除了金属增强-金属基复合耐磨材料即双金属耐磨复合材料外，当前研究较多的金属基复合材料还可以根据金属基体和增强体种类的不同来进行分类。金属基体除了有传统的钢铁基体材料，还有 Al、Ti、Cu、Mg 等有色轻金属，增强体按其几何形状主要可分为颗粒状和纤维状等。

6.1.1 金属增强-金属基复合耐磨材料

当前，工业领域对工程构件综合性能的要求日益提高，不但要求其具有较高的力学性能（强度、刚度等），还要求具有优良的耐磨损性能。这样，单一材料的构件难以达到，只能通过复合材料来实现。金属增强-金属基耐磨复合材料即双金属复合耐磨材料应运而生。目前双金属耐磨复合材料主要通过铸造方式生产。

双金属铸造是将两种及以上的金属材料铸造成一个新的铸件，这些金属材料具有各自不同的特征，通过材料和工艺的合理设计，得到具有综合性能的新铸件，最终满足实际使用需求。比如，有的金属材料具有较高的力学性能，有的金属材料具有优良的耐磨损、耐腐蚀性能等。双金属复合铸造和镶铸工艺是两种常见的双金属铸造工艺。

双金属复合铸造是将两种不同成分、不同性能的金属材料熔化后，按给定浇注方式先后浇入同一铸型。双金属复合镶铸是将一种或几种金属材料预制成一定形状的镶块，镶铸到另一种金属材料液体得到兼有两种或多种特性的双金属铸件。

双金属铸件的作用效果除了受铸造合金本身的性能影响之外，还取决于其结合质量的好坏。双金属复合铸造过程中，两种金属中的主要元素在一定温度场内可以互相扩散形成一层成分与组织介于两种金属之间的过渡合金层，一般厚度约为40~60μm，即过渡层。控制各工艺因素以获得理想的过渡层成分、组织、性能和厚度，是制成优质双金属复合铸件的技术关键。

以碳钢-高铬铸铁双金属复合铸造为例，首先将钢液注入铸型，一段时间后，再注入铁液，这样，过渡层的液体就会在碳钢层已存在的奥氏体晶体的结晶前沿或者在悬浮的夹渣物和氧化膜的界面上形核、长大。在整个过程中，过渡层区奥氏体晶体边缘的前方会不断富集各种杂质，导致成分过冷，使其呈树枝状加速长大。结晶完成时，高铬铸铁的液体以过渡金属的结晶前沿为结晶基面，形核长大。这样，碳钢中的奥氏体与过渡层中的奥氏体、高铬铸铁中的初生奥氏体三者就会联结在一起，形成连续的奥氏体晶体骨架，从而得到结合紧密的双金属复合铸件。双金属镶铸过程中过渡层的结晶特点与双金属复合铸造过程相似，主要区别是凝固次序不同[1]。

6.1.2 颗粒增强-金属基耐磨复合材料

颗粒增强-金属基复合耐磨材料（particulate reinforced metal matrix wear resistant composites，PRMMWRC），通常是利用颗粒增强体的高耐磨性及金属优点而形成的复合材料。颗粒增强金属基复合材料具有增强体成本低、微观结构均匀、材料各向同性、可利用传统加工工艺加工（如热轧、热压）等优点，是最受关注的一种金属基复合材料之一。

陶瓷颗粒作为目前研究较成熟的一种增强体，具有广阔的应用前景。常见的陶瓷颗粒增强体主要有：碳化物颗粒、氧化物颗粒、氮化物颗粒等三种，如SiC、WC、Al_2O_3、TiO_3、MgO、Si_3N_4、AlN、TiN 等。研究表明，颗粒增强体不但可以提高材料的力学性能（抗拉强度、屈服强度和弹性模量等），还可以改善材料的耐磨性能。

钢铁基复合材料除了用金属增加耐磨性外，也可用陶瓷颗粒增强，如碳化钨（WC）颗粒。WC 为六方晶体，具有一系列优点，如熔点高、硬度高、耐磨性好等。而且，钢铁液与 WC 的润湿角几乎为零，与其完全润湿，因此，二者均可作为 WC 增强颗粒的基体。通常，根据不同工件服役要求，如工件服役温度、所受载荷状态及对耐磨性的要求等，合理选用钢或铁基体种类，控制 WC 颗粒形状、粒度及在基体中的溶解、扩散和分布等，可以获得理想的复合材料性能，进而在工业生产中得到广泛应用[2,3]。当前，国内外制备 WC 增强钢铁基耐磨复合材料的方法主要有粉末冶金法、堆焊法、热喷涂法、铸渗法、激光熔覆法、原位复合法等。其中，粉末烧结法的工艺相对成熟，是制备 WC 增强钢铁基耐磨复合材料的重要方法[3,4]。

还有人选用 Cr_3C_2、SiC、TiC 和 Ti(C,N) 四种不同陶瓷颗粒来增强铁基复合材料耐磨性[5]。研究表明，四种颗粒均可提高 45 钢耐磨性，以 Ti(C,N) 颗粒增加效果最好。综合分析，钢铁基复合耐磨材料增强体的选择，除了要考虑其与基体材料之间的匹配性（如润湿性、结合界面等），还应考虑增强体的物理性能，如熔点、密度、热稳定性、弹性模量及抗拉强度等[6,7]。一般应选择难熔的碳化物（如 WC）、氧化物（如 Al_2O_3、TiO_3、MgO）和氮化物（如 AlN、TiN），正如前所述，由于碳化物与钢铁基材料能完全润湿，因此，其是钢铁基耐磨复合材料增强体的优先选择类型。

铝基复合材料是金属基复合材料中最常用、最重要的材料之一。氧化铝颗粒增强铝基复合材料具有质轻高强、耐高温性能好、抗磨性高，易于加工成型等优点，广泛应用于汽车（如汽缸体、活塞、刹车摩擦件等）、航空航天等工业和军事领域[8~10]。按增强体的加入方式不同，氧化铝颗粒增强铝基复合材料的制备方法主要有外加复合法和原位复合法两种[11]。与外加复合法相比，原位复合法工序简化、设备简单、成本较低，而且一般原位复合材料的增强体细小、界面清晰整洁、结合强度较高，可提高复合材料的塑韧性[12]。付高峰等人[13]通过向铸铝 ADC12 熔体中添加硫酸铝铵，反应所生成的 Al_2O_3颗粒则成为铝基复合材料增强体。观察表明，这种原位生成的 Al_2O_3颗粒呈细小球形，弥散分布在铝基体。与基体材料相比，Al_2O_3颗粒增强铝基复合材料的耐磨性和硬度得到明显改善，分别提高了 1~2 倍和 15%。西安交通大学陈跃等人[14]使用自制摩擦磨损试验机，研究了 SiC 和 Al_2O_3颗粒增强体对铝基耐磨复合材料耐磨性能的影响，发现当颗粒尺寸与体积分数一定时，SiC 颗粒增强效果要优于 Al_2O_3颗粒的增强效果。适当增大颗粒尺寸或者体积分数，则会使复合材料的耐磨性能更进一步提高。

金属铜因具有优良的导电、导热性能，广泛应用于各种电子、电器设备中，但金属铜强度较低、耐磨性较差，这严重制约了金属铜业的发展。相比于纤维增强复合材料微观组织不均匀、加工过程中纤维易损坏等缺点，颗粒增强铜基复合材料发展越来越被人们所重视。目前，颗粒增强铜基复合材料的加工制备方法可分为两种：外加强制和内部生成[15]。外加强制法主要有机械合金化、粉末冶金法等。内部生成法主要指原位自生成和内氧化法等[16]。李国禄等人[17]通过粉末烧结法，在铜基材料表面涂覆含钛金属的碳化硼颗粒。研究表明，经含钛金属的碳化硼颗粒涂覆后，铜基复合材料的耐磨性明显改善。观察复合材料界面和表面磨损形貌，发现碳化硼颗粒经涂覆处理后，可显著改善复合材料界面的黏结性和颗粒与基体间的浸润性。颗粒增强体使铜基复合材料除具有铜本身的性能优势，还具有高强度和高耐磨性等特点，使其已发展成为一种新型复合材料。虽然目前制备颗粒增强铜基复合材料的方法已有很多，但其制造工艺还较复杂，性能还有待继续提升，生产成本也较高，这使颗粒增强铜基复合材料的工业化生产应用还面临着一定困难，需要继续深入研究。

6.1.3 纤维增强-金属基耐磨复合材料

纤维增强-金属基耐磨复合材料（fiber reinforced metal matrix wear resistant composites，FRMMWRC），根据纤维几何形状差异，可分为连续纤维和短纤维。本节将重点阐述连续纤维增强基复合材料的研究进展。

连续纤维增强金属基复合材料是利用具有高强度、高模量、低密度等优点的纤维作为增强体，与相应金属基体复合而成具有轻质高强，导电，导热性好，高比模量和耐磨性强，耐高温性能好，抗疲劳和老化等优良综合性能的复合材料，其在航空航天等领域具有广阔的应用前景。

在连续纤维增强金属基复合材料中，增强纤维的作用主要是承载，而金属基体的作用主要是黏结纤维和传递载荷，还起部分承载的作用。常见的连续纤维增强体有氧化铝纤维、碳纤维、碳化硅纤维、硼纤维、石墨纤维等。其中，硼纤维性能好（复合材料的拉伸强度和弹性模量显著高于基体，尤其是在高温下），直径 100~140μm，使硼纤维增强铝基复合材料制造工艺简单，是研究应用最早的连续纤维金属基复合材料之一，如前苏联和美国航天飞机的机身框架、起落架拉杆等[18]。碳（石墨）纤维由于其密度小，具有优异的力学性能，已应用于美国哈勃望远镜中的天线支架、人造卫星支架、照相机波导管和镜筒等的制造[19]。相比于硼纤维和碳纤维，SiC 纤维在高温下与铝的相容性更好些，是良好的铝基复合材料增强体。常见的 SiC 纤维增强铝基复合材料可应用于飞机的加强板、战斗机尾翼梁、汽车空调器箱、较小的压力容器等部件制造[20]。

镁及镁合金因具有密度小、比强度和比刚度高、易于回收利用、矿产资源丰富等一系列优点，被认为是 21 世纪最具发展和应用潜力的一种绿色工程结构材料。但其耐蚀性和耐磨性差、不耐高温等严重制约着其发展应用。因此，镁基复合材料的研究对其发展推广具有重要意义。常见的镁合金连续纤维增强体主要有硼纤维、碳纤维、Al_2O_3纤维、钛纤维等[21,22]。通过采用溶胶-凝胶方法对碳纤维表面进行涂层处理，如涂覆一层 SiO_2、化学镀 Ni 涂层等，可以较好地改善碳纤维与镁合金基体之间的润湿性，得到性能优异的碳纤维增强镁基复合材料，其在汽车、航空航天等领域具有广阔的应用前景，如卫星天线的桁架结构、航天器的光学测量系统等[23~25]。相比之下，Al_2O_3纤维增强镁基复合材料尚处于起步阶段，有待进一步研究[26]。

与镁基复合材料相比，纤维增强钛基复合材料已有 30 多年的发展历史。钛基复合材料常用的连续纤维增强体中以 SiC 纤维研究最为成熟，而 Al_2O_3纤维、金属纤维、TiB_2纤维等仍处于研制阶段。SiC 纤维主要是通过与钛合金基体发生反应，使 C 原子、Si 原子通过界面从纤维向基体扩散，Ti、Al 等元素通过界面向纤维扩散，从而在纤维和钛合金基体之间形成多层的反应产物。为了避免过度的界面反应，可以在纤维表面进行涂层处理。目前在市场上应用最多的 SiC 纤维表面主要是经过高温碳层涂覆处理。从发展历程来看，高性能增强陶瓷纤维的研制成功是纤维增强钛基复合材料性能取得突破的关键，加之加工工艺的提取成熟完善，使其成为飞机发动机压气盘件制造所使用的主要材料，大大提高了发动机的推重比[27]。

为了改善传统镍基高温合金性能，如高温强度、抗热疲劳、抗氧化和抗热腐蚀性等，连续纤维增强镍基复合材料的研制是其发展应用的关键。迄今，有关镍基复合材料的文献资料还较少，其研究还处于起步阶段。目前研究采用的主要镍基复合材料连续纤维增强体有碳纤维、SiC 纤维、Al_2O_3纤维、金属纤维等。界面反应和热膨胀系数匹配问题等是当前的研究难点[28~30]。表面涂层处理是重要的解决手段。林海涛等人[31,32]通过高温氧化、溶胶-凝胶法、电弧离子镀等系统研究了 SiC 纤维表面 C-Al_2O_3和 SiO_2-Al_2O_3复合涂层的制备过程，并通过真空热压法制备出 SiC_f/Ni 复合材料。研究发现 Al_2O_3层与镍基体的界面结合良好，可以有效阻止复合材料界面处元素的互相扩散。

综合分析，纤维增强镁基、钛基、镍基复合材料研究最主要的问题是纤维与金属基体间的界面接合，如纤维与基体的相容性、润湿性、界面强度等，突破这项技术目前采用的主要方法为表面涂层处理。

6.2　陶瓷基耐磨复合材料

陶瓷与金属材料、高分子材料并称为当今世界三大固体材料，在人们日常生活、社会建设等方面起着非常重要的作用。常见工程陶瓷材料主要有氮化硅、碳化硅等高温结构陶瓷。这些陶瓷具有高强度和刚度、抗高温、耐磨损、相对重量较轻、耐腐蚀等一系列优点，但众所周知，陶瓷的致命弱点是其很脆，在应力作用下很容易产生裂纹，发生脆性破坏，这使其使用安全可靠性大大降低。因此，就需要采用高强度、高弹性的纤维与陶瓷基体复合成一种复合材料，纤维可以有效阻止裂纹扩展，从而大大提高陶瓷基复合材料的塑韧性。这种陶瓷基复合材料通常具有优异的耐高温和耐磨损性能，因此主要应用于一些高温、耐磨制品方面，如刀具、发动机制件、滑动构件等。使用温度的高低主要取决于基体材料。

陶瓷基复合材料根据其增韧方式的不同，一般可分为颗粒增韧陶瓷基复合材料、晶须增韧陶瓷基复合材料、层状增韧陶瓷基复合材料和连续纤维增韧陶瓷基复合材料，这四种复合材料的强度和断裂韧性依次增加。因此，性能优异的连续纤维增韧陶瓷基复合材料（CMC）成为陶瓷基复合材料发展的重要方向。根据基体材料的不同，连续纤维增韧陶瓷基复合材料的基体可分为玻璃基、氧化物基和非氧化物基三类，其分别具有低成本、抗氧化和高性能的优点，且可承受的工作温度依次增加。截至目前，研究最多、应用最广且最成功的陶瓷基复合材料是连续纤维增韧碳化硅陶瓷基复合材料（CMC-SiC）。其具有结构一体化、多尺度结构特征等特点，通过优化结构单元设计可以产生协同效应，以实现较高性能和各性能之间的良好匹配。连续纤维增韧陶瓷基复合材料因具有均匀纳米尺度界面层分布在纤维单丝表面，使其强韧性得到显著改善，甚至呈现出类似金属的断裂行为，对裂纹敏感性大大降低从而避免灾难性事故发生，造成无可挽回的损失。连续纤维增韧碳化硅陶瓷基复合材料具有优异的高温力学性能，而且氧化物的抗环境腐蚀性能更好，分别可以在（1）700~1650℃、（2）1650~2200℃、（3）2200~2800℃范围内工作达数百至上千小时、数小时至数十小时、数十秒等，适用于（1）高速刹车、航空发动机、燃气轮机等；（2）冲压发动机、液体火箭发动机、空天飞行器热防护系统等；（3）固体火箭发动机等。可以看出，连续纤维增韧碳化硅陶瓷基复合材料已发展成为航空航天等领域不可或缺的一种复合材料[33]。

在电力、航空航天、热能等领域中，大多数工业结构设备需要在高温、腐蚀等环境条件下做摩擦运动，这样就对材料的高温耐磨性、抗氧化性、高温自润滑性提出了更高的要求。因此，具有优良高温自润滑性能的先进氧化物陶瓷基高温自润滑耐磨复合材料涂层的研制成为解决这一问题的有效手段。北京航空航天大学王华明等人[34]通过激光熔覆制备出陶瓷基高温自润滑耐磨复合材料涂层，其是以 Al_2O_3 为基体材料，以 CaF_2 为高温自润滑相。涂层材料的耐磨性能利用干滑动磨损试验进行了研究。从显微组织分析，陶瓷基高温自润滑耐磨复合材料中高温耐磨性及稳定性良好的 Al_2O_3 析出并呈片状初生相，构成了连续的基体骨架。而高温自润滑性能优异的 CaF_2 则呈球状分布于这些骨架之间。从磨损试验结果分析，激光熔覆 Al_2O_3/CaF_2 陶瓷基高温自润滑耐磨复合材料涂层兼具有了先进氧化物陶瓷材料 Al_2O_3 的优异高温耐磨性和抗氧化性以及 CaF_2 相的优异高温自润性能，与激光熔覆 Al_2O_3 陶瓷涂层相比，复合材料涂层具有优异的耐磨性能，其磨损量、摩擦系数等显著下降。

在传统的金属材料基础上，近二十年陶瓷基金属间化合物复合材料因具有一系列优点成为发展潜力巨大的一种新材料[35]。其结合了金属间化合物和陶瓷材料两者的优点，弥补各自缺点，是应用于高温、磨损、腐蚀、氧化等条件下的一种先进复合材料[36]。由于金属间化合物原子的长程有序排列、原子间金属键和共价键共存等特点，使其服役温度和力学性能可以介于镍基高温合金和高温陶瓷材料两者之间[37]。比如 Ni_3Al 呈现出的特殊强度-温度曲线，在 800℃以下，其强度起初会随温度的增加而增加，当达到足够高的某一温度时，则会下降。通过预氧化处理后，则会形成 Al_2O_3 氧化膜；而金属间化合物 FeAl、Fe_3Al，一般适用于温度低于 600℃的中温区，其具有抗氧化、耐硫蚀、高抗磨损性等特点，可以在恶劣环境下服役[38]。这些金属间化合物的一大优点是其成本低，使高温结构材料具有很大的应用和发展前景。

当前，在国内外研究的陶瓷基金属间化合物复合材料中金属间化合物一般约占 10%~40%（体积分数）[39]。其中，采用的陶瓷基体主要有 Al_2O_3、TiC、WC、SiC、ZrO_2、TiB_2和 ZrB_2等，常见的增韧强化相金属间化合物主要有$Fe_{40}Al$、$Fe_{28}Al$、NiAl 和 Ni_3Al 等。通常，陶瓷基金属间化合物复合材料的特性，如力学性能等，与增韧强化相金属间化合物的种类、形态、体积分数及分布等密切相关。根据增韧强化相金属间化合物种类的不同，主要可分为以 Ni-Al 系金属间化合物为增韧强化相形成的陶瓷基复合材料和以 Fe-Al 系金属间化合物为增韧强化相形成的陶瓷基复合材料。

常见的 Ni-Al 系金属间化合物为 Ni_3Al 金属间化合物，其具有高温强度高、蠕变抗力强和比强度较高等优点，且在峰值温度以下屈服强度可呈现正温度效应，可与钴对 WC、TiC 的润湿性相匹敌[40]。这些特点使 Ni_3Al 金属间化合物成为研究最多的黏结剂陶瓷材料。Fe-Al 系金属间化合物的抗腐蚀能力很强、铁磁性较弱，可适用于环境较恶劣的场合，如含硫气氛和氧化气氛的环境。Maupin 等人[41]通过磨粒磨损试验研究，分析得出 Fe_3Al 金属间化合物的抗磨损性能良好。M. Ahmadian 等人[42]开展了 WC-40%（FeAl-B）、WC-40%（Ni_3Al-B）、WC-40%Co 三种细颗粒硬质相的磨损对比试验，分析得出，以 WC-40%（FeAl-B）的抗磨性最好，WC-40%（Ni_3Al-B）次之，WC-40%Co 最差。说明金属间化合物陶瓷基复合材料的抗磨性能要优于传统的 WC/Co 复合材料。

6.3　聚合物基耐磨复合材料

聚合物基耐磨复合材料主要包括聚合物基减磨耐磨复合材料和聚合物基摩阻复合材料两类，两种复合材料的主要不同之处在于摩擦系数的不同，前者的摩擦系数较低，而后者的摩擦系数较高；而其相同之处就在于磨损率均较低。

其中，聚合物基减磨耐磨复合材料是以热塑性或热固性树脂为基体，通过添加有机或无机的减磨组分以及抗磨增强组分而呈现良好的耐磨性能的一种复合材料。其具有摩擦系数小、摩擦磨损量低、加工性能好等优点，在机械、电子、船舶、航空、航天等领域已获得了广泛的应用。

而聚合物基摩阻复合材料是指以高分子为基体、石棉或非石棉纤维为增强材料、填料作为摩擦性能调节剂三部分而形成的三元体系复合材料。其以摩擦为主要功能，在日常生活中得到了广泛应用，如可应用于汽车刹车片以满足当今汽车工业发展对材料摩擦制动性能越来越高的要求[43,44]。

当前工程应用方面大量使用的聚合物基耐磨材料的基体材料主要有：聚苯酯(Ekonol)、聚四氟乙烯（PTFE）、环氧树脂（EP）、聚酰亚胺（PI）和聚醚醚酮(PEEK）等[45]。聚苯酯具有热稳定性高、自润滑性和耐摩擦性能良好、力学性能适用温度范围广等优点，其是芳香族聚酯液晶聚合物的一种[46,47]。因此，以聚苯酯为基体的耐磨复合材料可以兼具聚苯酯基体和添加材料的共同优点，更有利于其综合性能的改善和有助于展现其在较大温度范围内适用的特有功能。聚四氟乙烯基体微观结构为氟原子有序地聚集排列在聚四氟乙烯的链段上，由于这些链段中非结晶部分结构易发生移动，从而使聚四氟乙烯的摩擦系数较低。但是由于聚四氟乙烯本身又具有不易黏附的特点，使聚四氟乙烯与其他物质摩擦时，摩擦膜不会黏附在摩擦副表面，从而增大了磨损率。因此，尽管具有摩擦系数低的优点，可以作为优良自润滑耐磨材料广泛该用，但选用聚四氟乙烯为基体材料时，还是需要添加一些填充材料进行改性处理[48]。环氧树脂是一种热固性高分子材料，具有强度高、黏结性能好、耐热性和承载能力优异等特点，润滑剂的添加可以保障复合材料具备黏接和自润滑的双重功效，从而扩大其适用范围[49]。聚合物材料中耐高温性能最突出的是聚酰亚胺，其具有热稳定性高、自润滑性能好、耐辐射等特性，已在电器、化工、机械、航空航天，甚至极端环境条件下(高温、高低压和高速）得到广泛应用[50,51]。聚醚醚酮是一种半晶态芳香族工程塑料，力学性能好（如韧性和刚性)、磨损率低，当前主要是将其与固体润滑剂复合，以推广其在耐磨材料领域的应用，降低对磨损性能要求较低的大型设备及稀有精密零部件的质量和经济损失[52]。

目前研究较多的是以高性能耐热性聚合物为基体的耐磨复合材料。相比于金属材料，高性能耐热性聚合物基耐磨复合材料具有耐高温、化学性质稳定、抗腐蚀、方便维修保养等优点。其基体材料一般选用自身具备良好耐热性能和自润滑性能的聚合物材料，然后添加一些固体润滑剂等而形成。可用于制备各种耐磨零部件，如齿轮、轴承等。邓鑫等人[53]通过添加不同填料（如固体润滑剂、纤维、无机纳米微粒和无机化合物等）研究其对高性能耐高温聚合物基复合材料摩擦磨损性能的影响，研究表明，一定范围内，添加填料可以改善复合材料的耐磨性。

唐晋等人[54]探讨了无机颗粒（纳米/微米）增强聚合物基复合材料耐磨性的影响因素，从复合材料的组成来分析，影响因素包括无机颗粒填充量、粒径、不同粒径的级配、表面处理及无机颗粒与纤维的协同增强等。分析表明，相对于微米颗粒来说，填充量对复合材料耐磨性的影响要大于粒径；相对于纳米颗粒来说，粒径则成为影响复合材料耐磨性的关键因素，需尽可能降低增强颗粒的粒径。其他无机颗粒的表面改性、级配及其与纳米纤维的协同均可达到提高复合材料耐磨性的效果。

综合分析，聚合物基耐磨复合材料的应用范围广泛，实际使用中可根据具体工作环境或服役要求等，选用合理的聚合物基体和改性剂或填料来制备相应的聚合物基耐磨复合材料，以实现最大限度的资源价值和功能利用。

参考文献

[1] 王振廷，孟君晟．摩擦磨损与耐磨材料［M］．哈尔滨：哈尔滨工业大学出版社，2013.

[2] 彭思源，朱绍峰，康毅忠．WC颗粒增强铁基耐磨复合材料的研究现状［J］．机械工程师，2014，11：40~43.

[3] 曾绍连，李卫．碳化钨增强钢铁基耐磨复合材料的研究和应用［J］．特种铸造及有色合金，2007，27（6）：441~444.

[4] 董晓蓉，郑开宏，王娟，等．粉末冶金法制备颗粒增强铁基耐磨复合材料的研究进展［J］．热加工工艺，2016，45（12）：23~27.

[5] 李杰，宗亚平，王耀勉，等．不同颗粒增强铁基复合材料磨损性能的对比［J］．东北大学学报（自然科学版），2010，31（5）：660~664.

[6] 郑开宏，赵散梅，陈亮，等．颗粒增强钢基耐磨复合材料的制备、组织与性能［J］．铸造，2011，60（11）：1094~1098.

[7] 陈守东，陈敬超，吕连灏．颗粒增强铁基耐磨材料的研究进展［J］．机械工程材料，2012，36（5）：10~13.

[8] Xia Z, Ellyin F, Meijer G. Mechanical behavior of Al_2O_3-particle reinforced 6061 aluminum alloy under uniaxial and multiaxial cyclic loading [J]. Composites Science and Technology, 1997, 57 (2): 237~248.

[9] Mikucki B A, Mercer WE Ⅱ, Green WG, et al. Extruded magnesium alloy reinforced with ceramic particles [J]. Light Metal Age, 1990, 48 (6): 12~14.

[10] Meijer G, Xia z, Ellyin F. Biaxial cyclic analysis of $A1_2O_{3p}$-6061 Al composite [J]. Acta Mater, 1997, 45 (8): 3237~3249.

[11] 王庆平，姚明，陈刚．反应生成金属基复合材料制备方法的研究进展［J］．江苏大学学报，2003，24（3）：57~61.

[12] Koczak M J, Premkumar M K. Emerging technologies for the in-situ production of MMCs [J]. JOM, 1993, 45 (1): 44~48.

[13] 付高峰，姜澜，刘吉，等．反应自生氧化铝颗粒增强铝基复合材料［J］．中国有色金属学报，2006，16（5）：853~857.

[14] 陈跃，邢建东，张永振，等．增强颗粒对铝基复合材料摩擦学性能的影响［J］．摩擦学学

报, 2001, 21 (4): 251~255.

[15] 阕光辉, 宋立, 于化顺, 等. 高强度导电铜基复合材料 [J]. 功能材料, 1997, 28 (4): 342~355.

[16] 刘涛, 郦剑, 凌国平, 等. 颗粒增强铜基复合材料研究进展 [J]. 材料导报, 2004, 18 (4): 53~55.

[17] 李国禄, 姜信昌, 温鸣, 等. 碳化硼颗粒增强 Cu 基复合材料的研究 [J]. 材料工程, 2001 (8): 32~35.

[18] 张效宁, 王华, 胡建杭, 等. 金属基复合材料研究进展 [J]. 云南冶金, 2006, 35 (5): 53~58.

[19] 刘连涛, 孙勇. 纤维增强铝基复合材料研究进展 [J]. 铝加工, 2008 (5): 9~13.

[20] 王丽雪, 曹丽云, 刘海鸥. 铝基复合材料研究的进展 [J]. 轻合金加工技术, 2005, 33 (8): 10~12.

[21] 张新明, 彭卓凯, 陈健美, 等. 耐热镁合金及其研究进展 [J]. 中国有色金属学报, 2004, 14 (9): 1443~1450.

[22] 董群, 陈礼清, 赵明久, 等. 镁基复合材料制备技术、性能及应用发展概况 [J]. 材料导报, 2004, 18 (4): 86~90.

[23] Chaudhary A B, Bathe K J. A solution method for static and dynamic analysis of three-dimensional contact problems with friction [J]. Computers & Structures, 1986, 24 (6): 855~873.

[24] Mark R S, Richard T, Maria P. The effect of thermal cycling on the properties of a carbon fiber reinforced magnesium composite [J]. Materials Science and Engineering A, 2005, 397 (1/2): 249~256.

[25] 宋美慧, 武高辉, 姜龙涛, 等. 碳纤维增强 AZ91D 复合材料微观组织 [J]. 稀有金属材料与工程, 2008, 37 (10): 1861~1864.

[26] Sklenicka V, Svoboda M, Pahutova M, et al. Microstructural processes in creep of an AZ91 magnesiumbased composite and its matrix alloy [J]. Materials Science and Engineering A, 2001, 319 /320 /321: 741~745.

[27] 毛小南, 张鹏省, 于兰兰, 等. 纤维增强钛基复合材料研究新进展 [J]. 稀有金属快报, 2005 (5): 1~7.

[28] Sungtae K, Perepezko J H, Dong Z, et al. Interface reaction between Ni and amorphous SiC [J]. Journal of Electronic Material, 2004, 33 (10): 1064~1069.

[29] Mileiko S T, Kiiko V M, Kolchin A A, et al. Oxide-fibre/nickel-based matrix composites-part Ⅰ: Fabrication and microstructure [J]. Composites Science and Technology, 2002, 62: 167~179.

[30] Storozhenko M S, Umanskii A P, Lavrenko V A, et al. Composites based on TiB2-SiC with a nickelchromium matrix [J]. Powder Metallurgy and Metal Ceramics, 2012, 50 (11/12): 719~725.

[31] 林海涛, 石南林, 孙超, 等. SiC 纤维表面扩散障碍涂层对 SiCf/Ni 复合材料界面反应的影响 [J]. 金属学报, 2007, 43 (4): 444~448.

[32] 林海涛．SiC 纤维增强镍基复合材料的界面研究［D］. 沈阳：东北大学, 2007.

[33] 张立同, 成来飞．连续纤维增韧陶瓷基复合材料可持续发展战略探讨［J］. 复合材料学报, 2007, 24（2）：1~6.

[34] 王华明, 于荣莉, 李锁岐．激光熔覆 Al_2O_3/CaF_2 陶瓷基高温自润滑耐磨复合材料涂层组织与耐磨性研究［J］. 应用激光, 2002, 22（2）：86~89.

[35] 龙坚战．陶瓷基金属间化合物复合材料的研究进展［J］. 硬质合金, 2011, 28（2）：66~72.

[36] 缪燕平, 何柏林．金属间化合物/陶瓷基复合材料的制备及发展［J］. 华东交通大学学报, 2007, 24（2）：131~134.

[37] 陈国良．有序金属间化合物结构材料物理金属学基础［M］. 北京：冶金工业出版社, 1996：212~268.

[38] 陈金护, 朱定一, 林登宜．Ni_3Al 基合金的研究与应用进展［J］. 材料导报, 2006, 20（1）：35~38.

[39] 高明霞．TiC 基 Fe-Al、Ni-Al 金属间化合物复合材料的自发熔渗制备和结构性能研究［D］. 杭州：浙江大学, 2004：1~29.

[40] 李沐山．20 世纪 90 年代世界硬质合金材料技术进展［M］. 株洲：《硬质合金》编辑部, 2005.

[41] Maupin H E, Wilson R D, Hawk J A. An abrasive wear study of ordered Fe_3Al ［J］. Wear, 1992, 159：241~247.

[42] Ahmadian M, Wexler D, Chandra T, et al. Abrasive wear of WC-FeAl-B and WC-Ni_3Al-B composites［J］. Int J Refract Hard Mater, 2005, 23：155~159.

[43] 黄择, 陈排, 席士英．摩阻材料聚合物基体的热分析研究［J］. 热固性树脂, 1998, 1：5~9.

[44] 车剑飞, 宋晔, 陆怡平等．无石棉摩擦材料磨损性能研究［J］. 非金属矿, 1999, 22（5）：40~41.

[45] 辛存良, 何世安, 满长才, 等．聚合物基耐磨材料研究进展［J］. 材料开发与应用, 2015, 30（1）：96~100.

[46] 曲建俊, 孙凤燕, 田秀．聚苯酯塑料合金超声马达的摩擦材料［P］. 中国：CN1583841A, 2005.

[47] Dawson D J, Fleming W W, Economy J. Thermally stable polymers for electronic applications［J］. Polymer Preprints, 1984, 25：100~101.

[48] 黄丽, 杨儒, 郭江江, 等．微米和纳米 SiO_2 改性聚四氟乙烯的摩擦磨损性能［J］. 复合材料学报, 2004, 21（4）：82~86.

[49] Friedrich K, IU Z, Hager A M. Recent advances in polymer composites tribology［J］. Wear, 1995, 190：139~144.

[50] Bijwe J, Indumathi J. Friction and wear behavior of polyetherimide composites in various wear modes［J］. Wear, 2001, 249：715~726.

[51] Cai H, Yan F Y, Xue Q J, et al. Material behavior investigation of tribological properties of

Al_2O_3-polyimide nanocomposities [J]. Polymer Testing, 2003 (22): 875~882.

[52] Bijwe J, Sen S, Ghosh A. Influence of PTFE content in PEEK-PTFE blends on mechanical properties and tribo- performance in various wear modes [J]. Wear, 2005, 258: 1536~1542.

[53] 邓鑫, 李笃信, 杨军, 等. 高性能耐高温聚合物复合材料的摩擦磨损性能研究 [J]. 高分子通报, 2008, 1: 41~45.

[54] 唐晋, 管晓纳, 何明骏, 等. 无机颗粒增强聚合物基复合材料耐磨性能影响因素研究进展 [J]. 复合材料学报, 2015, 32 (6): 1547~1557.

7 典型矿用槽帮耐磨材料的设计与生产

7.1 槽帮的服役条件

刮板输送机（图 7-1）是煤炭综采工作面的主要运输设备，也是采煤机运行轨道和液压支架的配套设备，因其具有结构强度高，运输能力大，既能弯曲，又便于推移等优点，所以在煤炭生产中得到了广泛应用。中部槽是刮板输送机的主要部件，质量占刮板输送机总质量的 70%以上。刮板输送机的失效，主要是由于中部槽的过度磨损或断裂引起的，因此其使用量和消耗量较大。据不完全统计，因中部槽设计强度不够或制造缺陷造成断裂的现象时有发生，我国每年因此失效的中部槽达数十万节，造成了资源的浪费，严重制约了煤矿的生产。

图 7-1　刮板输送机

中部槽是由两个槽帮、中板和底板通过组焊的方式构成（图 7-2）。在使用中是物料的承载部分，运行过程中不仅承受煤、刮板和链条的剧烈摩擦，而且还承受采煤机的运行负荷，如推、拉液压支架的侧向力和纵向力，大块煤、岩石卡死在槽中时的挤压、冲击力等。以上恶劣工况，造成中部槽的损坏形式除铲面磨损外，还有槽体的变形、断裂以及凸凹端连接件的损坏等，占整机失效率的 40%。其使用寿命是衡量整机使用寿命的重要指标。

随着国内外刮板输送机不断向大运量、长运距、大功率、长寿命与高可靠性方向发展，对高性能刮板输送机槽帮的研发提出了更高的要求。因此，针对其恶劣的工况条件进行分析，尽快研制出耐磨性能优越、抗弯曲、拉伸性能好、抗撕裂、耐冲击、易施工、摩擦阻力小的耐磨材料，对提高中部槽的使用寿命和可靠性，具有重要意义。

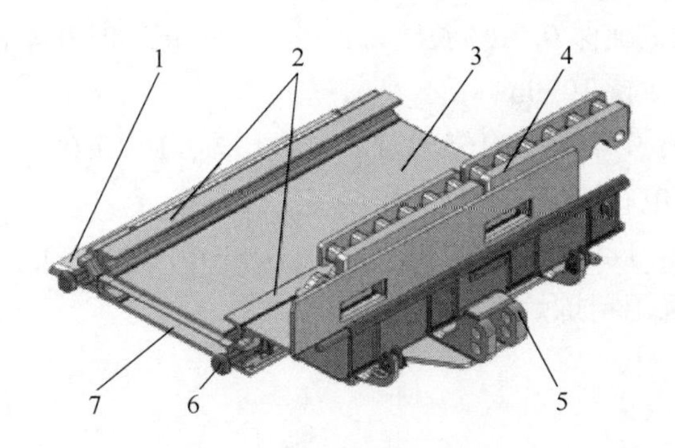

图 7-2 中部槽及附属部件[1]

1—采煤机导轨；2—槽帮；3—中板；4—销排；5—千斤顶连接座；6—哑铃销；7—封底板

7.2 ZG20SiMnCrMo 槽帮耐磨材料[2]

7.2.1 成分设计

为了保证铸钢件有综合的力学性能，同时保证其铸造性能和焊接性能，本试验设定的成分范围为：碳 0.16%~0.24%，锰 1.2%~1.8%，硅 1.2%~1.8%，铬 0.4%~0.8%，钼 0.4%~0.8%，硫、磷小于 0.025%，其余为铁。采用较低含量的碳和新的合金元素配比，使用电炉冶炼，炉外精炼的技术生产，然后经过优化热处理工艺，期望实现低碳硅锰铬钼合金铸钢的高强度和优良的韧性，并且由于含碳量较低，使得材料具有很好的焊接性能，可以大幅度提高抗疲劳强度。

低合金高强钢碳含量是主要的强化手段，适量的碳起到固溶强化作用并通过碳和铬、铌形成碳化物，起到弥散强化的作用，提高钢的强度，一定碳含量有利于形成残余奥氏体，降低屈强比，改善抗剪切失稳能力。而碳高对钢的韧性有不利影响，所以控制好钢中的碳含量是成分设计中的关键点之一。

20SiMnCrMo 钢与其他超高强高韧钢有一个显著的差别，是硅含量的控制，因为硅对提高钢的抗氧化性能，提高钢的热强性起到有益的作用。另外，硅可以抑制碳化物分解，推迟低温回火脆性的产生，同时起固溶强化的作用。硅含量过低效果不明显，含量过高对钢的再结晶晶粒长大及热加工塑性都带来不利影响，同时增加回火脆性，降低冲击韧性及断裂韧性。因而从强度与韧性兼顾考虑，一般使硅含量控制在 1.2%~1.8%范围内较为理想，有利于提高钢淬透性和综合力学性能。

7.2.2 冶炼工艺

(1) 采用电弧炉氧化法进行冶炼。

(2) 炉料要求清洁少锈、无油，废钢低磷低硫。

(3) 特别注意钢液中气体和非金属夹杂物的去除。

(4) 加矿温度 1560℃。

（5）冶炼过程中确保 0.30%脱碳量，脱碳速度每小时 0.4%～1.2%。

（6）清洁沸腾保持 10min。

（7）出渣条件：T=1640～1650℃，C≤0.15%，P≤0.01%。

（8）还原采用电石渣。

（9）炉渣分析：FeO≤0.8%，碱度（CaO/SiO_2）= 2.5～3.5。

（10）本钢种采用精炼炉进行精炼。

7.2.3　试验设备

电炉法冶炼硅锰铬钼合金的基本原理是在电弧加热的高温区用碳还原铬和铁的氧化物，又称为电碳热法。

半封闭式还原电炉（特别是中、小型的）便于观察和调整炉况，可适应不同原料条件，有利于改炼品种。电炉烟罩多为矮烟罩演变而成的半封闭罩，通常在其侧部设置若干个可调节启闭度的炉门，以便既可在需要加料、捣炉操作时开启，又可按要求控制进风量，调节炉气温度，实现烟气除尘甚至余热利用。封闭式还原电炉，也即带炉盖的密闭电炉，炉内产生的烟气由导管引出，再经净化处理后排空。为便于操作检修，并保证安全运行，封闭电炉炉盖上设置若干个带盖的窥视、检修和防爆孔。这类电炉操作和控制技术要求较高。图 7-3 所示为电炉

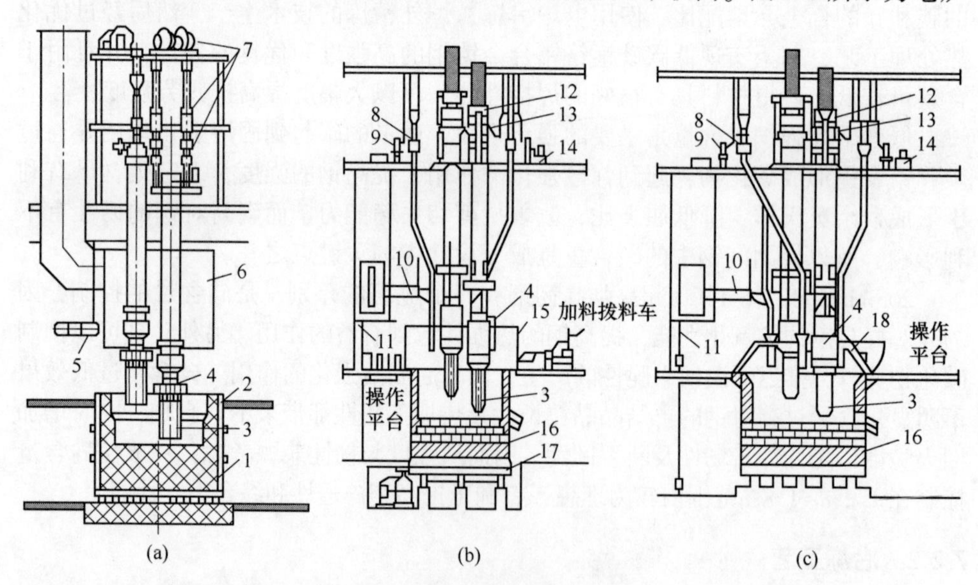

图 7-3　电炉按类型分类

（a）敞口固定式还原电炉；（b）半封闭旋转式还原电炉；（c）封闭固定式还原电炉

1—炉壳；2—炉衬；3—电极；4—电极把持器；5—短网；6—高烟罩；7—电极卷扬机及吊挂系统；8—加料系统；9—气动系统；10—供电系统；11—水冷却系统；12—电极升降装置；13—电极压放装置；14—液压系统；15—半封闭烟罩；16—炉体；17—炉体旋转机构；18—炉盖

分类，图 7-4 所示则为全封闭式还原电炉冶炼车间剖面图，主要由配料站、主厂房及辅助设施等组成。

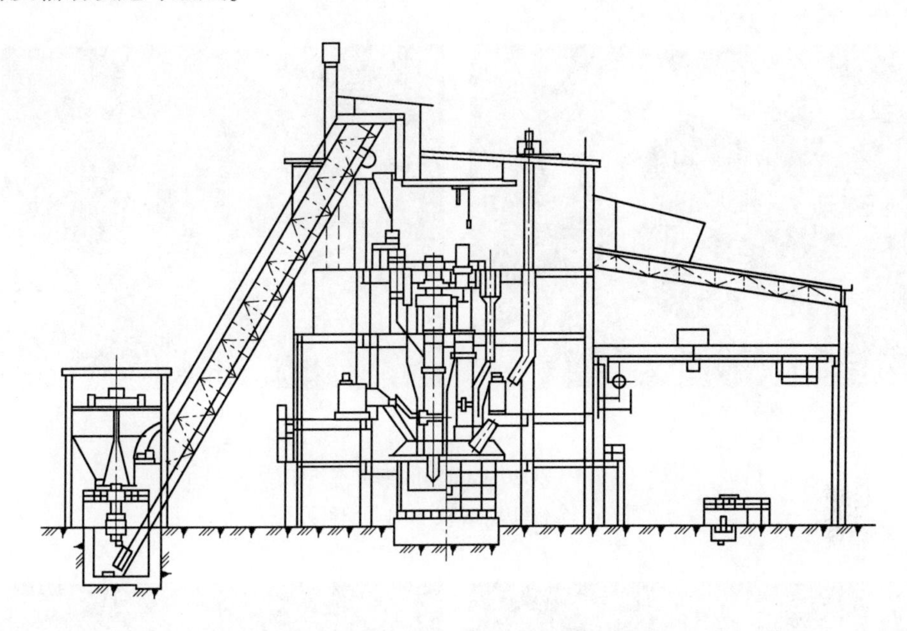

图 7-4 全封闭式还原电炉冶炼车间剖面图

7.2.4 热处理

先以正火作为热处理的预备处理，使低碳硅锰铬钼合金铸钢材料的组织细化；后经强烈淬火，获得 80%以上的低碳马氏体组织，低碳马氏体钢具有好的塑性、韧性，以及良好的冷加工性、可焊性和热处理畸变小等优点，为材质最终力学性能目标打下基础；再经高温回火使钢中的热力学不稳定组织结构向稳定状态过渡的复杂转变，得到极为细小的回火索氏体，使冲击韧度、强度、硬度和耐磨性的综合性能达到良好的匹配，回火索氏体是由已再结晶的铁素体和均匀分布的细粒状渗碳体所组成，其片层比珠光体更细密，其中 Fe_3C 已聚集球化，弥散分布在基体上，F 失去原 M 形态，成为多边形颗粒状，具有良好的空间力学性能。具体热处理工艺如下：

正火：常压下 920～940℃随炉冷却至 300℃出炉；

淬火：常压下 900～920℃水冷至 260℃；

回火：常压下 550～600℃保温 4h 出炉空冷。

图 7-5 所示为 ZG20SiMnCrMo 钢铸态组织。由图可见，铸态组织有铁素体和珠光体组织，由于该材料属于亚共析钢，而且含碳量较低，因此含有大量的铁素体组织。图 7-6 所示为 ZG20SiMnCrMo 钢经过正火及调质（900℃淬火加 560℃回

火）处理后的组织。由图可以看出，该材料经过调制处理后得到均匀细小的索氏体组织。

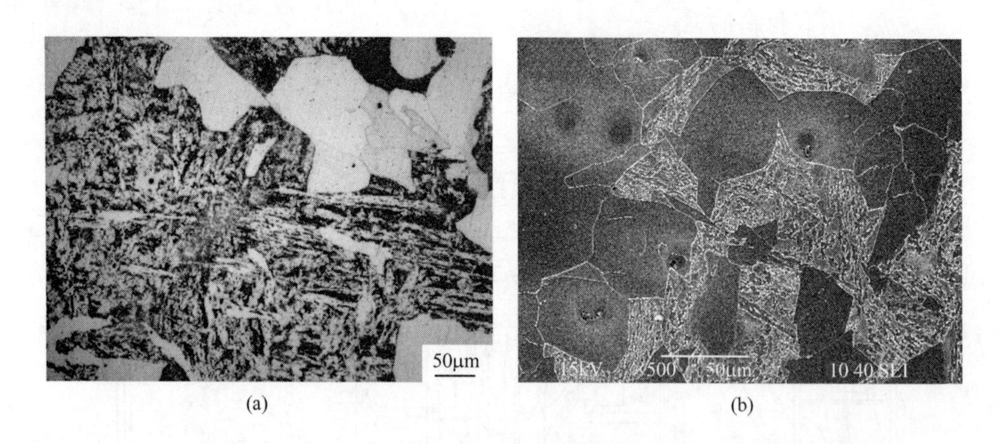

图 7-5　ZG20SiMnCrMo 钢铸态组织

（a）金相组织；（b）SEM 组织形貌

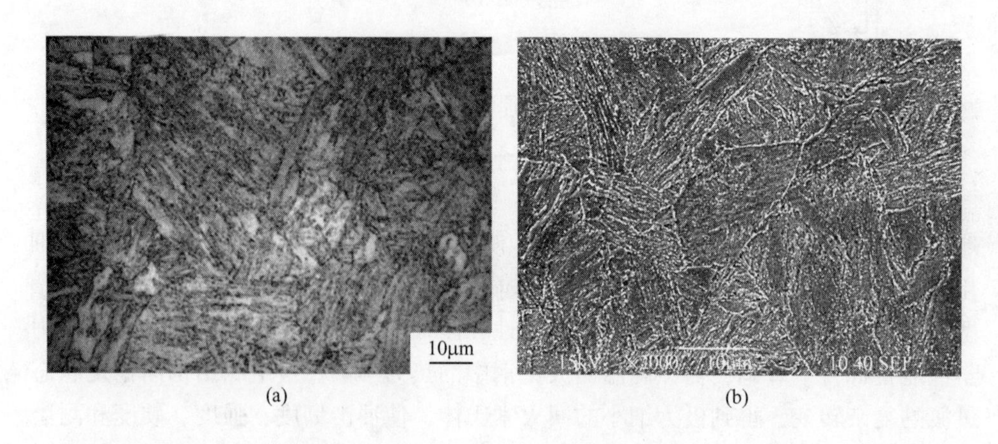

图 7-6　ZG20SiMnCrMo 钢调制处理组织

（a）金相组织；（b）SEM 组织形貌

7.2.5　力学性能

了解国产高强度高韧性可焊接耐磨钢的质量评价体系是设计的基本依据。高强度高韧性可焊接耐磨钢的质量评价基本方法是性能测试法。通过测试其各个性能指标，其目的是制造质量性能优的耐磨钢，同时为开发性能更好的耐磨钢提供依据。

一般钢的抗拉强度与含碳量的关系为 $\sigma_b=(2940\times C\times 100+820)$ MPa，依上式，含碳量越高，则强度越高。为了保证材料的综合性能，而且保证材料焊接性能，选择了较低含碳量。钢的强度和韧性则通过加入合金元素及产生相变从而得到合理的组织来实现。在 20SiMnCrMo 材料中，虽然含碳量较低，但是 Si 和 Mn 相对较高，可以提高材料的强度，弥补低碳材料强度和硬度不足的问题。同时 Cr 可以提高材料的淬透性，使材料在淬火后得到更大比例的马氏体组织，从而可以弥补由于低碳马氏体强度低的问题。如图 7-4 所示，调质处理后，材料基本得到完全索氏体组织，因此材料具有良好的综合力学性能。因此本材料由于低含碳量保证了塑韧性的同时，通过添加合金元素也可以达到一定的强度和硬度要求。该材料多次实验结果显示，其抗拉强度范围为 950~1500MPa，延伸率在 20%左右。其冲击韧性 40J/cm^{2}以上，有时能达到 80J/cm^2。20SiMnCrMo 钢在上述热处理条件下，布氏硬度可以达到 HBS 320 以上。

7.2.6 焊接性能

硅锰铬钼合金钢的焊接工艺：煤溜槽在服役中需要承受一定的冲击力和压力，为了检验和评价硅锰铬钼合金钢的焊接性能，对 20SiMnCrMo 进行了焊接性能试验，对其焊接性能进行了检测，尤其是焊接时对冷裂纹的敏感性。

构件类型因素（它包括焊接结构和焊接接头的形式，刚度及应力状态等）将直接影响接头的力学性能及产生缺陷的倾向。为了降低结构因素对焊接性的影响，在设计焊接结构时，采取降低结构刚性的大小，使构件接口处焊缝断面的过度趋于平缓，控制焊缝的宽度和高度，焊缝的位置由工作焊缝向联系焊缝转变等措施。焊接试验参照国家标准《斜 Y 形坡口焊接裂纹试验方法》，分别采用 C02 半自动焊（焊丝 YJ507）和 Tendern 双丝自动焊（焊丝 ER50-G）对两种材料进行焊接。

在冲击载荷条件下工作易产生脆性破坏。将焊缝解剖，对焊缝断面用显微镜对裂纹进行检测并拍断面金相照片，端面裂纹率 $C_s=0$。表明焊接接头连续、致密，塑性较好。

金属材料焊接性的好与坏首先取决于材料本身的化学成分，比如钢的含碳量及合金含量的高低等。同时材料因素既包括钢材本身的化学成分，又包括所选用的焊接材料的化学成分（包括焊条、焊丝、焊剂、保护气体等）。材料因素是影响焊接性的主要因素，它直接决定焊缝金属的化学成分即力学性能和使用性能，材料使用的是否合理还决定着接合性能的好坏，就是在焊接过程中是否容易产生缺陷。20SiMnCrMo 钢的低含碳量保证了良好的焊接性能。

焊接氢致裂纹（通常称焊接冷裂纹或延迟裂纹）是低合金高强度结构钢焊接时最容易产生而且是危害最严重的工艺缺陷，它常常是焊接结构失效破坏的主要原因。在 20SiMnCrMo 钢的成分检测中，氢含量极少，可以认为几乎为 0，使得 20SiMnCrMo 钢具有良好的焊接性能。图 7-7 所示为 ZG20SiMnCrMo 材料焊缝形貌，由图可见，焊缝表面为鱼鳞波纹形状，用肉眼观察焊缝表面，没有发现裂纹，采用着色渗透法进行检测，依然没有发现裂纹。表明 20SiMnCrMo 钢焊后表面裂纹率 $C_f=0$，断面裂纹率 $C_s=0$，该材料具有良好的焊接性能。

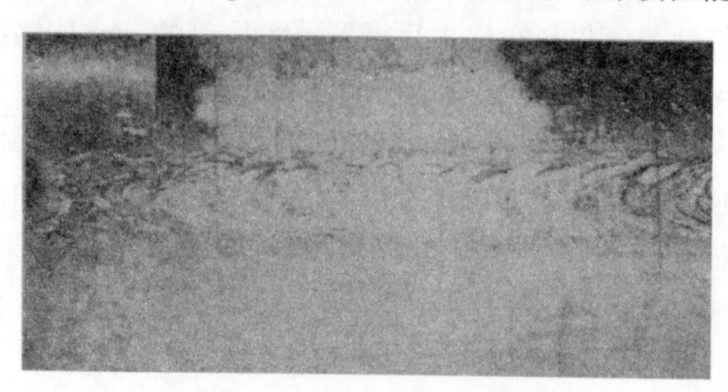

图 7-7 ZG20SiMnCrMo 材料焊缝形貌

7.3 ZG15SiMnCrNbRE 微合金化槽帮耐磨材料[3]

7.3.1 成分设计

本试验设定的成分范围为：碳 0.12%~0.16%，硅 0.9%~1.2%，锰 0.9%~1.2%，铬 0.9%~1.1%，钛 0.05%~0.08%，铌 0.02%~0.035%，RE 0.02%~0.05%，硫、磷小于 0.025%，其余为铁。采用更低含量的碳和微合金元素配比，使用电炉冶炼，炉外精炼的技术生产，然后经过优化热处理工艺，实现低碳微合金铸钢的高强度和优良的塑韧性。锰和铬可以提高材料的淬透性，同时锰和硅可以增强基体的强度。另外由于含微合金元素钛和铌，它们可以和碳结合形成高硬度的细小碳化物颗粒，增加材料的强度的同时可以增加其耐磨性。还因为碳量较低，使得材料具有很好的焊接性能。RE 可以改善钢的晶粒大小，减少钢中的夹杂物。

碳是低合金高强钢主要的强化手段，适量的碳起到固溶强化作用，并通过碳和铬、钛、铌形成碳化物，起到弥散强化的作用，提高钢的强度。但应注意到，这种材料中的碳含量较低，比普通的 20 钢还低一些，一定会影响到材料的强度，因此可适当地提高材料的硅和锰的含量，来增强基体的强度。另外，添加了微量的 RE，可以在一定程度上阻碍材料的晶粒长大，从而起到细晶强化作用。更重要的是，材料中添加了微量的钛和铌，这两个元素都是强的碳化物形成元素，形成 MC 型碳化物，它一方面可以阻止晶粒长大，起到细晶强化作用，另一方面细小的碳化物可以有效地阻止位错滑移，起到弥散强化效果，最重要的是弥散分布的碳化物可以有效地改善钢的耐磨损性能。所以控制好钢中的碳化物分布及大小是本研究的关键点之一。

7.3.2　热处理

热处理一般分为以下步骤：先以正火作为热处理的预备处理，使低碳微合金化铸钢材料的组织细化，为进一步热处理做组织上的准备；后经不完全淬火，获得一定比例的低碳马氏体组织，低碳马氏体钢具有好的塑性、韧性，以及良好的冷加工性、可焊性和热处理畸变小等优点，为材质最终力学性能目标打下基础。同时保留一定比例的铁素体，不仅可以提高材料塑形，而且条状铁素体和片层状马氏体相互间隔的组织与“复合材料”相似，即基体韧性相（铁素体）包围了强化相（马氏体），而且两相之间的界面也起到增强增韧作用。再经高温回火使钢中的热力学不稳定组织结构向稳定状态过渡的复杂转变，得到回火索氏体和条状铁素体。图 7-8 所示为材料经过不同的临界淬火及高温回火后得到的条状铁素体和片层状索氏体组织。这使材料的冲击韧性、强度、硬度和耐磨性的综合性能达到良好的匹配。

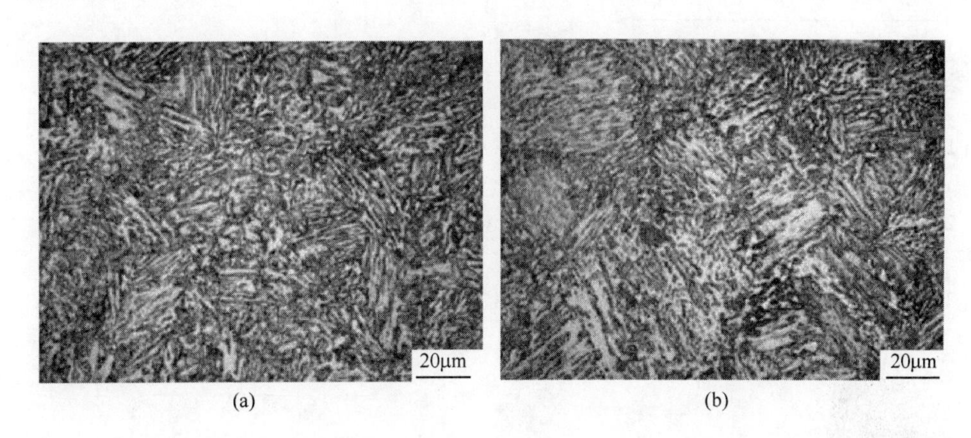

(a)　　(b)

图 7-8　微合金化钢经不同温度淬火 840℃（a）和 780℃（b）及 550℃ 回火后的显微组织

7.3.3　力学性能

图 7-9 所示为取亚温淬火温度 760～840℃ 的试样及完全淬火温度 880℃ 的试样进行 550℃ 回火后的室温拉伸性能。由图可见，随着临界淬火温度的升高，试样的抗拉强度由 821MPa（760℃）升高到 966MPa（840℃），而完全淬火后，抗拉强度为 970MPa。而屈服强度在 760～800℃ 时，呈现出较快升高的特点，800～840℃ 临界淬火时，出现了慢速升高的“平台”，当淬火温度在完全淬火时，屈服强度又出现明显的增高。而冲击功随淬火温度变化先增加后减小，在 820～860℃ 时达到最大值，约为 85J。这说明临界淬火区间内，靠近 A_{c3} 点时，冲击韧性最好，当超过临界点的完全淬火时，韧性会有所降低。

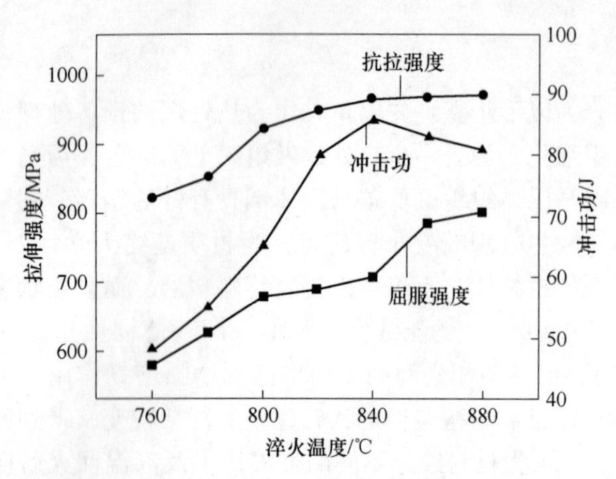

图 7-9　ZG15SiMnCrNbRE 微合金拉伸强度和冲击功与淬火温度的关系

参考文献

[1] 贯会会．刮板输送机中部槽的研究现状及发展趋势［J］．矿山机械，2010，38（5）：13~16.

[2] 蔡永乐，苏琳飞，阴明，等．复合热处理对 ZG20CrSiMn 耐磨铸钢组织和性能影响［J］．材料热处理学报，2017，38（3）：97~102.

[3] 苏琳飞．化学成分及热处理对新型槽帮材料性能影响的研究［S］．太原理工大学，2017.